Diagnose in mechatronischen Fahrzeugsystemen X

Bernard Bäker, Andreas Unger (Hrsg.)
und 45 Mitautoren

TUD*press*

Diagnose in mechatronischen Fahrzeugsystemen X

Neue Verfahren für Test, Prüfung und Diagnose von E/E-Systemen im Kfz

Prof. Dr.-Ing. Bernard Bäker
Dipl.-Ing. Andreas Unger (Hrsg.)
und 45 Mitautoren

TUD*press*
2016

Bibliografische Information der Deutschen Nationalbibliothek
Die Deutsche Nationalbibliothek verzeichnet diese Publikation in der Deutschen Nationalbibliografie; detaillierte bibliografische Daten sind im Internet über http://dnb.d-nb.de abrufbar.

Bibliographic information published by the Deutsche Nationalbibliothek
The Deutsche Nationalbibliothek lists this publication in the Deutsche Nationalbibliografie; detailed bibliographic data are available in the Internet at http://dnb.d-nb.de.

ISBN 978-3-95908-050-7

Universitätsverlag & Buchhandel
Eckhard Richter & Co. OHG
Bergstr. 70 | D-01069 Dresden
Tel.: 0351/47 96 97 20 | Fax: 0351/47 96 08 19
http://www.tudpress.de

TUDpress ist ein Imprint von w. e. b.

Printed in Germany.

Vorwort

Moderne Fahrzeuge sind nicht mehr als losgelöste Funktionseinheiten zu sehen, sondern gliedern sich zukünftig mit ihren neuen Assistenzfunktionen, insbesondere im Bereich des hochautomatisierten Fahrens, stärker in eine vernetzte Funktionslandschaft ein. Der Wechsel von der diagnostischen Betrachtung des Fahrzeugs als eigenständige Einheit hin zum Fahrzeug als Bestandteil einer funktionalen Umgebung bringt eine Vielzahl von neuen Herausforderungen aber auch Potentialen mit sich.

Die Diagnoseinfrastruktur ist heute gekennzeichnet durch bestehende Technologien und Standards unter anderem bei: Diagnosedaten (ODX), Transportprotokollen (ISOTP, DoIP), Diagnoseabläufen (OTX), Diagnosediensten (UDS) und etablierten Methoden und Standards der On- und Offboarddiagnose (Testersysteme, Eigendiagnose und WWH-OBD).

Zukünftig müssen die Fahrzeugsysteme mit flexibel konfigurierbaren Hard- und Softwarestrukturen realisiert werden um den Zielkonflikt zwischen Individualisierungs-, Komfort-, Effizienz- sowie Sicherheitssteigerungen und kostengünstiger Entwicklung/Fertigung zu lösen. Gleiches gilt auch für die Diagnosesysteme.

Dafür muss die Diagnoseinfrastruktur mit neuen Technologien wie zum Beispiel neuen Remotediagnoseansätzen, „End to End"-Diagnosemethoden bei domänenübergreifenden Systemen, neuen Standardisierungen und wissensbasierten Diagnoseverfahren sowie neuen Fehlererkennungsmechanismen in Steuergeräten erweitert werden.

Dieses Buch entstand anlässlich der 10. Tagung „Diagnose in mechatronischen Fahrzeugsystemen" in Dresden und wendet sich gleichermaßen an Entwickler, Konstrukteure und Personen aus den Bereichen: Forschung, Entwicklung, Produktvalidierung, Qualitätsmanagement, Produktion und After Sales.

Anhand aktueller Entwicklungsberichte, Systemvorstellungen und Praxisbeiträgen wird der aktuelle Stand und die Trends für Forschung und Entwicklung im Themenfeld Diagnose, Test und Prüfung vorgestellt. Neue innovative Technologien und Konzepte von zukünftig denkbaren Systemlösungen runden die Darstellungen ab.

Ein besonderer Dank gilt allen Autoren und Referenten, die mit ihren aktuellen und interessanten Beiträgen dieses Buch ermöglicht haben. Ein weiterer Dank geht an Frau Bock und Frau Wrenczycki von der CMD Congress Management GmbH in Dresden und Frau Schüßler vom TUDpress Verlag in Dresden für die gute Zusammenarbeit.

Dresden, im Mai 2016

Andreas Unger

Bernard Bäker

Inhaltsverzeichnis

1 Diagnose 4.0 – Wie können die Chancen genutzt werden?

Dipl.-Ing. Bernd Gottschalk, Daimler AG, Stuttgart, **Dipl.-Ing. Thorsten Backmeister**, Daimler AG, Stuttgart

Abstract

The development of vehicle diagnostics evolves continuously. This article provides an overview of historical developments and a glance at the future of diagnostics.

Kurzfassung

Die Entwicklung der Fahrzeug-Diagnose schreitet kontinuierlich voran. Der vorliegende Artikel beschreibt die historische Entwicklung und gibt einen Ausblick auf die Zukunft der Diagnose.

1 Was verbirgt sich hinter „Diagnose 4.0“?

Die Anfänge der Diagnose bildete in den 1980er Jahren ein Blinkcode, der an einer nicht normierten Prüfkupplung mit Hilfe einer Glühlampe abgegriffen werden konnte. Für den Fahrer sichtbar wurde das Ergebnis durch eine Anzeigelampe, die „MIL“ (malfunction indicator lamp). Die Diagnose 1.0 war geboren.

In den 90ern kam die Vernetzung von Steuergeräten hinzu. Damit einhergehend bot sich auch die Möglichkeit, mehrere Steuergeräte per Diagnose über Bussysteme abzugreifen. Die ersten vernetzten Funktionen entstanden, auch die Diagnose war nicht mehr auf diskrete Leitungen zu jedem Steuergerät angewiesen – sie konnte ebenfalls die Möglichkeiten der Vernetzung nutzen. Ein zentraler Diagnosezugang rückte in greifbare Nähe. Die Geburtsstunde der Diagnose 2.0.

Doch die neu geschaffene Komplexität war schwer in den Griff zu bekommen. Um einheitliche Lösungen zu schaffen, wurde die Standardisierung vorangetrieben. Eine Vielzahl von Standards entstanden: Bussysteme wie CAN, MOST, LIN, Flexray. Darauf aufbauend Transportprotokolle, und darauf wiederum aufbauend Diagnoseprotokolle wie KWP2000 und UDS. Außerdem wurden noch Beschreibungssprachen wie ODX und OTX entwickelt. Die Diagnose 3.0 stand ganz im Zeichen der Standardisierung.

Zukünftige Fahrzeuge sind vernetzt mit der Umwelt, fahren zunehmend autonom und verwenden einen ansteigenden Anteil an Funktionalitäten, der außerhalb des Fahrzeugs liegt. Eine Diagnose 4.0 ist gefragt, um diese neuen Herausforderungen zu beherrschen!

2 Was sind die Trends in der Diagnose?

Privatkunden zeigen gestiegene Erwartungen in ihr digitales Umfeld. Alle Geräte müssen nahtlos miteinander funktionieren. Auch der Datenschutz und die Datensicherheit stehen im Zentrum des Interesses.

Kommerzielle Kunden sehen sich einem starken Wettbewerbsdruck ausgesetzt – die TCO (total cost of ownership) wird relevanter.

Technologisch ergeben sich aber auch neue Möglichkeiten: Die zunehmende Vernetzung von Fahrzeugen ermöglicht es, die lokale Betrachtung einzelner Fahrzeuge zu verlassen, und Flottenwissen zu generieren.

Auch zeigt sich ein Trend hin zu gestiegenen gesetzlichen Anforderungen: Während sich die ursprünglichen Anforderungen „nur“ auf eine Diagnose von abgasrelevanten Systemen bezogen, kamen im Lauf der Zeit die Offenlegung von Reparatur- und Wartungsinformationen hinzu. Auch die Novellierung des §29 StVO in 2012 in Deutschland sowie die EU-Direktive 2014/45/EU brachte eine Neuerung mit sich: Die Diagnose wird nicht mehr nur für Reparaturzwecke verwendet, sondern auch für eine Überprüfung von Fahrzeugen bei der Hauptuntersuchung.

3 Welche Chancen ergeben sich daraus?

Daraus ergeben sich neue Chancen: Flottenwissen kann gesammelt und strukturiert verarbeitet werden. Dieses Flottenwissen kann zusätzlich zur Eingrenzung eines Fehlers und zur Problembehebung verwendet werden – im Idealfall sogar ohne Werkstattaufenthalt. Technologien wie eine prädiktive Diagnose, die bisher nur eingeschränkt nutzbar waren, weil die erforderliche Datenbasis fehlte, rücken jetzt in greifbare Nähe. Die Anwendung einer Cloud-basierten Diagnose wird möglich – und vielleicht sogar notwendig. In die Gesamtkonzeption müssen jedoch Safety- und Security-Aspekte hinsichtlich der Übermittlung und Speicherung von Daten einbezogen werden.

4 Was sind die Auswirkungen auf Prozesse und Organisation?

Jeder Technologiesprung hatte auch Auswirkungen auf die Prozesse und die Organisation. War bei der Diagnose 1.0 im Wesentlichen die Entwicklung beteiligt, kamen ab 2.0 die Produktion und der AfterSales als weitere Anwender ins Spiel. Eine Koordination war notwendig, um redundante Parallel-Welten zu vermeiden.

Bei der Diagnose 4.0 kommen dazu noch Entwickler von (Telematik)-Diensten sowie Betreiber von Infrastrukturen. Die Anbindung dieser – teilweise branchenfremden – Partner ist nur über einheitliche Schnittstellen machbar.

2 Transparente Fahrzeugflotte für höhere Effizienz und Kundenzufriedenheit

Dipl.-Inform. (FH) Yaşar Ayataç, GIGATRONIK, Stuttgart

Abstract

The current possibilities of networking and the provision of data from various sources have the potential to generate new business models. Based on our years of experience in the automotive sector as well as our expertise in Big Data and Big Data Analytics, a solution for optimizing the efficiency of a fleet designed, which also increases customer satisfaction.

Every second relevant information is read out of the car and sent to a Big Data Cluster. There the data is processed and ready-made for a visual evaluation. The result allows users, for example Fleet manager or the vehicle user, a comprehensive and current overview of various attributes of the fleet, such as Fuel consumption, CO2 emissions and costs per kilometer driven to have.

Using modern analytical methods ("Advanced Analytics") even nondescript patterns can be detected and the end user or operator will be offered as a multi-value / business model. The functionality of our analysis platform can be extended with video sequences or weather and traffic reports.

Kurzfassung

Die heutigen Möglichkeiten der Vernetzung und die Bereitstellung von Daten aus verschiedenen Quellen bieten das Potenzial neue Geschäftsmodelle zu generieren. Basierend auf unserer langjährigen Erfahrung im automotive Sektor sowie unserer Expertise in Big Data und Big Data Analytics wurde eine Lösung zur Optimierung der Effizienz einer Fahrzeugflotte konzipiert, welches auch die Kundenzufriedenheit steigert.

Im Sekundentakt werden relevante Informationen aus dem Auto ausgelesen und an einen Big Data Cluster übermittelt. Dort werden die Daten aufbereitet und für eine visuelle Auswertung bereit-gestellt. Das Ergebnis erlaubt den Anwendern, z.B. Fuhrparkmanager oder Fahrzeugnutzer, einen umfassenden und aktuellen Überblick über diverse Attribute der Flotte, wie z.B. Spritverbrauch, CO2 Ausstoß oder Kosten pro gefahren Kilometer, zu haben.

Anhand modernster analytischen Methoden („Advanced Analytics") können sogar unscheinbare Muster erkannt und dem Endnutzer oder Betreiber als Mehrwert/Geschäftsmodell angeboten werden. Die Funktionalität unsere Analyseplattform kann mit Videosequenzen oder auch Wetter- und Staumeldungen erweitert werden.

1 Die Geburt der Idee

GIGATRONIK verfügt seit Ihrer Gründung 2001 über Poolfahrzeuge, deren Anzahl stieg stets proportional mit dem Wachstum des Unternehmens. Die Poolfahrzeuge werden von den Mitarbeitern regelmäßig genutzt, um beispielsweise Kundentermine wahrzunehmen oder andere Standorte des Unternehmens beziehungsweise Messen zu besuchen. Dafür müssen die Fahrzeuge über einen Kalender gebucht werden. Außerdem ist es nötig ein Log-Buch zu führen, um die zurückgelegte Distanz zu dokumentieren.

Wie können wir die uns zur Verfügung stehenden Technologien nutzen, um unsere Fahrzeugflotte effizienter zu nutzen und durch eine Minimierung des Aufwands und der Kosten den Ansprüchen von Fahrzeugnutzern und Fuhrparkmanagement gerecht zu werden?

Diese Fragestellung bietet unserem Unternehmen die Möglichkeit verschiedene Kernkompetenzen zu vereinen und unsere Expertise in diesen Bereichen unter Beweis zu stellen. Durch die Synergie der Disziplinen IT und E/E sind wir in der Lage eine optimale Lösung zu erarbeiten.

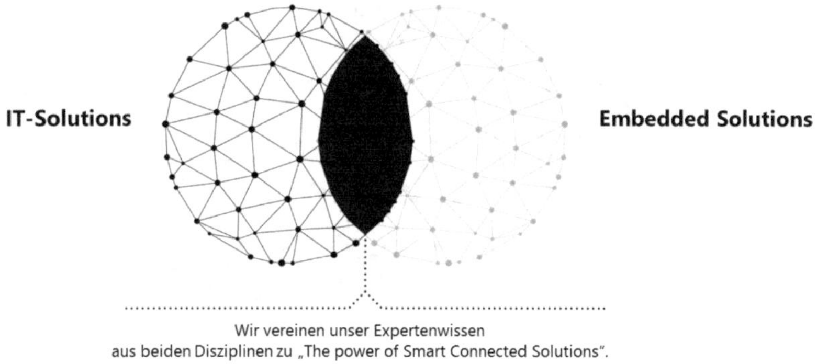

2 Aufbau der Plattform

Im Folgenden wird die Architektur vorgestellt, welche von Kollegen aus den Bereichen IT-Solutions und Embedded-Solutions zur Optimierung des Fahrzeugflottenmanagements konzipiert wurde.

2.1 Hardware-Kompenenten

Ein OBD2 Dongle ermöglicht den Zugriff auf Fahrzeugdaten, wie z.B. der CO2 Ausstoß. Ein Raspberry Pi Computer dient als Car-PC, der über BlueTooth auf den Dongle zugreift und die Daten ausliest. Zusätzlich wird ein GPS-Modul an den Raspberry Pi – Rechner angebunden, um das Fahrzeug zu lokalisieren. Über ein GSM-Modul wird die Kommunikation zur Außenwelt herstellt und die Daten im Sekundentakt an unser Big Data Cluster übermittelt. Die Hardwarekomponenten werden in Abb. 1 gezeigt. Für die weitere Auswertung können die Daten dann vom Cluster bezogen werden.

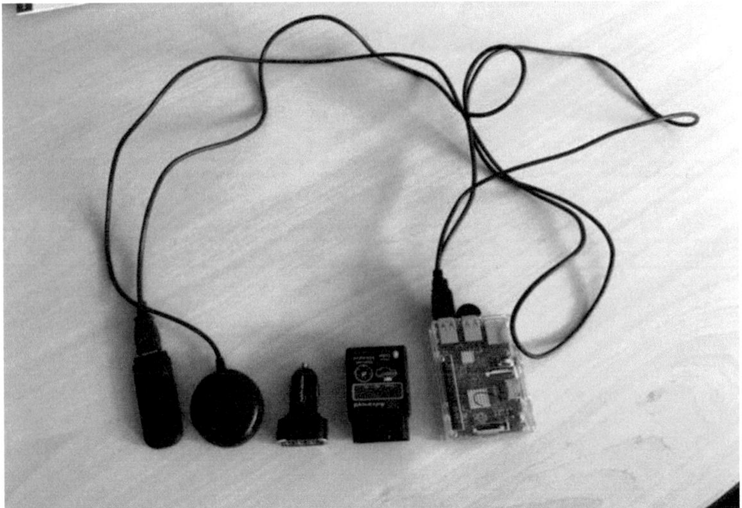

Abbildung 1:

2.2 Software-Architektur

Um die Funktionsweise zu demonstrieren, reichen uns einige wenige Messgrößen des Fahrzeugs. Langfristig soll neben der Menge auch die Anzahl der Informationen ansteigen. Dank dem Einsatz von Big Data Technologien ist eine Skalierbarkeit auf großen Datensätzen gegeben.

Auf dem Big Data Cluster ist Hortonworks installiert, diese gehört zu den am meist verbreiteten Apache Hadoop Distributionen und bietet neben dem HDFS Filesystem unter anderem auch die data-warehouse Infrastruktur Apache HIVE für performante Abfragen bei großen Datenmengen sowie die Engine Apache SPARK für schnelle In-Memory Verarbeitung. Die Kommunikation zwischen dem Fahrzeug und dem Cluster wird mit Hilfe von Apache FLUME aufgebaut, welches bestens für schnelle, parallele Übertragung aus verschiedenen Quellen geeignet ist.

Durch diese Aufstellung wären die Daten schon mal auf unserem Cluster abgelegt. Nun was machen wir damit? Wir wollen die Transparenz für unseren Fuhrpark gewährleisten.

Um die Daten zum „Sprechen" bringen zu können, brauchten wir eine Visualisierungsplattform .Die Entscheidung fiel in diesem Fall auf Tableau, das durch seine intuitive Bedienbarkeit, seine Funktionalität und auch aufgrund der integrierten geographischen Karten überzeugt. Der Aufbau eines Dashboards und verschiedene Analysemöglichkeiten werden im nächsten Abschnitt erörtert. Derzeit wird das Analysedashboard jede Minute aktualisiert. Eine Aktualisierung im Sekundentakt ist im nächsten Schritt geplant.

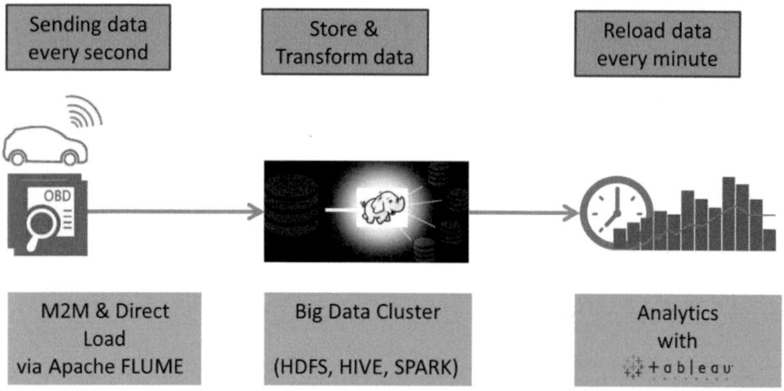

Abbildung 2: Datenfluss

3 Online-Fleetmanagement

Die ersten Fuhrparkfahrzeuge wurden mit dem notwendigen Equipment ausgestattet. Das Ziel war es, schon zu Beginn viele Daten zu sammeln um frühzeitig Aussagen treffen zu können. Bevor wir mit den ersten Fahrten begonnen haben, haben wir selbstverständlich nicht vergessen die Zustimmung unserer Fuhrparknutzer einzuholen. Im Folgenden wird das Analyse Dashboard vorgestellt.

3.1 Einstieg

Nach dem Start der Applikation wird ein Startbildschirm gezeigt, siehe Abb. 3. In der oberen Leiste können die verschiedenen Reiter ausgewählt.

Abbildung 3: Startbildaschirm

3.2 Dashboard

Der Reiter Dashboard, siehe Abb.4, ermöglicht dem Fuhrparkmanager mit einem Blick die wichtigsten Informationen über seine Fahrzeuge zu erfahren. Für unsere Anwendung haben wir die Mittelwerte sowie die Trends der für viele Unternehmen interessanten Größen Spritverbrauch, CO_2 Ausstoß, Kosten pro gefahrener Kilometer und die Auslastung der Fahrzeuge ausgewählt. Durch die Einbindung der weiteren Quellen, wird auch die Restlaufzeit unserer Leasingverträge überwacht.

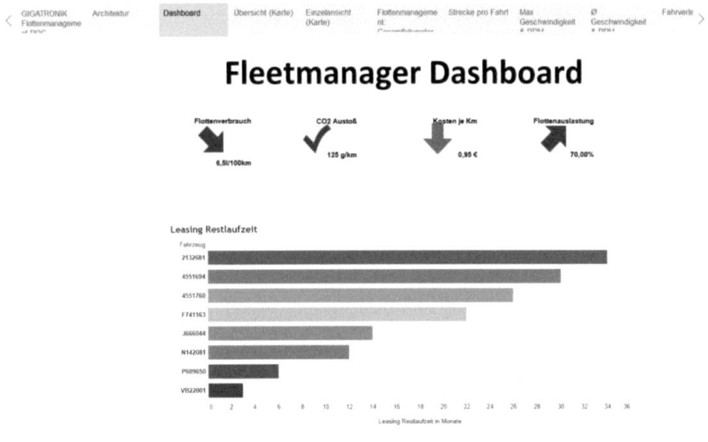

Abbildung 4: (oben) Überblick über die Mittelwerte und Trends der Messgrößen Spritverbrauch, CO2-Ausstoss, Kosten pro KM und Flottenauslastung. (unten) Restlaufzeit der Leasingverträge

3.3 Fahrverlauf Übersicht

Der Reiter Übersicht (Abb. 5) kombiniert mehrere Informationen in einer Kartendarstellung zusammen. Die gefahrenen Strecken - über GPS-Daten erfasst – werden auf einer Karte dargestellt. Anhand der GPS-Daten kann die Geschwindigkeit des jeweiligen Fahrzeuges ermittelt werden. Weiterhin wurde eine Action-Camera benutzt, um während der Fahrt Fotos der Strecke aufzunehmen. Da die Bilddateien zu groß für eine live Übertragung mit der bestehenden Infrastruktur sind, werden die Fotos offline mit den GPS-Daten synchronisiert und der Strecke zugeordnet. Dies erlaubt die Fahrt im Nachhinein als Film nochmals zu erleben und hilft die Streckensituation zu überprüfen. Zum Beispiel kann man validieren, ob ein von einem Algorithmus erkanntes Schild tatsächlich vorhanden ist oder ob eine Fehlinterpretation vorliegt.

Abbildung 5: Die gefahrenen Strecken sind in den Karten gut sichtbar

3.4 Einsatz der Fahrzeuge

Eine Übersicht über die gefahrenen Kilometer pro Woche oder Fahrt (siehe Abb. 6-7) hilft zu ver-folgen, wie intensiv welches Fahrzeug genutzt wird und ob es eher für Kurz- oder Langstrecken eingesetzt wird. Anhand dieser Information kann man so planen, dass Fahrzeuge, die sich z.B. besser für Langstrecken eignen, auch so genutzt werden. Oder es kann überprüft werden, ob für häufige Kurzstreckenfahrten Elektrofahrzeuge vorzuziehen sind.

Durch eine Erweiterung der ausgelesenen Informationen lässt sich die gewonnene Erkenntnis beliebig erweitern. So können anhand von Informationen aus dem Fehlerspeicher sogar Aussagen über eine anstehende Wartung der Fahrzeuge getroffen werden.

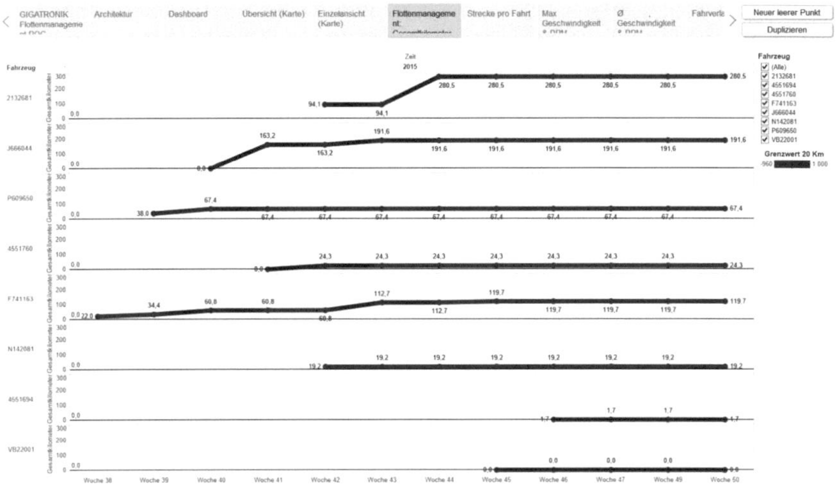

Abbildung 6: Übersicht der gefahrenen Kilometer pro Fahrzeug

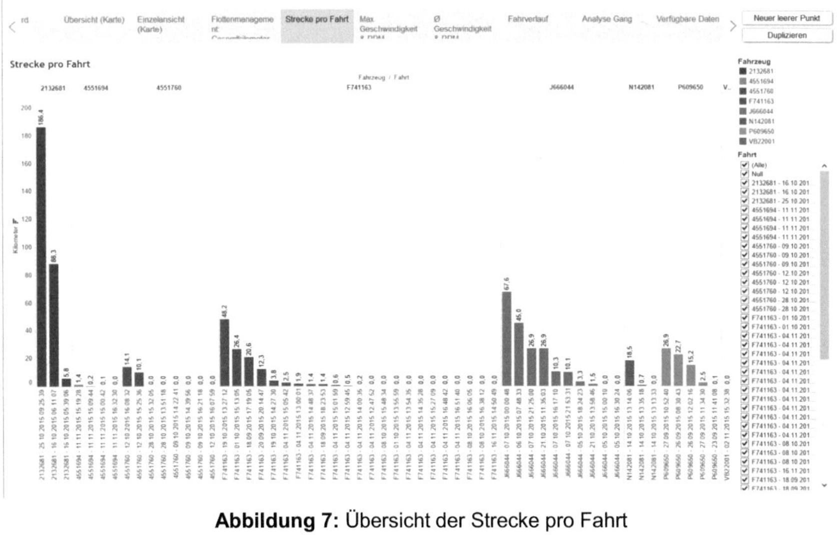

Abbildung 7: Übersicht der Strecke pro Fahrt

3.5 Kundenzufriedenheit

Anhand der Auswertung des Fahrverhaltens kann jedem Fahrer das Auto zugeteilt werden, das am besten zu seinen Vorlieben passt. Wir wollen beispielsweise einem schnell fahrenden Fahrer ein „spritziges“ Fahrzeug zur Verfügung stellen. Einer der ungern schaltet bekommt ein Fahrzeug mit Automatikgetriebe. Eine Berücksichtigung solcher Aspekte kann viel zu der Zufriedenstellung eines Fuhrparknutzers beitragen. Abbildungen 8 und 9 zeigen eine exemplarische Übersicht der eben genannten Aspekte.

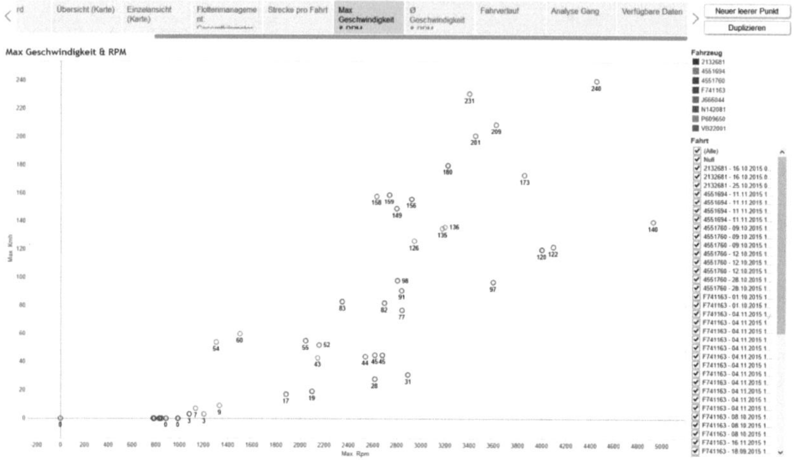

Abbildung 8: Maximale Geschwindigkeit vs Rpm pro Fahrzeugnutzer

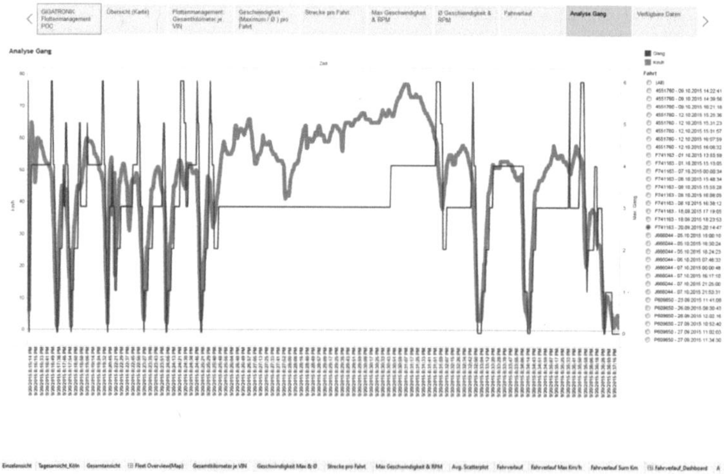

Abbildung 9: Schaltverhalten der Nutzer

4 Fazit

Die Idee war eine Plattform zu schaffen, die den Fuhrparkmanager entlastet und gleichzeitig die Effizienz bei der Nutzung der Fahrzeuge steigert. Außerdem kann auch auf die Vorlieben der Nutzer der Fahrzeugflotte Rücksicht genommen werden. Daraus ist ein Vorhaben entstanden, das mit dem Einsatz modernster Technologien und Methoden neue Erkenntnisse gewinnt und somit einen Mehrwert für das Unternehmen generiert. Die Plattform „Online-Fleetmanagement" wird mit der Einbindung neuer Daten wie Staumeldungen, Wettermeldungen, Diagnose-Informationen für weiteren Einsatz ständig weiterentwickelt.

3 NOODLE – Eine Datenlogger-Umgebung zur hochmobilen Diagnosedatenmessung

M.Sc. Bernhard Schlegel, BMW AG, München, **Dr.-Ing. Sebastian Grasreiner**, BMW AG, München, **Dipl.-Ing. Marco Römer**, AVL Deutschland GmbH, München

Abstract

For certain development tasks, measurement data from the product in customer hands is necessary. Currently existing automotive measurement systems offering comprehensive data at a high sampling rate at the same time, require sensitive information as well as expert-knowledge. Therefore, if off site measurement data is required to diagnose a specific problem, so far experts are dispatched. High costs and a delayed error analysis and solving of the problem are the results.

The following paper describes a performant measurement concept, avoiding the above mentioned disadvantages and providing high-quality log data at the same time. To achieve this, the *measurement-system* has been divided into two, locally separated parts: A *configuration-system* (operated by experts) and a *data-capturing-system* (operated by non-experts). The development phase included the selection of a suitable embedded-platform as well the implementation of the necessary firmware and windows-administration software.

Kurzfassung

Für bestimmte Entwicklungsaufgaben benötigt man heutzutage Messdaten vom Produkt in Kundenhand. Aktuelle Logger-Systeme im Automobilbereich benötigen für hochaufgelöste und detaillierte Messungen häufig sensible Informationen und Fachwissen. Sollten anderorts erfasste, hochqualitative Daten zur Diagnostizierung eines Problems benötigt werden, erfolgt daher bisher das Entsenden von Experten. Dies hat hohe Kosten sowie eine verzögerte Problemanalyse und -lösung zur Folge.

Um dem zu begegnen wurde daher ein funktionsfähiges Messkonzept für Antriebssteuergeräte entwickelt, das sämtliche Nachteile der obigen Verfahrensweise ausräumt und dennoch hochqualitative Messdaten zur Verfügung stellt. Dieses wird im Folgenden vorgestellt. Erreicht wird dies durch die räumliche Aufspaltung des *Messsystems* in ein *Konfigurationssystem* (bedient vom Experten) und ein *Datenerfassungssystem* (bedient vom Nicht-Experten). Hierzu wurde u.a. eine Embedded-Plattform ausgewählt und mittels speziell entwickelter Firmware befähigt sowie eine Softwareumgebung zur Administration des Datenloggers implementiert.

1 Einleitung

In der Automobilindustrie gilt es aufgrund von steigender Variantenvielfalt und kürzeren Entwicklungszeiten zunehmend komplexere Produkte zu beherrschen. Eine Komponente für die dies aufgrund einer Vielzahl von Bauteilen, Freiheitsgraden und Wechselwirkungen insbesondere gilt, ist der Antrieb.

Manche sporadische Fehlerbilder zeigen sich beim Kunden nicht durch Fehlerspeichereintrag, sondern in Form von generischen Symptomen (z.B. „Fahrzeug ruckelt"). Um das Problem bestmöglich diagnostizieren zu können, werden im Optimalfall Messgrößen benötigt, die unter den lokal vorherrschenden Randbedingungen[1] erfasst werden, die zum Auftreten des Problems geführt haben. Hierzu erfolgt bisher die Entsendung von Experten. Erst diese sind unter Zuhilfenahme professioneller Werkzeuge in Form von Hard- bzw. Software, sowie der genauen Kenntnis von Motor und Steuergerät in der Lage, Messgrößen in ausreichender Qualität und Quantität zu erfassen.

Dieses Vorgehen führt zu langen Reaktionszeiten (Planungs- und Vorbereitungsphase), hohen Kosten (Reiseaufwendungen und lange Fehlersuchzeiten) sowie einer insgesamt verzögerten Problemanalyse und -lösung. Außerdem droht, dass das Fahrzeug die Werkstatt jederzeit wieder verlässt

Um diese Nachteile zu beseitigen und die Vorteile der „Experten vor Ort" zu nutzen, bedarf es eines neuen Messkonzeptes zur zügigen Analyse von Fahrverhaltensproblemen.

Das im Rahmen der Arbeit entwickelte „New Online OBD Data Logging Environments", (kurz „NOODLE"), wird folgenden Anforderungen gerecht;

1. Intuitive Bedienung vor Ort durch Nicht-Experten möglich (Plug & Play)
2. Eignung für den mobilen Messeinsatz während dem Fahrbetrieb.
3. Kompatibilität zu bestehender Software-Toollandschaft
4. Hardware für 200€ im Scheckkartenformat
5. Keine sensiblen Herstellerinformationen vor Ort für den Betrieb notwendig
6. Unterstützung gängiger öffentlicher und proprietärer Diagnoseprotokolle zur Erhebung von detaillierten Kenngrößen
7. Hohe Datenrate
8. Keine Veränderungen am Fahrzeug notwendig

Herausforderungen sind dabei

- die Befähigung einer Hardware-Plattform um zuverlässige Diagnose unter Einhaltung des Kostenziels zu gewährleisten
- keine Gefährdung sensibler Informationen durch den Betrieb des Datenloggers
- Bedienbarkeit durch Werkstattmitarbeiter und Messtechnik-Laien sicher gestellt

[1] Klima, Kraftstoff, Fahrzyklus, Kundenverhalten, spezifische Komponentenalterung, etc.

2 Stand der Technik

Im folgenden Kapitel werden zunächst die technischen Grundlagen der digitalen Fahrzeugdiagnose erläutert (Kapitel 2.1). Darauf basierend werden existierende Lösungen zur Datengenerierung im Fahrzeug vorgestellt und Defizite aufgezeigt (Kapitel 2.2). In Kapitel 2.3 existierende Plattformen vorgestellt, die als technische Basis für eine Umsetzung in Frage kommen.

2.1 OBD-II und Erweiterte BMW Diagnose über ISO 15765-2

Der Grundstein für die On-Board-Diagnose (OBD) wurde 1970 nach [5] durch die Emissionsschutzbehörde des US-Bundesstaates Kalifornien (CARB, California Air Resources Board) gelegt. Heute ist OBD-II u.a. in den USA und der EU gesetzlich vorgeschrieben. Öffentlich zugängliches OBD-II ist neben der proprietären *erweiterten BMW-Diagnose* (EBD) eines der zwei Protokolle, die zur Abfrage von Fahrzeuggrößen (und damit zur Datenerfassung) genutzt werden.

EBD-Anfragen basieren entweder auf Kommandos des Diagnoseprotokolls *Key-Word-Protokoll 2000* (*KWP2000* nach [2]) bzw. dessen Nachfolgers *Unified Diagnostic Services* (*UDS* nach [1]). Bei beiden Protokollen fallen fast ausschließlich Datenpakete an, die länger als `8Byte` sind und damit nicht mehr in einer CAN[2]-Nachricht Platz finden. Um dennoch längere Nachrichten über CAN verschicken zu können, werden diese gemäß ISO 15765-2 (nach [3]) übertragen. So wird der Empfang/ das Versenden von bis zu `4095Byte` langen *Protocol Data Units* (*PDU*s) ermöglicht. Ein ISO-15765-2 Layer wurde in `C` im Rahmen dieser Arbeit implementiert.

Die Abfrage der Größen kann bei der vorgestellten Logger-Umgebung entweder per Identifier (*read data by identifier, RDBI*) oder mit der Adresse der jeweiligen Größe (*read data by adress, RDBA*) erfolgen.

2.2 Bestehende Lösungen zur Datengenerierung

Fahrzeugdaten können nicht nur mit professionellen Tools sondern auch mit frei verfügbaren Datenloggern erfasst werden. Um hochaufgelöst Detaildaten von einem Steuergerät abfragen zu können, ist detailliertes Steuergeräte-Fachwissen notwendig.

Reguläre OBD-Datenlogger kommunizieren mit dem Fahrzeug allein über die genormte OBD-Schnittstelle. Diese ist hardwareseitig (Steckverbindung) und softwareseitig (Übertragungsprotokolle) genormt und bietet nur ein eingeschränktes Spektrum an abfragbaren Größen bei niedrigerer Abtastrate ($\approx 0{,}25Hz$).

Werkzeuge, die zwar theoretisch in der Lage sind, Diagnose unter Berücksichtigung von sensiblem OEM-Fachwissen durchzuführen, benötigen zur Konfiguration und Datenspeicherung weitere Hardware. Hierdurch kann das Kostenziel (siehe Kapitel 1)

---

2 Controller-Area-Network, nachrichtenorientierter Fahrzeugbus der Daten mittels eines zweiadrigen, verdrillten Kabels mit einer Datenrate von bis zu 500kbit/s überträgt.

nicht eingehalten werden. Auch Messwerkzeuge aus dem professionellen Einsatz bei der BMW Group werden den in Kapitel 1 formulierten Anforderungen (Kosten, Vertraulichkeit) nicht gerecht.

Die Eigenentwicklung einer Logging-Umgebung ist damit notwendig.

2.3 Plattformen

Um den Entwicklungsprozess zu beschleunigen, wird die Logger-Hardware auf Basis einer bestehenden Plattform umgesetzt. Hierfür wurden 9 unterschiedliche Plattformen (Arduino, Raspberry Derivate und Entwicklungs-Boards) untersucht. Diese müssen alle eine *Grundfunktionalität* erfüllen. Hierzu zählen eine PC-Schnittstelle, Speicherplatz zum Loggen der Nachrichten und zum Speichern der Konfiguration sowie ein CAN-Interface.

Durch die Anwendung von KO-Kriterien[3] [4] konnte die Anzahl der Plattformen im Vorfeld reduziert werden (Olimexino STM32, Arduino Due und das Texas Instruments HDK mit Realtime OS).

3 Konzeptfindung

In diesem Kapitel werden unter Berücksichtigung der in Kapitel 1 vorgestellten Anforderungen grundsätzliche Designentscheidungen getroffen. Hierzu zählen neben der Konzeptdefinition (Kapitel 3.1) die Auswahl einer geeigneten Embedded-Plattform (Kapitel 3.2), die Definition einer Abfragestrategie (Kapitel 3.3), sowie die Definition der Hardware-Schnittstellen (Kapitel 3.4).

3.1 Architektur

Der in **Abbildung 1** dargestellte Kreislauf startet links oben. Die Konfigurationserstellung erfolgt mittels spezieller BMW-Windows-Software (siehe Kapitel 4.3). Zur Konfiguration sind sensible Informationen notwendig, wie z.B. die Steuergeräteadressen physikalischer Größen. Um Missbrauch vorzubeugen, wird die Konfigurationsdatei vor dem Versenden an die Werkstatt verschlüsselt. Die Konfiguration der vorzugsweise dauerhaft in der Werkstatt vorhandenen Hardware erfolgt durch das Aufspielen der empfangenen Konfigurationsdatei auf den Datenlogger. Dies geschieht mittels spezieller, bereitgestellter Werkstatt-Software.

---

[3] CAN-Controller im IC integriert, Einhaltung des Kostenziels

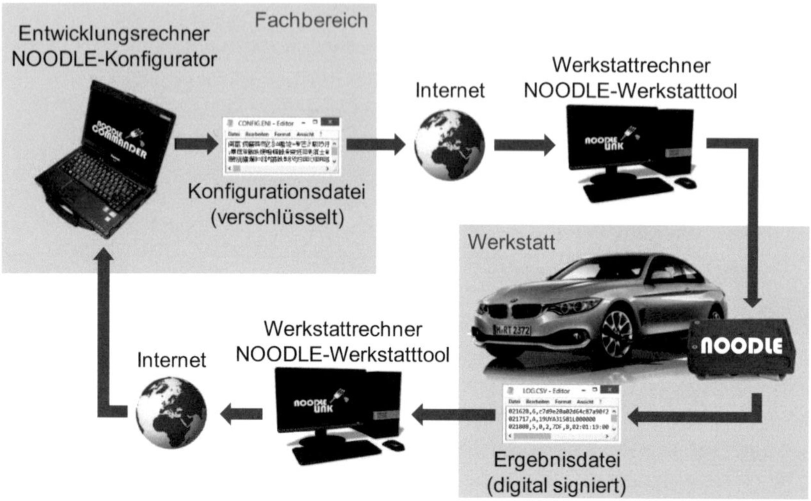

Abbildung 1: Kreislauf der Datengenerierung mit der NOODLE-Umgebung

Nach der Konfiguration beginnt der Datenlogger automatisch nach dem Anschluss an das Fahrzeug mit der Aufzeichnung aller vorkonfigurierten Größen. Zusätzlich kann der Fahrer besondere Ereignisse während der Fahrt durch Betätigen eines Knopfes direkt am Logger-Gehäuse markieren. Die digital signierte, aufgezeichnete Logdatei aus nicht interpretierbaren CAN-Rohdaten kann anschließend mit der Werkstatt-Software ausgelesen und zurück an BMW geschickt werden. Eine Interpretation des Logs ist erst nach Rückübersetzung mit der BMW-Windows-Software möglich.

3.2 Embedded Plattform

Die Eignung der Plattform für den geforderten Einsatzzweck hängt maßgeblich von der zu erwartenden CAN-Performanz[4] ab. Auch die Schreibrate des Busverkehrs auf der SD-Karte hat großen Einfluss. Um diese Leistungsfähigkeit der jeweiligen Hardwareplattform objektiv beurteilen zu können, wurden mit nach Anwendung der KO-Kriterien übrig gebliebenen Plattformen eine Reihe von synthetischen Tests durchgeführt und die Belastung maximiert.

Unter Berücksichtigung von Startzeit, Größe, industrieller Tauglichkeit, CAN-Performanz und Kosten erwies sich die Olimexino STM32 Platine als am tauglichsten[5]. Hierbei handelt es sich um eine Platine im Arduino Format mit einem STM 32Bit ARM-M3 Chip. Der CAN-Controller und -Transceiver sind bereits auf der Platine verbaut. Auch ein micro-SD-Kartenslot ist bereits vorhanden. Die Programmierung der Platine erfolgt in nativem C.

---

[4] Senden und Empfangen von CAN-Nachrichten

[5] Es wurde eine gewichtete Punktebewertung nach [4] durchgeführt.

3.3 Abfragestrategie

Mit der Abfragestrategie wird festgelegt, nach welchem Scheduling-Schema der Datenlogger mehrere Größen abfragt. Da die erzielte Abtastfrequenz von Größenanzahl, Größenauswahl, etc. abhängt, ist eine Priorisierung sinnvoll. Die Abtastfrequenz f bei zyklisch abzufragenden Größen muss in drei Stufen priorisierbar sein: *Low*, *Middle* oder *High*. Während *Low* bei sich langsam ändernden Größen, wie z.B. Adaptionswerten oder Temperaturen sinnvoll ist, kann *High* für hochdynamische Größen, wie z.B. die Motordrehzahl verwendet werden.

Zusätzlich wird eine *Startup* Priorisierung ermöglicht. Die entsprechende Größe wird dann nur einmalig nach dem ersten Start des Datenloggers abgefragt. Die Abfrage des Kilometerstandes kann beispielsweise ein späteres Sortieren der Messungen erleichtern. Beim Abstellen des Fahrzeuges wird die Diagnose automatisch pausiert.

Auf Basis des *Prioritätsschedulings* wurde eine eigene Abfragestrategie (siehe **Abbildung 2**) für zyklisch abzufragende Größen entwickelt die eine Priorisierung ermöglicht.

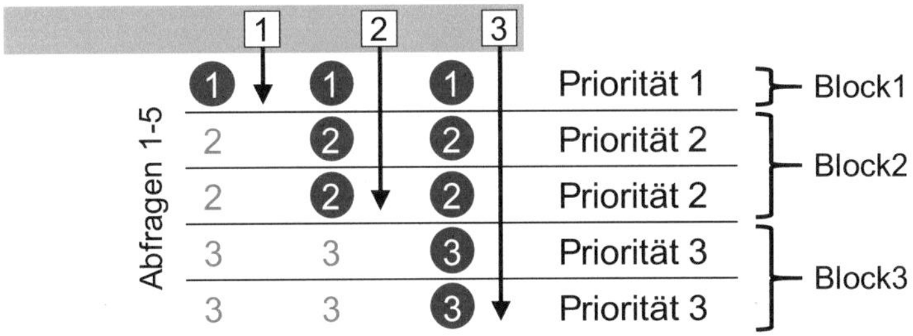

Abbildung 2: Scheduling mehrerer Abfragen auf dem NOODLE-Datenlogger

Kerngedanke ist das dreimalige Durchlaufen des Abfragenarrays: Im ersten Durchlauf werden nur Größen der Priorität 1 (*High*) abgefragt. Anschließend wird die maximal ausführbare Priorität auf 2 (*Middle*) erhöht und der zweite Durchlauf gestartet. Nun werden alle Größen mit Priorität 1 (*High*) und 2 (*Middle*) abgefragt. Im letzten (dritten) Durchlauf werden schließlich alle Größen, also Priorität 1,2 und 3 abgefragt und die maximal ausführbare Priorität auf 1 zurückgesetzt und der Prozess beginnt von vorne. Größen der Priorität *High* werden damit drei Mal so häufig abgefragt wie *Low*-priorisierte Größen. Mit *Middle* priorisierte Größen noch Doppelte so oft wie ihre *Low*-priorisierten Pendants. Die Priortät beeinflusst damit direkt die Abtastfrequenz f.

3.4 Schnittstellen

3.4.1 Konfigurationsdatei

Voraussetzung für einen frei konfigurierbaren Datenlogger ist eine hochflexible Konfigurationsdatei (siehe Listing 1). Zur Missbrauchsverhinderung wird diese zusätzlich Logger-spezifisch verschlüsselt. Um eine einfache Verarbeitung unter beschränkten Ressourcen auf dem Mikrocontroller zu gewährleisten, ist die Datei nach dem *Comma*

Separated Values (*CSV*)-Schema aufgebaut[6], da das Parsen von JSON[7] oder XML[8] mehr Ressourcen beansprucht.

Listing 1: Beispiel einer unverschlüsselten Konfigruationsdatei

```
15FFE6609456154546541278                // Logger-ID
1,56ff426db8a2448faf43fff4ad38020c      // 1: Konfigurations-GUID
2,C,1,5,2,F,2,5A,3                      // 2: OBD-II
//| | | |______ Priorität von PID 2
//| | |_______ PID2
//| |________ Priorität von PID 1
//|_________ PID1
3,1,0,1,3,F2,13                           // 3: EBD
//| | | | |_ Ziel-Steuergeräte Adresse
//| | | |___ Quelladresse (in diesem Fall der "Tester")
//| | |______ Anzahl der Abfragen in diesem Diagnoseset
//| |_______ Priorität
//| |__________ CommandsetID zur Referenzierung
//|___________ Erstellen eines Commandsets
3,2,0,2C,03,F5,00                         // Diagnose Add
//| | |_______ Data,Data,Data,...
//| |_________ CommandsetID
//|___________ Hinzufügen eines Kommandos zu dem Commandsets
                                            // Leere Zeile
```

3.4.2 Logdatei

Auch die Dateigröße der Logdatei sollte möglichst klein sein, um den digitalen Versand zu erleichtern. Die Logdatei ist daher ebenso wie die Konfigurationsdatei in *CSV* codiert. Dies ermöglicht außerdem ein schnelles und ressourcenschonendes Schreiben durch den Mikrocontroller. Um Lesbarkeit zu gewährleisten, wird der *Timestamp* dezimal geloggt, obwohl hexadezimale Zeichen eine höhere Informationsdichte[9] haben. Alle restlichen Zahlenwerte werden hexadezimal geloggt.

Wichtigste Anforderung an die Logdatei ist, dass die exakte zeitliche Abfolge aus der Datei hervorgeht. Alle Zeilen (einzige Ausnahme bildet die Prüfsummenzeile) enthalten daher als ersten Wert stets den *Timestamp* (`TS`), der mit $\frac{ms}{10}$ aufgelöst ist. Mit dieser Taktung ist die Reihenfolge der eintreffenden CAN-Nachrichten eindeutig reproduzierbar. Der zweite Wert gibt den Typ der jeweiligen Zeilen an.

[6] Einzelne Werte in der gleichen Zeile sind durch Kommas getrennt.
[7] JavaScript Object Notation
[8] eXtensible Markup Language
[9] Im Dezimalsystem sind 10 Werte mit einem `char` darstellbar, Hexadezimal sind es 16 (`0-F`).

Als Messschrieb werden u.a. textuelle Informationen, Markierbutton-Bestätigungen zur Eventmarkierung, vollständige CAN-Nachrichten, PDUs, bei denen die Flusssteuerung bereits berücksichtigt wurde sowie Klemmenwechsel geloggt.

Die Übertragung der Logdatei kann je nach Größe entweder per Email, Austauschnetzlaufwerk oder durch den Versand des Speichermediums / des gesamten Loggers erfolgen.

4 Umsetzung

4.1 Logging Hardware und Gehäuse

Auf der Platine *Olimexino STM32* sind bereits alle notwendigen Komponenten zur Erfüllung der Grundfunktionalität[10] verbaut. Die Platine wird jedoch um Peripherie zur Statusanzeige erweitert und stellenweise modifiziert: Um den USB-Anschluss möglichst weit in Richtung Gehäuseaußenkante führen zu können, wird der UEXT-Anschluss ebenso wie der Stromanschluss rückgebaut (siehe **Abbildung 3** und **Abbildung 4**).

Abbildung 3: Originalzustand

Abbildung 4: Einbauzustand

Um dem Anwender nicht nur durch optische Signale (LEDs zur Anzeige der Betriebsstati: Bereit, Aufnahme, Fehler), sondern auch durch akustische Signale Rückmeldung geben zu können[11], wird ein Piezo-Summer[12] an die Platine angeschlossen. Zum Schutz der Platine ist diese außerdem eine Überspannungsschutzdiode verbaut.

Einzige Schnittstelle ist ein vieradriges, paarweise verdrilltes Kabel, das neben 12V und Masse auch CAN_H und CAN_L führt. Dieses wird über einen Stecker an die OBD-Dose des Fahrzeugs angeschlossen.

Anforderungen an das Gehäuse des Datenloggers waren unter anderem: Schutz der Platine vor Verschmutzung und vor mechanischer Belastung, Vorhandensein eines

---

[10] CAN-Kommunikation, Logging auf SD-Karte, Schnittstelle zum PC zur Konfiguration bzw. Auslesen

[11] Das ist vorteilhaft während der Fahrt um die Augen weiterhin auf den Verkehr richten zu können.

[12] $f = 3{,}5kHz$

Markierbuttons am Hauptgehäuse, Zugang zu USB-Port und micro-SD Slot von außen sowie eine Zugentlastung des Kabels.

Auf Basis der Anforderungen wurden mehrere Gehäuseprototypen entworfen, aus der Kombination und Optimierung der verschiedenen Ansätze folgte schließlich das finale Gehäuse (siehe **Abbildung 5**). Dank entsprechendem Gehäusedesign kann der Onboard-Taster direkt als Markierbutton verwendet werden.

Abbildung 5: Finaler Gehäuse-Prototyp

4.2 Firmware

Die Firmware des Datenloggers bildet die Schnittstelle zwischen Hardware und Konfigurationssoftware. Sie ist vollständig in hardwarenahem `C` implementiert, dadurch ist eine effiziente Nutzung der begrenzten Ressourcen (20kB RAM, 128kB Flash) des Olimexinos möglich. Auf dynamische Speicher-Allokation wurde komplett verzichtet[13].

`C` ist *keine* objektorientierte Sprache. Um dem Code dennoch Struktur zu verleihen, wurden Funktionseinheiten, z.B. zur CAN-Kommunikation oder zum Zugriff auf die SD-Karte, definiert.

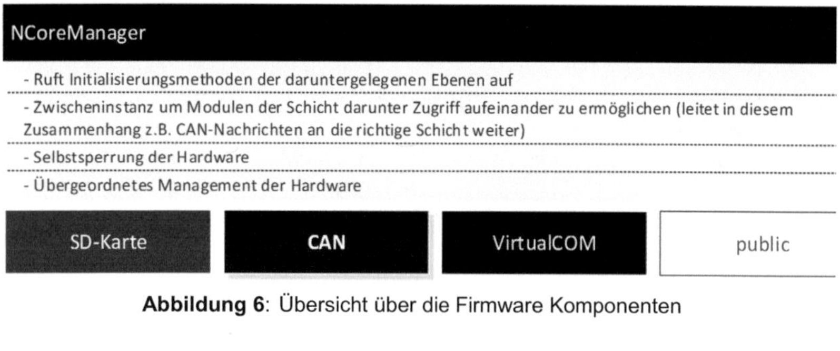

Abbildung 6: Übersicht über die Firmware Komponenten

[13] Da daher alle Variablen auf dem Stack liegen, wurde dieser manuell vergrößert.

Übergeordnete Instanz zum Verwalten aller anderen Funktionseinheiten ist der `NCoreManager` (siehe **Abbildung 6**). Dieser wird direkt von der `main()`[14] angesprungen. Andere Funktionsbausteingruppen sind SD-Karten-Handling, CAN-Buszugriff und der virtuelle COM-Port. Außerdem gibt es gemeinsam genutzte Funktionen, die allen Bausteinen gleichermaßen zur Verfügung stehen. Hierzu zählt z.B. die Abfrage der vergangenen Zehntelmillisekunden seit dem Start über den Aufruf von `tmillis()`.

Um die Firmware auch nachträglich updaten zu können, wurde ein weiteres Tool mit `C#` implementiert. Dies liest zunächst die eindeutige Logger ID aus um das loggerspezifische Passwort in einer temporären Firmwaredatei zu setzen. Anschließend wird die Firmware mittels des ST-Link V2 Debuggers auf den STM32 geflasht.

4.2.1 SD-Zugriff

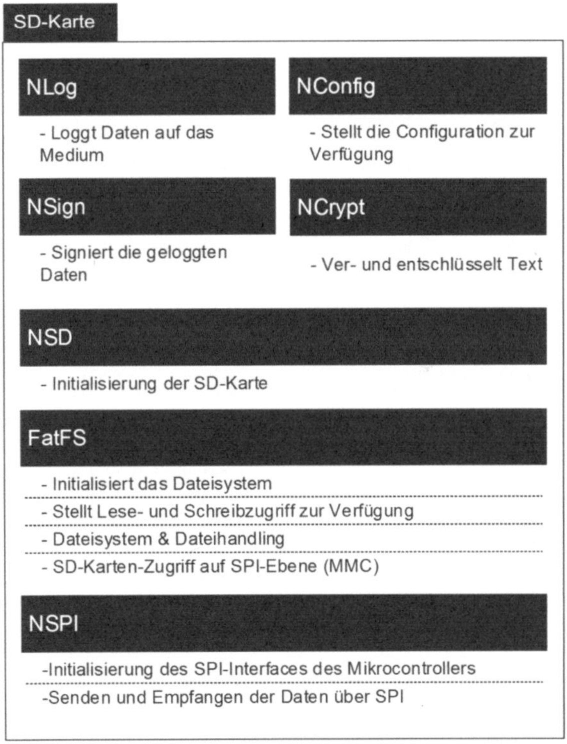

Abbildung 7: Übersicht über die SD-Komponenten

[14] Dies ist der zentrale Einstiegspunkt in jedem Embedded-Programm. Also diejenige Speicheradresse, die nach dem Start des Mikrocontrollers angesprungen wird.

Die *SD-Schnittstelle* kapselt alle lesenden und schreibenden Zugriffe auf die SD-Karte. In oberster Ebene wird hierfür eine Schnittstelle zum Loggen (`NLog`) bereit gestellt, die die kryptografische Funktionalitäten der `NSign`-Schicht[15] nutzt, um Logdaten digital zu signieren. Über `NConfig` wird die entschlüsselte Konfiguration bereitgestellt, die zuvor durch `NCrypt` entschlüsselt wurde. Als Krypto-Algorithmus wurde der `XTEA`-Algorithmus verwendet, da dieser auf 32-Bit CPUs einen sehr hohen Datendurchsatz bei geringer Quellcodegröße bietet[16].

Als Dateisystem kommt die *FatFS*-Bibliothek zum Einsatz. Die Kommunikation mit der SD-Karte erfolgt per SPI. Die Anbindung per SPI ist hier ausreichend, da pro Stunde rund 50MB Daten geloggt werden, was 14,2kB/s entspricht.

4.2.2 CAN-Kommunikation

Die Busanbindung des Datenloggers ist Grundvoraussetzung für die Kommunikation zur Größenabfrage mit dem Fahrzeug. In diesem Kapitel werden alle Funktionen (siehe **Abbildung 8**) dargelegt, die hierfür erforderlich sind. Dies umfasst neben der Ansteuerung des CAN-Controllers die Implementierung des CAN-Transportlayers gemäß ISO15765-2 (nach [3]) sowie die Umsetzung der Abfragestrategie gemäß Kapitel 4.3 für OBD-II und EBD.

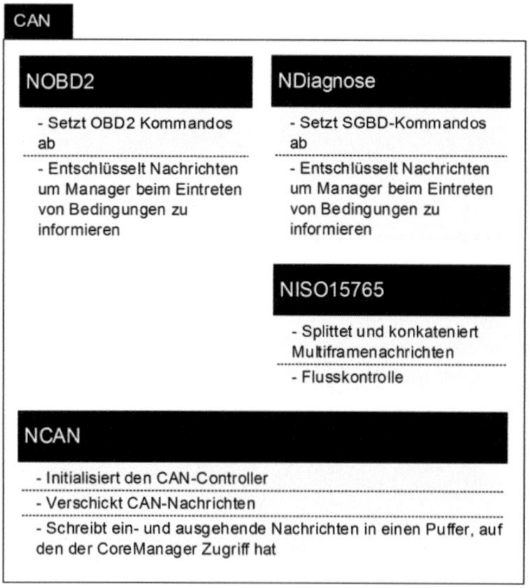

Abbildung 8: Übersicht über die CAN-Komponenten

---

[15] Zur digitalen Signatur der Logdatei wurde die auf dem STM32 integrierte CRC-Einheit in Kombination mit dem XTEA-Algorithmus verwendet.

[16] XTEA bietet auf 32-Bit CPUs einen sehr hohen Datendurchsatz ($1280kB/s$) bei geringer Quellcodegröße (1Kbit, was rund 10 Zeilen C-Code entspricht).

Zur Performanz- und Zuverlässigkeitssteigerung hält die `NCAN`-Schicht eingehende Nachrichten in einem Ringpuffer zur späteren Abarbeitung durch den `NCoreManager` vor.

4.3 Windows-Administrations-Software („NOODLE Commander“)

Im Hauptfenster des NOODLE Commanders (**Abbildung 9**) sind oben große Buttons angeordnet, deren Reihenfolge sich an dem typischen Ablauf zur Durchführung einer Messung orientiert: Beschreibungsdatei des Steuergeräts (*SGBD*) hinzufügen, Messwerte (EBD bzw. OBD-II) hinzufügen, Konfiguration für den Datenlogger exportieren, Messschrieb des Loggers nach Messung anschließend importieren.

Abbildung 9: Screenshot der Administrationssoftware „NOODLE Commander“

Die Oberfläche ist in Tabs organisiert. Im stets sichtbaren Übersichts-Tab sind alle Messreihen (bestehend aus einer Konfiguration und beliebig vielen Messungen) inkl. Kurzinfos dargestellt. Beim Anklicken einer Messung bzw. Konfiguration wird deren Detailansicht in einem Tab geöffnet.

Im Screenshot ist ein geöffneter Messungs-Tab dargestellt. Dieser bietet eine Voransicht der Messdaten in Form eines Plots. In dieser Ansicht können die Daten gesichtet werden, bevor sie in das Zielformat zur detaillierten Analyse exportiert werden. Außerdem ist eine Übersicht über die dargestellten Daten (Dauer, Konvertierungsdatum, verwendeter Datenlogger, etc.) sowie eine tabellarische Auflistung aller Messgrößen dargestellt. Diese enthält neben dem Namen auch den Minimal-, Maximal- und Durchschnittswert der jeweiligen Messgröße.

4.3.1 Diagnose-Anfrage hinzufügen

Um Größen vom Fahrzeug abzufragen, stehen grundsätzlich zwei Typen zur Verfügung: OBD-II und die Erweiterte BMW Diagnose (EBD). Diese können über separate Fenster zur aktuell in Bearbeitung befindlichen Konfiguration hinzugefügt werden. Während das Hinzufügen von EBD-Requests (Parameterauswahl siehe **Abbildung 10**) erst nach dem Auswählen der Steuergeräte Beschreibungsdatei (*SGBD*) möglich ist, können OBD-II-Requests aufgrund ihrer fahrzeug- und herstellerübergreifenden Gültigkeit direkt hinzugefügt werden[17].

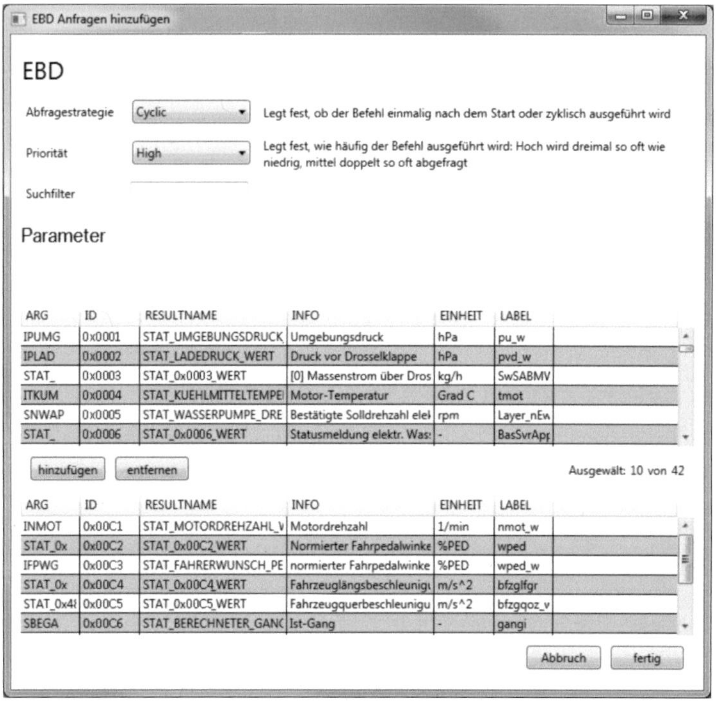

Abbildung 10: Hinzufügen einer Diagnose-Anfrage zur Konfiguration“

Die anzeigten Parameter werden bei einem EBD-Request aus der geladenen SGBD extrahiert. Bei OBD-II wird eine statische Liste nach [5] bestehend aus u.a. PID, Einheit und Umrechnungsformel verwendet.

Zunächst kann über die oben angeordneten Dropdowns die Abfragestrategie gewählt werden, die für alle im Folgenden ausgewählten Größen gilt. Um Größen anders bzw.

---

[17] Ein gleichzeitiges Ausführen von OBD-II und EBD-Requests innerhalb einer gleichen Konfiguration ist nicht möglich, da EBD-Requests basierend auf ISO15765-2 verschickt werden: Die Datenbytes enthalten also Protokollinformationen. Bei OBD-II-Requests beginnen die Nutzdaten hingegen im ersten Datenbyte. Die Bedeutung einzelner Datenbytes wäre somit nicht eindeutig.

neu zu priorisieren, muss ein neuer Anfragen-Block erzeugt werden – das Fenster also nochmals aufgerufen werden. Die obere der beiden abgebildeten Tabellen listet die zur Verfügung stehenden Parameter. Diese kann mittels des „Suchfilters“ gefiltert werden. In der unteren Tabelle sind die bereits ausgewählten bzw. konfigurierten Größen aufgelistet.

Bei OBD-II-Requests muss jede Größe dediziert angefragt werden. Im Gegensatz dazu sind bei EBD-Requests mehrere Größen blockweise abfragbar. Das bietet neben der (aufgrund des geringeren Kommunikations-Overheads) höheren Datenrate den Vorteil, dass der Wert mehrerer Größen zum gleichen Zeitpunkt bekannt ist.

4.3.2 Konfiguration exportieren

Nachdem Größen bzw. Parameter zur aktuellen Konfiguration hinzugefügt wurden, kann diese mittels des in **Abbildung 11** dargestellten Fenster exportiert werden. Erst durch den Export wird eine Datei erzeugt, die auf den Datenlogger kopiert werden kann um diesen dadurch zur Diagnose zu befähigen. Auch ein erneuter Export bereits exportierter Logger-Konfigurationen ist möglich. Um beim Import von Logdateien die zur Aufzeichnung verwendete Konfiguration eindeutig identifizieren zu können, besitzt jede Konfiguration eine eindeutige `GUID`[18]. Ein erneutes Bearbeiten bereits exportierter Konfigurationen ist daher nicht möglich, da die verwendete `GUID` dann nicht mehr eindeutig wäre. Es kann jedoch eine Kopie der aktuellen Konfiguration mit einer neuen `GUID` erzeugt werden.

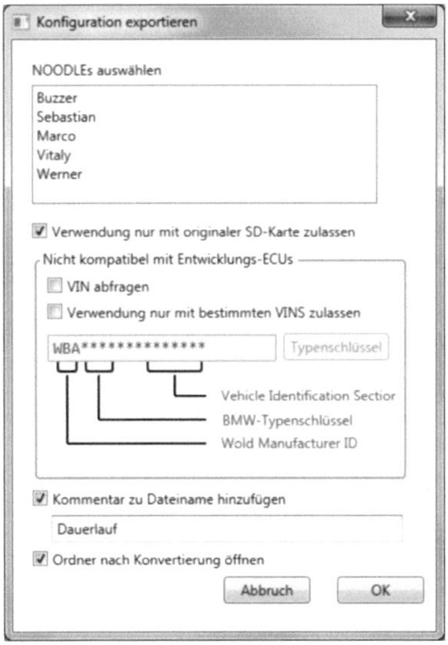

Abbildung 11: Export einer Konfiguration“

[18] Eine `GUID` besteht aus `128Bit` von denen mindestens `122Bit` zufällig gewählt sind.

Die NOODLE Administrationssoftware kann XML-formatierte Datenlogger-Beschreibungsdateien importieren, die alle Informationen[19] über den jeweiligen Datenlogger enthalten. Einmal importiert, ist der jeweilige Datenlogger projektübergreifend verfügbar und lässt sich beim Export der Konfiguration auswählen (auch eine Mehrfachauswahl ist möglich). Außerdem kann die exportiere Konfiguration mit Restriktionen versehen werden: Neben der Einschränkung auf die Verwendung mit ausgelieferten SD-Karte kann die Nutzung des Datenloggers über die Fahrgestellnummer auf einzelne Fahrzeuge oder Baureihen beschränkt werden.

Da der Datenlogger gemäß Kapitel 1 wenig wie möglich sensible Informationen enthalten soll (siehe Kapitel 1), enthält er lediglich allgemein gültige Logik zur Unterscheidung positiver und negativer Steuergeräte-Antworten. Detailliertes „Verständnis", welche Parameter abgefragt werden bzw. wie die erhaltene Antwort in physikalische Größen umzuwandeln ist Logger-seitig nicht implementiert.

Die Übersetzung der ausgewählten Requests in die auf den CAN-Bus zu legenden `Bytes` muss somit in der Windows-Administrationssoftware beim Export der Konfiguration erfolgen. Im Falle von OBD-II-Request ist die Übersetzung trivial, da die abzufragende PID unmittelbar dem an entsprechender Stelle zu sendenden Bytewert entspricht. Um die zu sendenden Bytes eines EBD-Requests zu ermitteln, werden diese Informationen aus der SGBD extrahiert.

Zusätzlich zur verschlüsselten (und damit nicht lesbaren) Konfigurationsdatei wird eine `HTML`-Datei exportiert. Aus dieser geht direkt hervor, mit welchen Restriktionen die Konfiguration belegt wurde, bzw. welche Größen mit welcher Priorität abgefragt werden.

4.3.3 Messdatenkonvertierung und -filterung

Nach dem erfolgreichen Einlesen der rohen Messdatei und der Übersetzung der Daten in physikalische Größen, können diese in mehrere Formate exportiert werden. Die Administrationssoftware exportiert Daten zunächst in einem CSV-Format. Durch die Anbindung externer Tools, ist zudem eine Konvertierung der exportierten ASCII-Daten in `MDF`, `DAT` und `MAT` möglich. Insbesondere durch die Ausgabe im `MDF`-Format ist die hier entwickelte Umgebung vollständig kompatibel zur bestehenden BMW-Toollandschaft.

---

[19] Hierzu zählen Datenlogger/CPU-ID, ID der Original SD-Karte, Klartextname zur Referenzierung und das Logger-spezifische Passwort.

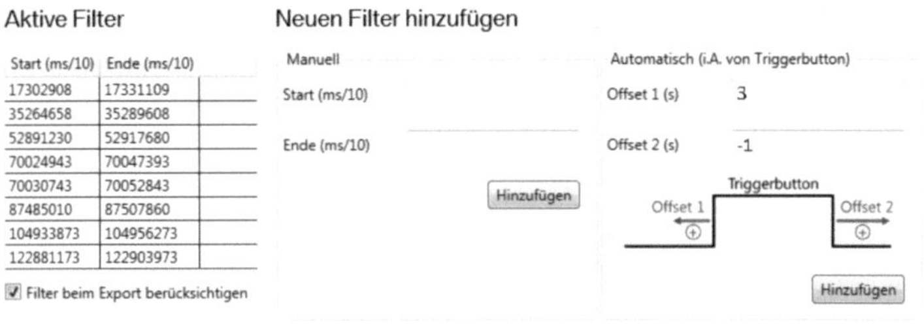

Abbildung 12: Setzen eines Filter vor dem Export der Logdaten“

Da der Datenlogger theoretisch mehrere Tage am Stück aufzeichnen kann, aber ggf. nur ein sehr geringer Teil der Logdaten für weitere Betrachtungen relevant sind, können vor dem Export bzw. dem Import *Filter* erzeugt werden. Diese ermöglichen einen partiellen Export der importierten Daten. Sollte der Markierknopf zur Kennzeichnung relevanter Messabschnitte genutzt worden sein, können Filter auch automatisch in Abhängigkeit der Markierevents (Knopfdruck) hinzugefügt werden (siehe **Abbildung 12**).

5 Verifikation und Validierung

In diesem Kapitel erfolgt die Validierung des Gesamtsystems. In Kapitel 5.1 wird hierzu neben der Abtastrate, auch deren Robustheit untersucht. In dem Kapitel 5.25.2 erfolgt anschließend die Validierung anhand einer realen Problemstellung.

5.1 Verifikation des Messverhaltens

Dieses Kapitel beschäftigt sich mit einer detaillierten Verifikation des Messverhaltens. Beurteilt wird dabei die Robustheit und Höhe der Abtastrate über den zeitlichen Verlauf der Aufzeichnung bzw. in Abhängigkeit des Fahrzeugzustandes. Stellvertretend für eine Vielzahl untersuchter Steuergeräte werden im Folgenden die Messungen diskutiert, die mit einem BMW aufgenommen wurden.

Da der Datenlogger in der Praxis i.d.R. zum Ausführen von EBD-Diagnosen herangezogen wird, gilt diesen auch der Fokus des Kapitels. Bei OBD-II basierter Diagnose wurde eine durchschnittliche Antwortzeit von $t_{resp,avg,OBDII} = 10{,}7ms$[20] auf einen Request ermittelt (mit einer Größe). Die Standardabweichung beträgt dabei $\sigma_{tresp,avg,OBDII} = 3{,}94ms$. Dieser recht hohe Wert, ist durch die niedrige Priorisierung der OBD-II-Requests zu erklären. Der Variationskoeffizient ergibt sich damit zu $COV_{tresp,avg,OBDII} = \frac{(\sigma_{tresp,avg,OBDII})}{(t_{resp,avg,OBDII})} = 36{,}78\%$.

[20] Bei OBD-II-Requests muss jede Messgröße einzeln bzw. seriell angefragt werden. Daher dauert die Anfrage von 10 Messgrößen rund 110ms.

Die Untersuchung der EBD-basierten Diagnose erfolgt auf Basis der Antwortzeit $t_{resp,avg,EBD}$ des Steuergerätes auf einen Request[21] mit 10 Größen. Diese ergibt sich in diesem Falle aus der Zeit, die ab der ersten Kommunikation bis zur Übertragung des letzten Nutzdatenbytes vergeht.

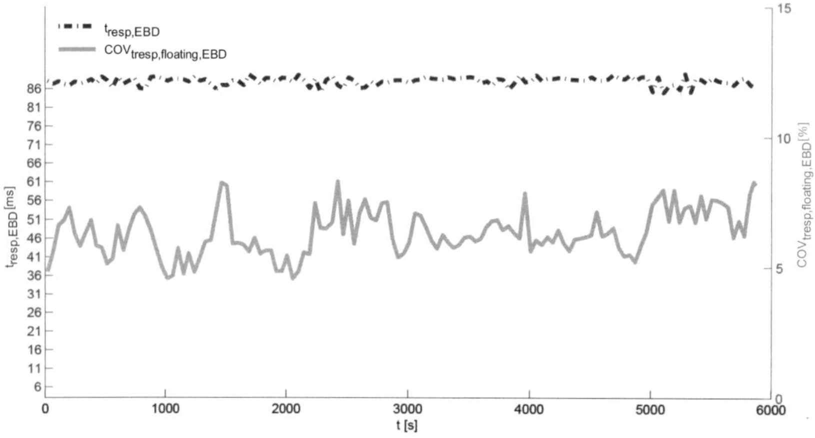

Abbildung 13: Gemittelte Antwortzeit des Steuergerätes $t_{resp,EBD}$ über die Logdauer

In **Abbildung 13** ist die geglättete Antwortzeit $t_{resp,EBD}$ sowie deren gleitender Variationskoeffizient $COV_{tresp,floating,EBD}$ dargestellt. Für gleitende Werte wurden die letzten 500 Werte der ungeglätteten Antwortzeit herangezogen.

Die Antwortzeit $t_{resp,EBD}$ und der gleitende Variationskoeffizient $COV_{tresp,floating,EBD}$ über die gesamte Messungsdauer konstant. Die Aufzeichnungsdauer hat somit keinen Einfluss auf die erreichte Datenrate. Die über die gesamte Messung gemittelte Antwortzeit ergibt sich zu $t_{resp,avg,EBD} = 88{,}0ms$ bei einem Variationskoeffizienten $COV_{tresp,avg,EBD} = 6{,}54\%$. Trotz der längeren Antwortzeit von EBD-Requests[22] wird mit ihnen dennoch eine höhere Datenrate erzielt, da bis zu 42 Größen in einem Block abgefragt werden können. Dieses Verhältnis verschiebt sich mit zunehmender Blockgröße weiter zu Gunsten von EBD-Requests.

Auch eine Last- und Betriebspunktabhängigkeit wurde nicht festgestellt. Das implementierte Logging gilt daher als robust.

[21] In Abhängigkeit des unterstützten Dienstes bzw. Protokolls (UDS [10] bzw. KWP2000 [11]) erfolgt die Nutzdatenübertragung erst nach dreimaliger, wechselseitiger Kommunikation.

[22] $t_{resp,avg,10,OBDII} = 107{,}12ms$ bzw. $t_{resp,avg,10,EBD} = 88{,}0ms$ für jeweils10 Größen

5.2 Validierung der Umgebung unter realen Bedingungen (Motorruckeln)

Ein Prototyp des Datenloggers wurde verwendet, um Motorruckeln an einem Fahrzeug zu diagnostizieren, bei dem das Verbauen von Messtechnik nicht in Frage kam und kein Experte zum Durchführen der Messung vor Ort war. Hierzu wurde der Datenlogger zum Erfassen verschiedener EBD-Größen mittels der in Kapitel 4.3 implementierten Software konfiguriert. In **Abbildung 14** ist der Messschrieb ausgewählter Größen in zeitlicher Nähe zu einem der Markierevents dargestellt.

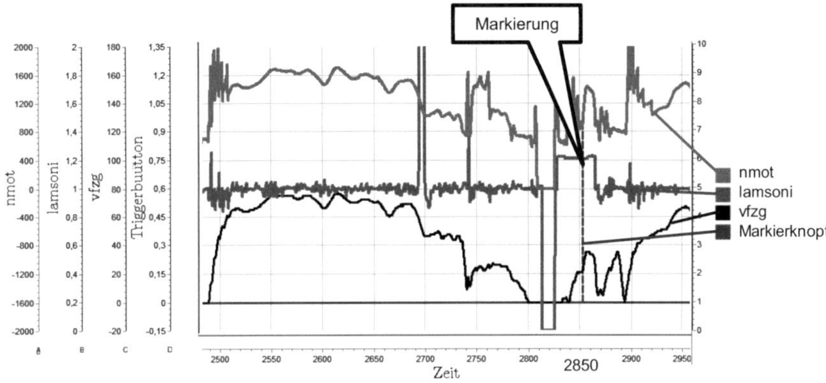

Abbildung 14: Verlauf verschiedener Messgrößen in zeitlicher Nähe zum Markierevent

Nach 2820s beginnt der Fahrer zu beschleunigen. Der Anfahrvorgang ist dabei rund 20% zu mager ($lamsoni \approx 1{,}2$). Auch das für das „Ruckeln" mitverantwortliche „Zittern" der Motordrehzahl ($nmot$) geht zu diesem Zeitpunkt aus den Logdaten hervor. Da der Fahrer das Motorruckeln in Form eines unrunden Motorlaufes bemerkt hat, ist ein gedrückter Markierbutton bei ca. 2855s zu erkennen.

6 Zusammenfassung und Ausblick

Die entwickelte NOODLE Umgebung (bestehend aus Soft-, Hard-, und Firmware) vereint alle Vorteile der Datengenerierung durch Experten vor Ort, beseitigt aber zeitgleich sämtliche Nachteile wie z.B. hohe Kosten und für den Betrieb vor Ort benötigtes Expertenwissen.

Kerngedanke war dabei die örtliche Aufspaltung des *Messystems* in ein *Konfigurationssystem* (Windows-Administrationssoftware) und ein *Datenerfassungssystem* (Datenlogger). Während das *Konfigurationssystem* durch einen Experten zur Erstellung der Konfiguration bedient wird, wird zum Betrieb des örtlich unabhängigen *Datenerfassungssystems* kein Fachwissen benötigt. Zur Inbetriebnahme genügt es, nach Überspielung der Konfigurationsdatei, den Datenlogger über die OBD-Buchse mit dem Fahrzeug zu verbinden. Die Abfrage mehrerer Steuergeräte ist dabei quasiparallel möglich. Die maximale Aufnahmedauer beträgt mehrere Tage. Besonders relevante Abschnitte in der Messung können durch den Markierknopf gekennzeichnet werden.

Eine Erweiterung des Datenloggers um eine Smartphone-Schnittstelle wird derzeit entwickelt. So ist die Erweiterung der Messung u.a. mit GPS- und Beschleunigungsdaten sowie mit Tonaufnahmen möglich.

Ebenso befindet sich derzeit eine DTC-Trigger-Funktion in Entwicklung. Diese ermöglicht das Filtern der Log-Daten um den Auftretenszeitpunkt von Fehlercodes im Fahrbetrieb herum.

Zukünftig kann die Umgebung durch den Einsatz einer *Realtime-Clock*, also einen unabhängigen Schaltkreis mit eigener Stromzufuhr zur Speicherung der aktuellen Zeit, auf der Logger-Hardware erweitert werden. So ist die Bestimmung des absoluten Aufnahmezeitpunktes möglich.

Außerdem kann durch die Anbindung an das Mobilfunknetz eine Möglichkeit geschaffen werden, den Datenlogger per Remote zu konfigurieren bzw. die Logdaten zu erheben. Auch das Echtzeit-Tracing von Entwicklungsfahrzeugen im Fahrbetrieb wäre mit dem Einverständnis des Fahrzeugführers dadurch denkbar.

Bisher sind nur 100 Datenlogger verfügbar, die in Kooperation mit AVL Deutschland hergestellt wurden. Durch eine Vergrößerung der Anzahl der verfügbaren Logger und eine Distribution an die Handelsorganisationen weltweit (wobei der technische Support und Wartung z.B. durch die technischen Stützpunkte erfolgen kann) kann die Verzögerung bis zur Verfügbarkeit von Messdaten weiter reduziert werden. Hierzu ist die Konzeption als Sonderwerkzeug für direkte Bestellung in der Handelsorganisation notwendig.

Danksagung

Ein besonderer Dank geht an Dr. Jetzinger der AVL Deutschland GmbH für die konstruktive Beratung sowie die Fertigung der Datenlogger.

Literatur

[1] International Standardization Organization: ISO 14229: Unified Diagnostic Services (UDS)

[2] International Standardization Organization: ISO 14230-3: Key-Word-Protocol 2000 (KWP2000), 2000

[3] International Standardization Organization: ISO 15765-2: Road vehicles - Diagnostics on Controller Area Networks (CAN). 2004

[4] Lindemann, Udo: Methodische Entwicklung technischer Produkte: Methoden flexibel und situationsgerecht anwenden. 3. Berlin: Springer, 2009.

[5] Schäffer, Florian: OBD ; Fahrzeug-Diagnose in der Praxis. Haar : Franzis, 2012 (Elektronik).

4 DoIP – Evolution oder Revolution der Diagnoseschnittstelle?

Dipl.-Inf. Bajan Delic, Dipl.-Ing. Rolf Weber, Vector Informatik GmbH, Stuttgart

Abstract

DoIP (Diagnostics over IP) is not a future technology anymore. It has become a practically used alternative to the well-established diagnostic interfaces K-Line and CAN. With its significantly higher bandwidth DoIP fulfills the requirement to still efficiently diagnose and reprogram vehicles.

However, while the standardization activities for DoIP required some time, the high-bandwidth automotive network technologies CAN FD and Automotive Ethernet were developed. How do these technologies affect each other and how do they affect the automotive electronic development?

This paper describes why DoIP provides more than just a higher bandwidth. It also describes why recent network technologies such as CAN FD and Automotive Ethernet may coexist with DoIP.

Kurzfassung

DoIP (Diagnostics over IP) hat den Wandel von der Zukunftstechnologie zum praktischen Einsatz weitgehend vollzogen. Sie erweitert damit die Gruppe der etablierten Diagnoseschnittstellen K-Line und CAN um eine weitere Alternative.

Mit einer deutlich höheren Bandbreite erfüllt DoIP die Anforderung, Fahrzeuge auch weiterhin effizient diagnostizieren und reprogrammieren zu können.

Während der Standardisierungsaktivitäten von DoIP wurden allerdings die Netzwerktechnologien CAN FD und Automotive Ethernet ebenfalls mit hoher Bandbreite entwickelt. Wie beeinflussen sich diese Technologien und wie beeinflussen sie die Elektronikentwicklung?

Der folgende Beitrag zeigt auf, dass DoIP mehr zu bieten hat als eine höhere Bandbreite. Und er beschreibt auch wieso die aktuellen Technologien CAN FD und Automotive Ethernet mit DoIP zusammenwirken.

1 Einleitung

CAN ist als Diagnosezugang für Fahrzeuge mit OBD relevanten Steuergeräten seit 2008 in der EU gesetzlich vorgeschrieben. Im Vergleich zum bis dahin immer noch weit verbreiteten Zugang über K-Line, brachte die Verwendung von CAN deutliche Vorteile bezüglich Bandbreite und Flexibilität. So war mittels K-Line beispielsweise nur eine Punkt-zu-Punkt-Verbindung zwischen Tester und Steuergerät möglich. Es konnte also nur ein Steuergerät zu einem bestimmten Zeitpunkt diagnostiziert werden.

Mittlerweile stößt aber auch CAN an seine Grenzen. Dies macht sich insbesondere dann bemerkbar, wenn CAN als Fahrzeugzugang verwendet wird. In diesem Fall müssen sich die nachgelagerten Sub-Netzwerke die Bandbreite des CAN-Fahrzeugzugangs teilen, was das parallele Reprogrammieren von Steuergeräten ausbremst und die gleichzeitige Kommunikation mit mehreren Testern am CAN erschwert.

Die Elektrifizierung der Fahrzeuge schreitet immer schneller voran. Mit der Nutzung des Internets im Fahrzeug und Funktionen wie Fahrerassistenzsystemen, ConnectedCar und Car2x steigt die Menge der zu transportierenden Daten weiter schnell an. Darüber hinaus entsteht hier ein Bedarf an neuen Kommunikationskonzepten.

Ethernet und DoIP versprechen die gestiegenen Anforderungen an die Fahrzeug-Kommunikationsnetzwerke erfüllen zu können.

2 DoIP Kompakt

Der aktuelle Stand der DoIP-Spezifikation wurde in der ISO 13400 in 2012 verabschiedet. Die ISO-Standardisierungsaktivitäten zu DoIP gehen einige Jahre weiter zurück und haben ihren Ursprung noch vor der Automobilkrise im Jahre 2009. Letztere ist vermutlich auch der Grund, weshalb DoIP noch nicht breitflächiger eingesetzt wird und CAN noch der mit Abstand am weitesten verbreitete Diagnosezugang zum Fahrzeug ist.

Auf den ersten Blick beeindruckt DoIP vor allem durch seine sehr hohe Übertragungsbandbereite. Dies ist aber nur einer der Vorteile von DoIP. Ein weiterer zentraler Vorteil ist die Möglichkeit der Fahrzeugerkennung und der Verbindungsaufbau mit einem von vielen Fahrzeugen. Auf diese und damit zusammenhängende Themen und Herausforderungen wird in der Folge genauer eingegangen.

2.1 Grundlegende DoIP Protokolle

DoIP basiert auf der TCP/IP-Protokollfamilie und den dort bekannten und bewährten Protokollen. Diese sind in Abbildung 1 dargestellt.

Application	**DHCP**	**DHCPv6**
Transport	**TCP**	**UDP**
Network	**IPv4** ARP, ICMP	**IPv6** NDP, ICMPv6
Physical	**Ethernet (IEEE 802.3 100Base-T)**	

Abbildung 1: Von DoIP verwendete Protokolle

2.2 Fahrzeugerkennung

Die Verwendung von Ethernet und der TCP/IP-Protokollfamilie ermöglicht die gleichzeitige Aufnahme mehrerer Fahrzeuge und mehrerer Tester in ein Netzwerk.

Dadurch ist es möglich, dass ein Diagnosetestsystem dynamisch mit mehreren Fahrzeugen kommunizieren kann und so beispielsweise Diagnosezugriff auf alle verbundenen Fahrzeuge auf einem Produktionsparkplatz hat.

Für den Zugriff auf ein Fahrzeug in einem Netzwerk mit mehreren Fahrzeugen ist es allerdings erforderlich, dass jedes einzelne Fahrzeug im Netzwerk erkannt und identifiziert werden kann. Deshalb wurde mit DoIP ein Verfahren zur Fahrzeugerkennung spezifiziert. Dieses Verfahren wird als *Vehicle Discovery* bezeichnet. Es ist ein Alleinstellungsmerkmal gegenüber allen anderen Diagnoseprotokollen.

Ein weiterer Vorteil ist, dass die vorhandene Netzwerkinfrastruktur wiederverwendet werden kann, und sich die Fahrzeuge über die Ethernet- und TCP/IP-Standardmechanismen ins Netzwerk integrieren können (Beispiele wie IPv4, IPv6 oder Adressvergabe über DHCP). Nachdem Tester und Fahrzeug(e) im Netzwerk verfügbar sind, kann mit der Identifikation und der Selektion des zu diagnostizierenden Fahrzeugs begonnen werden.

Der „Vehicle Discovery"-Ablauf basiert auf dem UDP-Protokoll - gerade dadurch wird der Paradigmenwechsel bei der Diagnoseschnittstelle und die automatische Suche von Fahrzeugen ermöglicht. Tester und das Fahrzeug müssen nicht mehr direkt verbunden und auch nicht an demselben Ort sein. Über einen im Vorfeld bekannten und definierten Port (13400) und den Broadcast/Multicast Mechanismus wird die Vehicle Discovery an alle DoIP-Knoten in einem Netzwerk gesendet.

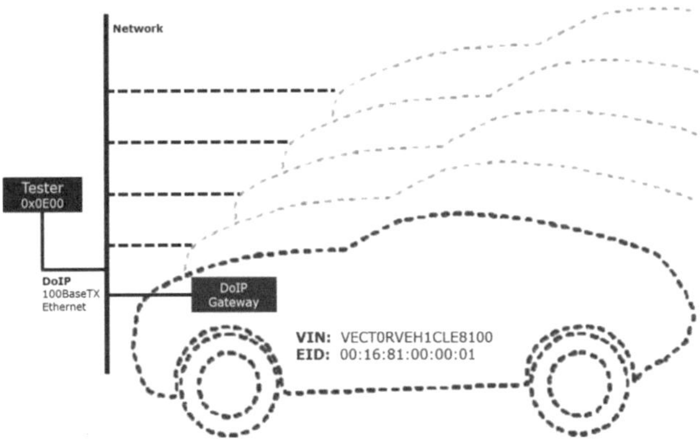

Abbildung 2: Vehicle Discovery

Die Identifikation basiert im Wesentlichen auf dem Austausch von Attributen wie der Vehicle Identification Number (VIN) oder der Entity Identification (EID – die Hardware Adresse des Netzwerk-Adapters).

Ab diesem Zeitpunkt ist die Zieladresse (IP-Adresse) des jeweiligen Fahrzeugs und der logischen DoIP-Knoten Adresse (LA) dem Tester bekannt und es kann mit dem Verbindungsaufbau begonnen werden.

2.3 Verbindungsaufbau

Der Verbindungsaufbau erfolgt vom Tester zum zuvor identifizierten zentralen DoIP-Knoten (Gateway) des Fahrzeugs und basiert auf dem verbindungsorientierten TCP-Protokoll. Dieses sichert eine dauerhafte und fehlerfreie Kommunikation zu. So wird beispielsweise eine gesendete Nachricht im Falle eines Kommunikationsfehlers automatisch wiederholt. Abgeschlossen wird der Verbindungsaufbau durch die sogenannte Routing Activation. Dabei meldet sich der Diagnose-Tester am DoIP-Knoten an und legt die Semantik der Verbindung fest (z.B. externer oder interner Tester, WWH-OBD, o.ä.). Basierend auf diesen Informationen kann der DoIP-Konten den Verbindungsaufbau endgültig akzeptieren und weitere Aktionen wie das Aufwecken der nachgelagerten Steuergeräte im Fahrzeug vornehmen. Für den Fall, dass nicht genügend Ressourcen vorhanden sind, kann an dieser Stelle der Verbindungsaufbau noch abgebrochen werden.

2.4 Diagnosekommunikation

Für Diagnosenachrichten ist im DoIP-Protokoll ein erweiterter Header vorgesehen. Zu den Diagnosedaten (z.B. einer UDS Diagnose Anfrage wie 0x10 03) wird noch die logische Adresse des Senders (Tester) und die des Empfängers (zu diagnostizierendes Steuergerät) angegeben. Das DoIP-Gateway kennt und routet die Diagnose-Anfrage an das angegebene Ziel-Steuergerät im entsprechenden Subnetz. Dabei übernimmt das DoIP-Gateway das Mapping der logischen Adresse auf die tatsächliche Steuergeräteadresse im Subnetz (z.B. CAN-ID).

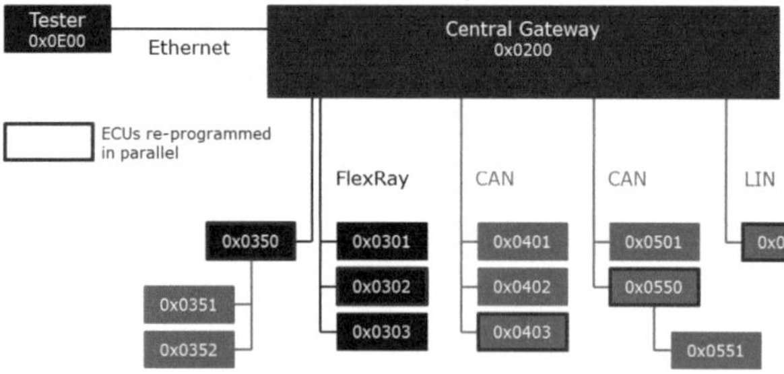

Abbildung 3: DoIP Fahrzeug-Topologie

Abbildung 3 zeigt eine Topologie mit einem DoIP-Gateway Knoten (Central Gateway). In diesem Beispiel kommuniziert der Diagnose-Tester nur indirekt mit den Steuergeräten in den Subnetzen des Fahrzeugs. Zukünftige Fahrzeugplattformen werden nach und nach mit Ethernet-Steuergeräten als Zugänge zu den verschiedenen Fahrzeug-Domänen erweitert und der Tester wird dann ggf. auch direkt mit den entsprechenden Steuergeräten kommunizieren können.

3 CAN FD und Automotive Ethernet

Bei der Vernetzung der Steuergräte im Fahrzeug ist CAN das mit Abstand am weitesten verbreitete Bussystem. Doch durch das rasante Fortschreiten der Elektrifizierung im Fahrzeug hat der Kommunikationsbedarf stark zugenommen. In aktuellen Fahrzeugplattformen wird CAN immer mehr zum limitierenden Faktor. CAN FD und Ethernet bieten eine höhere Bandbreite und übernehmen teilweise die Aufgaben von bestehenden Bussystemen. Dabei spielt nicht nur der höhere Datendurchsatz eine Rolle, sondern auch die Möglichkeit neue Kommunikationsarten zu verwenden („geswitchte" Verbindungen).

3.1 CAN FD

Das CAN Bussystem ist seit über zwei Jahrzehnten erfolgreich im Einsatz. Mit der maximalen Übertragungsrate von 1 MBit/s reicht die Bandbreite aber für einige Anwendungsfälle nicht mehr aus. Eine mögliche Abhilfe ist die Verwendung von CAN mit flexibler Datenrate (CAN FD [5]). Diese verbesserte (und abwärtskompatible) Version des CAN-Protokolls bietet signifikant höhere Übertragungsraten.

Erreicht wird dies durch zwei Erweiterungen im Vergleich zum klassischen CAN: Zum einen kann die Datenrate auf bis zu 8Mbit/s erhöht werden und zum anderen kann durch eine erhöhte Nutzdatenlänge der prozentuale Overhead deutlich reduziert werden.

3.1.1 Erhöhte Datenrate

Das Übertragen der Nutzdaten-Bytes erfolgt mit einer erhöhten Busgeschwindigkeit, der Data Baudrate. Header- und Trailer-Anteil werden weiterhin mit der „normalen" Arbitrierungs-Busgeschwindigkeit gesendet. So können CAN FD- und CAN-Nachrichten auf demselben Medium übertragen und arbitriert werden. Bei CAN FD wird im Vergleich zum klassischen CAN nach der Arbitrationsphase die Busgeschwindigkeit für die darauffolgende Datenphase auf z.B. 2, 4 oder 8 Mbit/s erhöht und danach wieder auf Arbitrations-Geschwindigkeit reduziert.

3.1.2 Erweiterte Nutzdatenlänge

Mit einer erweiterten Nutzdatenlänge von bis zu 64 Bytes bietet CAN FD im Vergleich zu CAN eine Reihe Vorteile. So wird einerseits der prozentuale Overhead einer einzelnen Nachricht reduziert, zum anderen kann bei längeren Diagnose-Botschaften in vielen Fällen die Segmentierung der Nachrichten vermieden oder zumindest reduziert werden. Um die erhöhte Nutzdatenlänge auch bei „NormalCom"-Nachrichten optimal nutzen zu können, kommt eine PDU-basierte Kommunikation zu Einsatz. Es werden mehrere Signale für unterschiedliche Steuergeräte in einer CAN FD-Nachricht übertragen.

3.2 Automotive Ethernet

Neben der Nutzdatenlänge, die ca. um den Faktor 180 größer ist als bei CAN und ca. um den Faktor 20 größer als bei CAN FD, unterscheidet sich Ethernet auch bei der Vernetzungstopologie und Adressierung maßgeblich von diesen Netzwerktechnologien (Abbildung 4). CAN ist als klassische Bustopologie realisiert. Eine Nachricht kann potentiell von allen Teilnehmern „gelesen" werden, die Netzwerkknoten entscheiden selbst, ob Nachricht für sie relevant ist oder nicht. Es gibt keine Möglichkeit eine Nachricht gezielt an nur einen Empfänger zu versenden. Ethernet war zwar ursprünglich ebenfalls als Bus ausgebildet und mit Koaxialkabeln und T-Elementen realisiert, heute ist Ethernet aber in den allermeisten Fällen ein aktiv geswitchtes Netzwerk mit einer Baum-Topologie. Technisch gesehen kann man eine Baum-Topologie als Netzwerktopologie verstehen, bei der mehrere Sterntopologien hierarchisch miteinander vernetzt werden. Die Teilnehmer sind über Punkt-zu-Punkt-Verbindungen vernetzt, was eine hohe Skalierbarkeit bietet und Kollisionsfreiheit garantiert.

Mit DoIP war der Grundstein für die Verwendung von Ethernet im Fahrzeug gelegt. Die Technologie gibt es bereits seit über 20 Jahren. Um die Anforderungen im Fahrzeug zu erfüllen, wurde Ethernet aber für den Automotive-Bereich erweitert. Dabei wurden Modifikationen an den elektrischen Eigenschaften (z.B. elektromagnetische Störungen und Energieeffizienz), der Verkabelung (UTP) und Synchronisations- und Latenzaspekten vorgenommen [6].

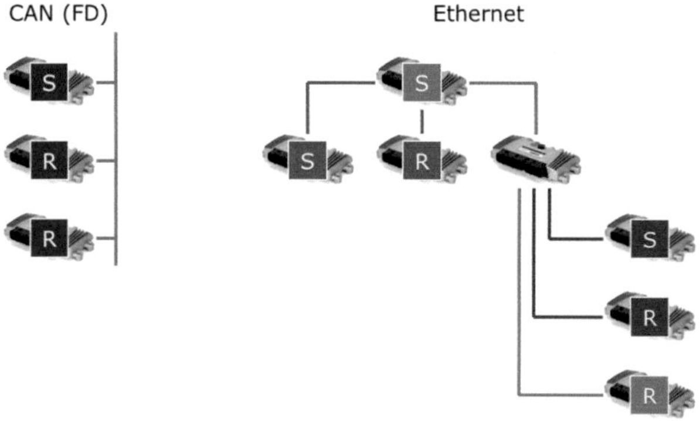

Abbildung 4: Vergleich der Netzwerktopologien (S – Sender, R – Empfänger)

Für Ethernet wurde ein aktives Netzwerk-Koppelelement eingeführt – der Switch. Dieser dient als Verteiler für die zu übertragenden Nachrichten und leitet diese nach einer kurzen Einlernphase nur an die Verbindung weiter, über die das adressierte Ziel zu erreichen ist. Hierzu sendet der Switch anfangs die Nachrichten an alle Verbindungen (Ports). Wenn die Antwortnachrichten von den Empfängern zurückkommen, merkt sich der Switch die Hardware-Adressen der Nachrichten und den dazugehörigen Port und sendet die Nachrichten von nun an nur noch an diesen Port. Damit wird die zur Verfügung stehende Bandbreite optimal genutzt. Außerdem ermöglicht ein Switch, dass zur selben Zeit mehrere Unicast-adressierte Nachrichten parallel im Netzwerk versendet werden können. Abbildung 4 zeigt ein beispielhaftes Ethernet-Netzwerk mit zwei Switches. Farblich markiert sind parallele Kommunikationspfade durch das Netzwerk, die sich gegenseitig nicht beeinflussen. Auf allen drei Verbindungen können maximal 100 Mbit/s Vollduplex übertragen werden. Dadurch multipliziert sich die Bandbreite von 100 Mbit/s mit der Anzahl der parallelen Kommunikationspfade.

Mittlerweile haben die zentralisierten und hierarchischen Netzwerke Einzug ins Fahrzeug gefunden. Bei den aktuellen Fahrzeugplattformen gibt es noch eine Übergangsphase. Einzelne Fahrzeug-Domänen wie Powertrain, Chassis und Body werden an das Ethernet-Netzwerk als Backbone angebunden. Die Domäne der Fahrerassistenzsysteme mit Kameras setzte von Beginn an auf Ethernet als Kommunikationsmedium. Diese Systeme haben eigene leistungsstarke Sensoren und dedizierte Steuergeräte, stehen aber auch in Interaktion mit anderen Systemen (wie Powertrain oder HMI) und benötigen dazu niedrige Latenzzeiten und erhöhte Bandbreite bei der Kommunikation.

4 DoIP in der Praxis

4.1 DoIP Konfiguration

Um die DoIP-Kommunikationsschichten zu konfigurieren, sind spezielle Kommunikationsparameter erforderlich. Diese wird, wie für CAN und K-Line, in der D-PDU API [3] standardisiert. Diagnose-Tester können dann durch die Verwendung der D-PDU API als Abstraktionsschicht weitgehend unabhängig von den verwendeten Protokoll-Stacks und der verwendeten Hardware über DoIP kommunizieren.

Der „Final Draft“ der D-PDU API liegt zur Prüfung vor. Mit der Freigabe des Standards wird noch in diesem Jahr gerechnet.

4.2 DoIP Hardware Interface

Ursprünglich war angedacht für die DoIP-Kommunikation auf PC-Seite den herkömmlichen PC-Netzwerk-Adapter zu verwenden. Dieses Vorgehen verspricht eine hohe Akzeptanz und eine einfache Integration in die IT-Landschaft. Die Netzwerk-Adapter sind bereits weit verbreitet und die komplexen Adapter-Einstellungen werden schon durch das Betriebssystem vorgenommen. Inzwischen ist aber mit der Activation Line (AL) eine zusätzliche physikalische Leitung gefordert, die eine spezielle Kommunikations-Hardware erfordert [2]. Die Activation Line wurde eingeführt um im Ruhezustand den Stromverbrauch der DoIP-Konten zu reduzieren und die elektromagnetische Strahlung zu minimieren. Das DoIP-Gateway befindet sich im Ruhezustand bis es durch einen Spannungspegel auf der Activation Line explizit aktiviert wird.

Eine dedizierte Hardware für DoIP Diagnose-Kommunikation hat auch noch andere Vorteile gegenüber der Verwendung eines PC-Netzwerk-Adapters: So blockieren oft die Firewall-Einstellungen der eingebauten Netzwerk-Adapter in Firmen-Netzwerken das Versenden und Empfangen von DoIP-Nachrichten.

Weitere Vorteile einer dedizierten DoIP-Hardware sind von weniger offensichtlicher aber ebenso bedeutender Art. Nur mit speziellen DoIP-Interface und einer speziellen TCP-Implementierung kann beispielsweise eine sehr genaue Busanalyse durchgeführt und mit anderen Bussystemen synchronisierte Zeitstempel bereitgestellt werden.

4.3 DoIP-Protokoll Besonderheiten

Bei der Verwendung von DoIP und dem verbindungsorientierten TCP-Protokoll sind allerdings einige Besonderheiten zu beachten. Durch Neustart eines Steuergeräts, wie beispielsweise beim Session-Wechsel in den Bootloader oder beim EcuReset, wird die TCP-Verbindung geschlossen. Der Diagnose-Tester (Client) ist dafür verantwortlich, dass diese Verbindungsabbrüche möglichst transparent für den End-Anwender abgefangen werden. Wie weit das möglich ist, liegt nicht zuletzt an der Implementierung des TCP-Protokoll-Stacks im Tester und im Steuergerät.

Eine weitere Eigenheit des TCP-Protokolls ist die Art, wie beim Verbindungsaufbau die Partner die Verbindungsaufnahme bestätigen. Zum Einsatz kommt hier der sogenannte 3-Wege-Handshake. In bestimmten Situationen – zum Beispiel bei wiederholten Verbindungsabbau und Verbindungsaufbau – kann es hier zu Verzögerungen kommen, die einen merklichen Einfluss auf den Datendurchsatz haben.

4.4 DoIP mit Ethernet-basierten Steuergeräten im Fahrzeug

Das Routen von DoIP-Nachrichten über ein Gateway auf ein Ethernet-Sub-Netzwerk ist in der ISO 13400 Spezifikation nicht standardisiert. Da dies aber ein wichtiger Aspekt bei der Verwendung von DoIP ist, wurden von unterschiedlichen Fahrzeugherstellern unterschiedliche Lösungen erarbeitet.

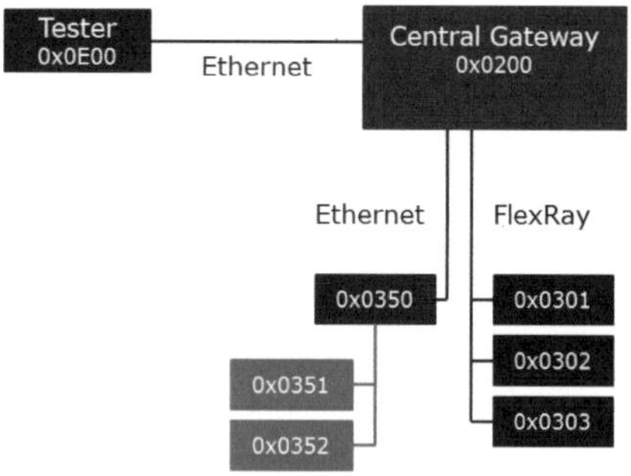

Abbildung 5: Routen von DoIP-Anfragen an ein Ethernet-Steuergerät

Ein gängiges Verfahren ist die teilweise Unterstützung des DoIP-Protokolls in den Ethernet-Steuergeräten. Diese Steuergeräte befinden sich meist in einem Subnetz und kommunizieren nicht direkt mit dem Tester. Oft ist die DoIP-Unterstützung in solchen Ethernet-basierten Steuergeräten nicht vollständig umgesetzt (wie in Abbildung 5 das Steuergerät mit der Adresse 0x0350). Da die Fahrzeugtopologie für die internen Teilnehmer im Vorfeld bekannt ist, sind einige DoIP-Abläufe überflüssig (beispielsweise der „Vehicle Discovery“-Mechanismus). In solchen Fällen findet dann die Kommunikation zum Ethernet Ziel-Steuergerät indirekt über das DoIP-Gateway statt. Die zuständige ISO-Arbeitsgruppe arbeitet derzeit daran ein Konzeptvorschlag hierzu zu erarbeiten und zu standardisieren.

4.5 Netzwerkanalyse

Mit der neuen Technologie entstehen auch neue Herausforderungen. Da DoIP kein Bussystem im eigentlichen Sinne zugrunde liegt, kann sich ein passiver Beobachter nicht mehr einfach an einer Stelle mit dem System verbinden und die Kommunikation analysieren. Eine Lösung ist hier die Verwendung spezieller Hardware-Interfaces, die ein transparentes Aufbrechen der Kommunikation und somit ein „Mithören“ erlauben. Die etablierten Test-Werkzeuge bieten diese bereits von CAN bekannten Funktionen an, um auch DoIP und Ethernet analysieren zu können – mit minimalem Umstellungsaufwand für die Anwender.

5 Resümee

Durch die Verwendung von DoIP kann der Datendurchsatz vom Tester zum Fahrzeug um Größenordnungen gesteigert werden. Selbst die Geschwindigkeit vom vergleichsweise schnellen CAN FD wird deutlich überschritten. Durch die gesteigerte Bandbreite können nun Steuergeräte in unterschiedlichen Subnetzen viel schneller parallel diagnostiziert und vor allem reprogrammiert werden.

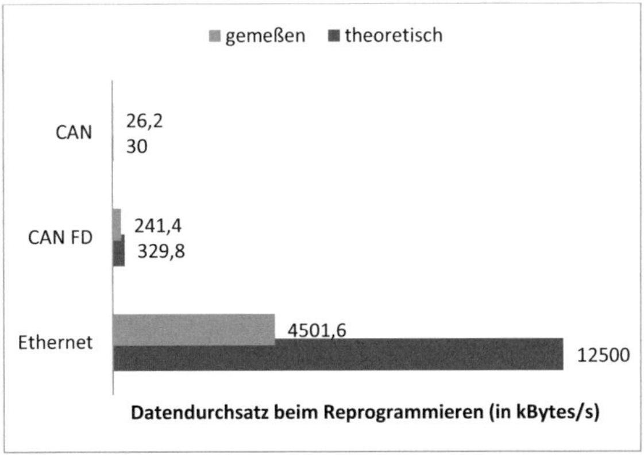

Abbildung 6: Ergebnisse mit vFlash auf unterschiedlichen Bussystemen

Gerade beim Reprogrammieren von Steuergeräten darf aber nicht vergessen werden, dass auch das Löschen des EEPROMs und der Transfer der Daten vom RAM in den EEPROM erhebliche Zeit in Anspruch nehmen. Die Schreibgeschwindigkeit der Speicherbausteine liegt deutlich unter der Übertragungsgeschwindigkeit von Ethernet, aber auch von CAN FD.

Dennoch ist DoIP eine mächtige Weiterentwicklung – eine Evolution – des Diagnosezugangs ins Fahrzeug.

Was den Fahrzeugzugang mittels DoIP aber revolutioniert, ist die Möglichkeit, mit einem Testsystem viele Fahrzeuge gleichzeitig anzusprechen und sie in eine Netzwerk-Infrastruktur zu integrieren. Es erschließen sich damit vielfältige neue Möglichkeiten. So kann beispielsweise in der Werkstatt auf alle Kundenfahrzeuge gleichzeitig zugegriffen werden – von der Annahme bis zur erfolgreichen Reparatur.

DoIP ist als also beides – eine Evolution und eine Revolution des Diagnosezugangs ins Fahrzeug.

6 Ausblick

Die Standardisierung der nächsten Automotive Ethernet Generation mit 1 GBit/s ist bereits im Gange. Durch den in der aktuellen DoIP-Spezifikation auf 100 Mbit/s (100Base-Tx Fast Ethernet) begrenzten Diagnose-Tester Zugang, ergibt sich ein potentieller Engpass bei bestimmten Diagnose-Anwendungsfällen. Daher ist diesbezüglich eine Anpassung des DoIP-Standards in der nahen Zukunft wahrscheinlich.

Abkürzungen

CAN	Controller Area Network
CAN FD	CAN Flexible Datarate
DHCP	Dynamic Host Configuration Protocol
DoIP	Diagnostics over IP
ECU	Electronic Control Unit, Steuergerät
EEPROM	Electrically Erasable Programmable Read-Only
EID	Entity Identification
IP	Internet Protocol
ISO	International Organization for Standardization
LA	DoIP Logical Address
OBD	On-Board-Diagnosis
PDU	Protocol Data Unit
RAM	Read-Only Memory
TCP	Transmission Control Protocol
UDP	User Datagram Protocol
UDS	Unified Diagnostic Services
UTP	Unshielded Twisted Pair
VIN	Vehicle Identification Number
WWH-OBD	World Wide Harmonized OBD

Literatur

[1] ISO 13400-2: Road vehicles — Diagnostic communication over Internet Protocol (DoIP) — Part 2: Transport protocol and network layer services

[2] ISO 13400-3: Road vehicles — Diagnostic communication over Internet Protocol (DoIP) — Part 3: Wired vehicle interface based on IEEE 802.3

[3] ISO 22900-2: Road vehicles — Modular vehicle communication interface (MVCI) — Part 2: Diagnostic protocol data unit application programming interface (D-PDU API)

[4] ISO 14229-1: Road vehicles — Unified diagnostic services (UDS) — Part 1: Specification and requirements, Second edition 2013-03-15

[5] CAN with Flexible Data Rate — Specification Version 1.0 (Released April 17, 2012), Robert Bosch GmbH

[6] IEEE 802.3bw IEEE Standard for Ethernet Amendment 1 — Physical Layer Specifications and Management Parameters for 100 Mb/s Operation over a Single Balanced Twisted Pair Cable (100BASE-T1)

[7] Marc Weber: Neue Kommunikationsarten in der Automobilvernetzung, Automobil Elektronik, 7/8 2015

5 BOSCH Connected Powertrain – Cloud-basierte Gesamtlösungen zur effizienten Antriebsstrang-Entwicklung und -Steuerung

Dr.-Ing. Tobias Radke, Ir. Arie-Govert Aanen, Bruno de Almeida, Dr.-Ing. Volker Blaschke, Dipl.-Ing. Christian Stingl, Dipl.-Phys. Alexander Wernet,
Robert Bosch GmbH, Schwieberdingen

Abstract

In line with the vision "Data is the new oil" [1], the vehicle's powertrain of the future will be seamlessly connected to the cloud – for development and monitoring as well as for more efficient and flexible operation. BOSCH Diesel Gasoline Systems – Electronic Controls (DGS-EC) works towards this goal in two different stages:

In the first stage, the product and service portfolio will be complemented by cloud-based technologies for powertrain development. BOSCH Connected Powertrain will offer several products and services for remote monitoring, validation and calibration of powertrain hardware and software components.

In the second stage, powertrain functions will be enriched and merged with cloud content and intelligence. BOSCH Connected Powertrain will therefore offer the essential modular services in the cloud for intelligent control of the vehicle's powertrain.

The following contribution will focus on the first stage for introduction in the powertrain development process and in particular on remote diagnosis validation for increased development efficiency and software quality.

Kurzfassung

Analog der Vision „Daten sind das Öl des 21. Jahrhunderts" [1] wird auch der Antriebsstrang der Zukunft nahtlos mit der Cloud vernetzt sein – einerseits für Entwicklungs- und Monitoring-Zwecke, andererseits um einen flexibleren und effizienteren Betrieb im Serieneinsatz zu ermöglichen. BOSCH Diesel Gasoline Systems – Electronic Controls (DGS-EC) verfolgt dieses Ziel in zwei Schritten:

Im ersten Schritt wird das Produkt- und Dienstleistungs-Portfolio durch cloud-basierte Technologien zur Begleitung und Unterstützung des Antriebsstrang-Entwicklungsprozesses ergänzt werden. BOSCH Connected Powertrain wird dazu verschiedene Produkte und Dienstleistungen zur Fern-Überwachung, -Validierung und -Applikation der Antriebsstrang-Hardware und -Software anbieten.

Im zweiten Schritt werden Antriebsstrang-Funktionen mit zusätzlichen Inhalten aus der Cloud angereichert und verknüpft. BOSCH Connected Powertrain wird dazu die erforderlichen modularen Cloud-Dienste zur Verfügung stellen, um einen noch intelligenteren Betrieb des Antriebsstrangs zu ermöglichen.

Der folgende Beitrag fokussiert den ersten Schritt zur Einführung im Antriebsstrang-Entwicklungsprozess und dabei speziell die Fern-Validierung von Diagnose-Funktionen zur Steigerung der Entwicklungseffizienz und Softwarequalität.

1 Fokusfelder entlang des Fahrzeug-Lebenszyklus

Nach dem infrastruktur-orientierten „Web 1.0“ und dem „Web 2.0“ der sozialen Medien steht das „Web 3.0“, als „Internet der Dinge“ vor allem für die Generierung neuartiger Dienste durch die nahtlose Vernetzung technischer Geräte verschiedenster Domänen. Auch das vernetzte Automobil ist, bereits für sich gesehen, eine dieser Domänen. Mit bis zu über 100 Steuergeräten und über 100 Millionen Zeilen Code zählt das Automobil zu einem der komplexesten vernetzten Systeme überhaupt [2]. Wird vom „vernetzten Fahrzeug“ gesprochen, muss darum der Kontext klar festgelegt werden.

BOSCH Diesel Gasoline Systems – Electronic Controls (DGS-EC), verantwortlich für die Entwicklung und Fertigung von Antriebsstrang-Steuergeräten, treibt vor diesem Hintergrund fokussiert die Vernetzung des Antriebsstrangs in zwei Fokusfeldern voran (Abbildung 1): Der entwicklungsbegleitenden Ausrüstung von Versuchsfahrzeugen mit Lösungen zur Fern-Überwachung, -Validierung und -Applikation einerseits und der Darstellung cloud-unterstützter Antriebsstrang-Funktionen für den Einsatz in Serienfahrzeugen andererseits. Diese Unterscheidung ist wesentlich, da die Unterschiede der Einsatzszenarien entscheidenden Einfluss auf die Anforderungen an die einzelnen Komponenten der Gesamtlösung, bestehend aus Hardware und Software, sowohl im Fahrzeug als auch im Backend, also in der Server-Infrastruktur, haben.

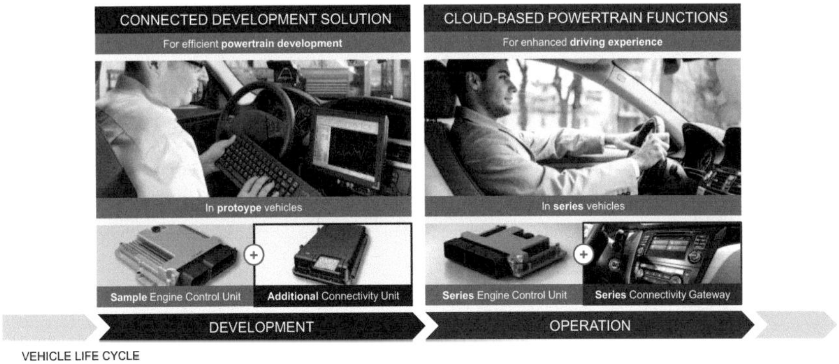

Abbildung 1: BOSCH Connected Powertrain: Fokusfelder

2 Connected Development Solution zur effizienten Antriebsstrang-Entwicklung

Im Gegensatz zum zweiten Fokusfeld ist in der Ausrüstung von Versuchsfahrzeugen die Integration einer zusätzlichen Connectivity Control Unit (CCU) vorgesehen, die über Mobilfunk zusätzlich zur bestehenden Elektrik/Elektronik- (E/E-) Architektur einen direkten Kanal zwischen dem Fahrzeug-Bussystem und dem Backend herstellt. Die entstehende integrierte Gesamtlösung für Versuchsfahrzeuge, inklusive CCU im Fahrzeug, Datenübertragung per Mobilfunk, Datenspeicherung und -Aufbereitung im Backend, sowie Echtzeit-Auswertung und -Visualisierung in einem Webportal, bietet BOSCH Connected Powertrain daher unter dem Namen „Connected Development Solution" an. Sie konzentriert sich auf drei Anwendungsgebiete (Abbildung 2):

- Remote Validation: Relevante Daten werden während der Erprobung aufgezeichnet, per Mobilfunk kontinuierlich an das Backend übertragen und stehen dort zur automatisierten Echtzeit-Analyse und -Darstellung, sowie zur Initiierung weiterer Aktionen, wie etwa der automatisierten Benachrichtigung ausgewählter Personen bei Verletzung festgelegter Validierungsregeln, zur Verfügung.
- Remote Monitoring: Relevante Daten zur Ermittlung aktueller Zustände der Fahrzeuge, wie geografische Position, Funktionsstatus, Fehlerspeichereinträge, wie auch Hard- und Software-Versionen der Komponenten werden ermittelt und je nach Bedarf an das Backend gesendet.
- Remote Calibration: In Ergänzung zum Lesen von Daten bei Remote Validation, unterstützt Remote Calibration das Schreiben von Daten auf den Bus des Versuchsfahrzeugs und somit in weiterer Folge auch die Aktualisierung von Software auf CCU und ECU, etwa zur Anpassung von Messkonfigurationen auf der CCU oder zur Funktionsparametrierung auf der ECU, im Entwicklungsprozess.

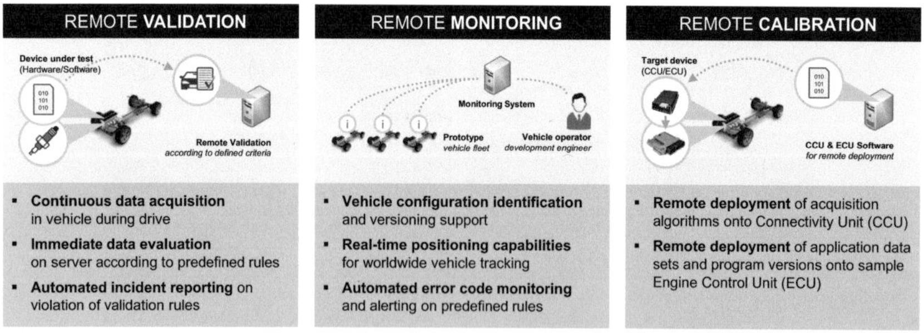

Abbildung 2: Connected Development Solution: Anwendungsgebiete

Beispiele aus der Entwicklung der Motorsteuerung innerhalb BOSCH Diesel Gasoline Systems – Electronic Controls (DGS-EC) umfassen die Ermittlung von Lastkollektiven zur optimierten Auslegung von Hardware-Komponenten über die Validierung der Modelle modellbasierter Regler in verschiedensten Betriebsbedingungen bis hin zur Überwachung und Protokollierung von Diagnose-Fehlercodes mit relevanten Zusatzinformationen zur Statusermittlung von Versuchsfahrzeugen und optimierten Auslegung von Diagnose-Funktionen (Abbildung 3).

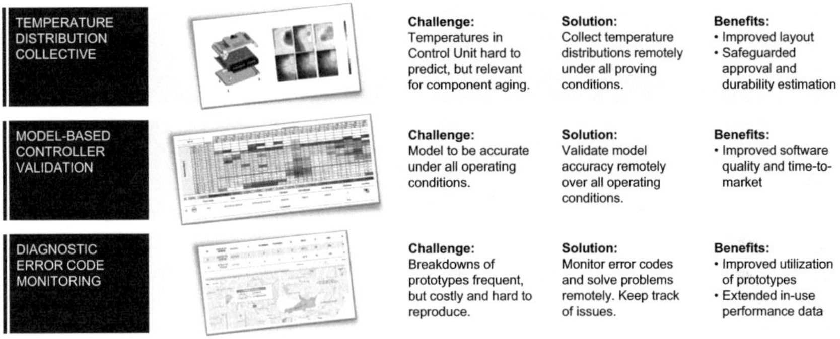

Abbildung 3: Connected Development Solution: Anwendungsbeispiele

In den vergangenen zwei Jahren wurden zahlreiche verschiedene Anwendungen sowohl für interne als auch externe Kunden realisiert, jeweils bestehend aus einer spezifischen Messkonfiguration mit Datenvorverarbeitung in der CCU, einer Datenübertragung in eine Backend-Datenbank und eine spezifische Echtzeit-Auswertung der Daten und Visualisierung der Resultate (Abbildung 4). Auf Basis der gewonnenen Erfahrungen ist die Einführung einer integrierten und skalierbaren Plug-and-Play-Lösung für Connected Development geplant, um im ersten Schritt die effiziente Vernetzung kompletter Versuchsfahrzeug-Flotten und im zweiten Schritt auch die Realisierung komplexer Validierungs- und Applikations-Aufgaben zu unterstützen.

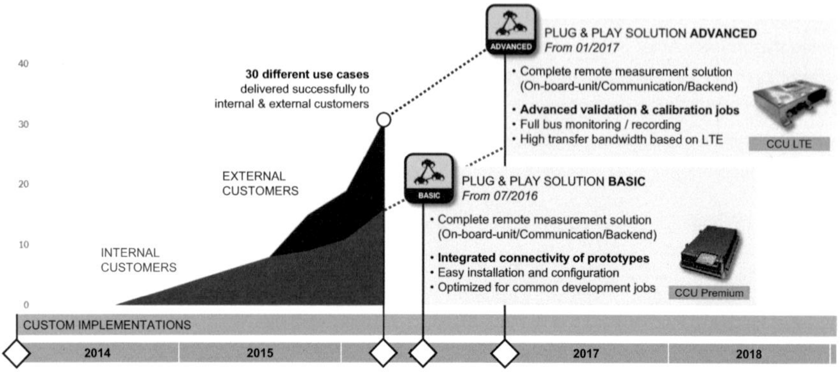

Abbildung 4: Connected Development Solution: Ausblick

Im Hinblick auf die Fahrzeugdiagnose als besonders treffendes Beispiel hervorzuheben ist das entwickelte Werkzeug zur Online-IUMPR-Validierung. Hintergrund und Motivation dieses Werkzeugs ist die OBDII-Gesetzgebung bezüglich des In-Use Monitor Performance Ratio (IUMPR). In dieser schreiben Behörden, wie ursprünglich das California Air Resource Board (CARB) vor, dass festgelegte Diagnosen über die gesamte Lebensdauer des Fahrzeugs mindestens mit festgelegter Häufigkeit ausgeführt werden müssen [3]. Aufgrund der Gesetzgebung entsteht im Fahrzeugentwicklungsprozess der Bedarf zur Absicherung entsprechender Funktionalitäten. Dieser kann nun mit Unterstützung durch das entwickelte Werkzeug in besonders vorteilhafter Art und Weise gedeckt werden. Dazu wird ein integriertes Validierungspaket, inklusive CCU, mobiler Datenübertragung, Datenspeicherung auf einem Server, sowie Datenauswertung und Echtzeit-Visualisierung über ein Webportal eingesetzt. Für die IUMPR-Validierung ergeben sich daraus insbesondere folgende Vorteile und Möglichkeiten:

- Einfache reversible Integration ins Fahrzeug und schnelle Inbetriebnahme
- Konsistente Datenspeicherung in Server-Datenbanken
- Echtzeit-Auswertung und -Visualisierung der gesammelten Daten
- Flexible Aggregation über Kriterien wie Fahrtzeiten, Fahrzeuge, etc.
- Unterstützung bei der Funktionsoptimierung, etwa durch Mustererkennung
- Automatisierte Generierung von Berichten
- Automatische Benachrichtigung bei erkanntem Fehlverhalten
- Adaptierbarkeit der Messprogramme per Fernzugriff

Das Werkzeug zur Online-IUMPR-Validierung wird durch BOSCH Connected Powertrain zur Unterstützung interner Entwicklungsprojekte wie auch zur Nutzung durch externe Kunden bereitgestellt.

3 Cloud-based Powertrain Functions zur intelligenten Powertrain-Steuerung

Als menschliche „Nutzer“ des Internet senden wir, ganz abstrakt formuliert, täglich Anfragen ins Internet, um neue Informationen zu erhalten, die uns dabei unterstützen, unsere Entscheidungen des täglichen Lebens zu verbessern. In Analogie dazu sieht das Konzept der Cloud-based Powertrain Functions vor, dass der Antriebsstrang als physikalisches Produkt, aber ebenso als „Nutzer“ des Internet der Dinge, Anfragen sendet und Informationen zurück erhält, um die Entscheidungen der Antriebsstrang-Steuerung zu verbessern (Abbilung 5).

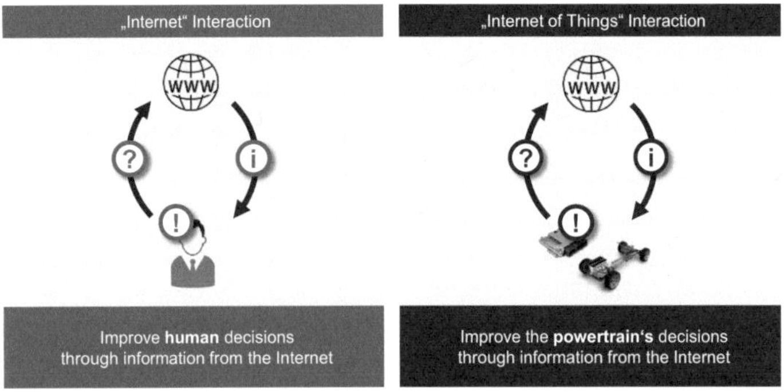

Abbildung 5: Cloud-based Powertrain Functions: Motivation

Ein konkretes Beispiel dieses Konzepts ist die vorausschauende Steuerung eines Hybrid-Fahrzeugs (Abbildung 6). In dieser Funktion wird im ersten Schritt die geografische Position des Fahrzeugs im Straßennetz mit Hilfe der Satellitennavigation ermittelt und per Mobilfunk an einen Server übermittelt. Mit Hilfe der geografischen Position des Fahrzeugs können nun im nächsten Schritt verschiedene relevante Daten über die vorausliegende Strecke vor dem Fahrzeug, wie etwa Fahrbahnsteigung, Verkehrsaufkommen oder Wetter, ermittelt werden. Bis hierhin entspricht die Funktionalität dem bereits von BOSCH vorgestellten „Connected Horizon“ [4], der verschiedenste ortsbezogene Zusatzdaten für Steuerungsfunktionen im Fahrzeug zu Verfügung stellt. BOSCH Connected Powertrain nutzt diese Daten und verknüpft sie in einem nächsten Schritt, um die entscheidenden Vorgaben für die Antriebsstrang-Steuerung abzuleiten und dem Antriebsstrang über die Mobilfunkverbindung zu Verfügung zu stellen. Im betrachteten Beispiel etwa wird auf Basis der ortsbezogenen Zusatzdaten eine Ladestrategie für die Hochvolt-Batterie des Hybridfahrzeugs festgelegt, deren Resultate als Sollwertvorgaben in die Steuerung des Antriebsstrangs einfließen und somit eine vorausschauende Steuerung des Hybridfahrzeugs ermöglichen.

Das Beispiel verdeutlicht die wesentlichen Vorteile der Cloud-based Powertrain Functions. So kann mit Hilfe von Echtzeit-Zusatzdaten aus dem Internet die Betriebsstrategie des Hybridfahrzeugs mit relativ kleinen Änderungen im Fahrzeug deutlich effizienter und komfortabler gestaltet werden. Bei Einfahrt des untersuchten Fahrzeugs von einer Landstraße in eine Stadt etwa könnte die Betriebsstrategie auf der Landstraße die Hochvoltbatterie voll aufladen, um in der Stadt die gesamte Kapazität der Hochvoltbatterie zum rein elektrischen, und damit lokal emissionsfreien, Fahren zu Verfügung zu stellen, gleichzeitig den Kraftstoffverbrauch zu reduzieren und den Fahrkomfort bei Stadtfahrten zu erhöhen.

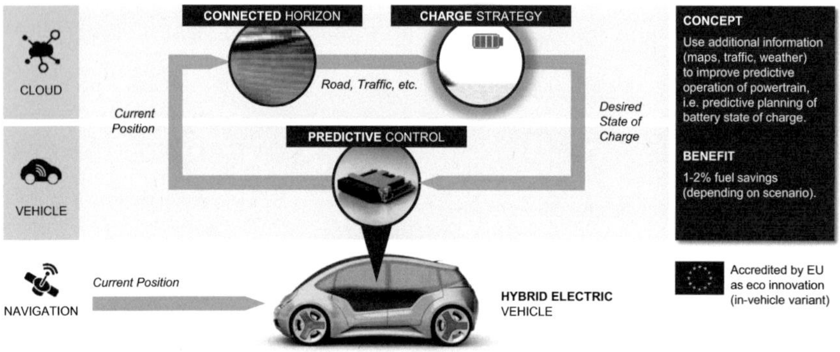

Abbildung 6: Cloud-based Powertrain Functions: Anwendungsbeispiel

4 Zusammenfassung und Ausblick

Analog der Vision „Daten sind das Öl des 21. Jahrhunderts“ [1] wird auch der Antriebsstrang der Zukunft nahtlos mit der Cloud vernetzt sein – einerseits für Entwicklungs- und Monitoring-Zwecke, andererseits um einen flexibleren und effizienteren Betrieb im Serieneinsatz zu ermöglichen. BOSCH Diesel Gasoline Systems – Electronic Controls (DGS-EC) verfolgt dieses Ziel in beiden Fokusfeldern. Dazu werden die im Beitrag vorgestellten „Connected Development Solution“ und „Cloud-based Powertrain Functions“ eingeführt. BOSCH Connected Powertrain tritt dabei, wie etwa im Beispielfall der Online-IUMPR-Validierung, als Full-Service-Provider auf und stellt integrierte Gesamtlösungen zur Verfügung, die sich über alle Ebenen der Connectivity-Infrastruktur, insbesondere Motorsteuerung, Connectivity Control Unit, Datenübertragung per Mobilfunk und Backend-Services, erstreckt (Abbildung 7). Diese nahtlose Integration ermöglicht ein Maximum an funktionaler Sicherheit, Informationssicherheit und Datenschutz.

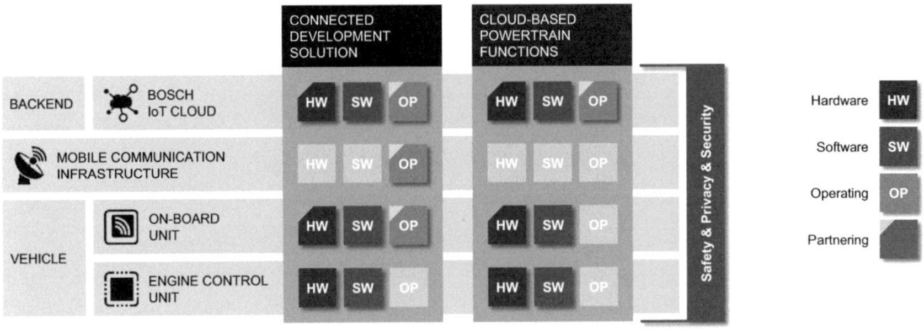

Abbildung 7: BOSCH Connected Powertrain: Leistungsspektrum

Dabei kommt die im März 2016 vorgestellte BOSCH IoT Cloud [5] zum Einsatz, die eine flexible und effiziente Vernetzung von Produkten und Dienstleistungen im Internet der Dinge ermöglicht.

Literatur

[1] Humby, C.: *Data is the New Oil*; ANA Senior Marketer's Summit, Kellogg School of Management, Northwestern University, Evanston, IL, USA; 2006

[2] Broy, M.; zitiert nach: Charette, R. N.: *This Car Runs on Code*; IEEE Spectrum Online; 2009

[3] Reif, K., Willimowski, M., Leideck, J.: *Diagnose*; In: Reif, K. (Hrsg.): Ottomotor-Management, 4. Auflage; Springer Vieweg; Wiesbaden; 2014

[4] BOSCH SoftTec GmbH: *Connected Horizon*; BOSCH SoftTec Online; März 2016

[5] Denner, V.: *IoT and the Cloud*; BOSCH ConnectedWorld; Berlin; 2016

6 Remote diagnostics – Fahrzeug und IoT: Ansätze und Erfahrungen aus der Forschung

Dipl.-Ing. Tom Gothan, Dipl.-Ing. Tim Häberlein, Prof. Dr.-Ing. Bernard Bäker, TU Dresden, Dresden; **Dipl.-Ing. Andreas Unger**, IAM GmbH, Dresden

Abstract

In information technology the distribution of CPU-intensive services into the backend is state of the art. The automobile industry attempts to bring this technology into the car of the future. The goal is to overcome the hardware limitations, which derive from the finite installation place, to develop new functions. The concept of a network between cars and the infrastructure is known under the term "Internet of Things" (IoT). The diagnosis, as a comprehensive discipline, also benefits from the link between the various domains. Today the car is understood as a closed system. By using additional data, new cloud based diagnosis can break these boundaries. These new technologies are mandatory for new functions like self-driving cars. This paper introduces the potentials and challenges of the remote diagnostics of the future. In addition to that will be an Introduction of the by the chair for Fahrzeugmechatronik developed cloud software. This software was the base of two various implementations of the remote diagnostic. In the end the result of the work will be discussed and evaluated.

Kurzfassung

Die Verteilung von rechenintensiven Diensten in das Backend ist in der Informationstechnik schon heute Stand der Technik. Aktuelle Bestrebungen der Automobilbranche bringen diese Ansätze in die Fahrzeuge der Zukunft. Ziel ist es, die Hardwarelimitierungen, welche aus dem begrenzten Bauraum resultieren, zu überwinden und neue kundenerlebbare Funktionen zu entwickeln. Die Vernetzung der Fahrzeuge und der Infrastruktur wird unter dem Begriff „Internet of Things“ (IoT) zusammengefasst. Auch die Diagnose, als system- und prozessübergreifende Disziplin, profitiert von der Vernetzung der verschiedenen Domänen. Aktuell wird das Fahrzeug als in sich geschlossenes System aufgefasst. Neue cloudbasierte Diagnoseansätze können durch die Hinzunahme von Zusatzdaten diese Grenzen aufbrechen und die Diagnose nachhaltig verändern. Für Technologien der Zukunft (z.B. autonomes Fahren) sind diese Funktionen zwingend notwendig. Im Rahmen dieses Beitrags werden die Potentiale und Herausforderungen der Remotediagnose der Zukunft aufgezeigt. Zudem wird die am Lehrstuhl für Fahrzeugmechatronik entwickelte Cloudumgebung vorgestellt. Diese wurde für die Implementierung von zwei Remotediagnosevarianten verwendet und deren Potentiale und Herausforderungen im Anschluss bewertet.

1 Einordnung und Motivation

Die Informationstechnik wird ein immer größerer Bestandteil der Automobiltechnik und hat schon heute einen starken Einfluss auf aktuelle Fahrzeuggenerationen und deren E/E-Architektur. Aktuelle Bestrebungen treiben eine Verschmelzung der Kerndisziplinen Maschinenbau, Elektrotechnik und Informatik weiter voran. Das Auto wird jedoch oft als ein in sich geschlossenes System betrachtet. Die verfügbare Rechenleistung und der Speicher im Fahrzeug sind aufgrund des begrenzten verfügbaren Bauraums stark begrenzt, was die Auslagerung der verschiedenen Funktionen in ein Backend zu einer möglichen Lösung für dieses Problem macht. Moderne Fahrzeuge sind zudem mit vielen Sensoren ausgestattet welche permanent Umgebungsdaten sammeln. Diese Daten können in Verbindung mit den Daten anderer Fahrzeuge (Car2Car), der Infrastruktur (Car2X) und weiteren Diensten komplexe Algorithmen speisen, welche neue kundenerlebbare Komfort- oder Assistenzfunktionen, wie z.B. Kreuzungsassistenten oder Car2X basierte Routeninformationen für Einzelfahrzeuge oder Flotten, ermöglichen. Besonders im Hinblick auf das autonome Fahren müssen in Zukunft die physischen Grenzen zwischen den genannten Domänen aufgebrochen und Teil eines großen Netzwerks, dem Internet of Things (IoT), werden.

In den folgenden Kapiteln wird die am Lehrstuhl für Fahrzeugmechatronik der TU Dresden entwickelte Cloudplattform am Beispiel der Remotediagnose vorgestellt. Die Ferndiagnose ist in diesem Themenfeld eine besonders interessante Disziplin, da sie system- und prozessübergreifend ist. Die aktuelle Diagnoseinfrastruktur ist gekennzeichnet durch bestehende Standards u. a. bei Diagnosedaten (ODX), Transportprotokollen (ISOTP, DoIP), Diagnoseabläufen (OTX), Diagnosediensten (UDS) und etablierten Methoden der On- und Offboarddiagnose (Testersysteme und Eigendiagnose). Weiterhin erfolgt die Einteilung von Fehlern meist in fahrzeuginterne Fehlerkategorien. Hierzu gehören z. B. Kupferfehler (Kurzschluss, Unterbrechungen), Spannungsfehler (Unterspannung, Überspannung), interne Steuergerätefehler, Plausibilitätsfehler und Kommunikations-fehler.

Remotediagnose bedeutet in diesem Zusammenhang jedoch nicht nur aktuelle Diagnoseansätze über eine mobile Verbindung zu verarbeiten. Ziel muss es sein die zukünftige Diagnose um weitere Funktionen zu erweitern um das Potential der Vernetzung von Fahrzeugen einerseits zu heben und andererseits die Sicherheit, Verfügbarkeit sowie Diagnostizierbarkeit der gesamtheitlich vernetzten Systeme zu gewährleisten.

In Kapitel 2 wird der Begriff IoT aus Sicht der Fahrzeug und Infrastrukturvernetzung definiert und die Versuchs- und Prototypenumgebung kurz vorgestellt. Dabei werden die Potentiale und Herausforderungen der Software sowie der Systeme herausgestellt. In Kapitel 3 wird der Begriff Remote diagnostics näher erläutert. Dieser steht für eine mit Zusatzinformationen und –funktionen angereicherte Remotediagnose. Anschließend wird in Kapitel 4 die Cloudplattform im Kontext der Remotediagnose vorgestellt. Dabei werden verschiedene Ausbaustufen und Konfigurationsvarianten präsentiert und miteinander verglichen. In Kapitel 5 folgt die Zusammenfassung und ein Ausblick.

2 IoT und die Versuchsplattform

An der Entwicklung des Smartphones vom einfachen Telefon hin zum digitalen Assistenten lässt sich der Trend der individuell verwendeten Dienste und Funktionen von bisher lokal voneinander getrennten Systemen (Telefon und Infrastruktur des Internets) erkennen.

Durch die immer umfangreichere Erweiterung der Smartphones mit internen Sensoren sowie über Funktechnologien vernetzten Sensoren erweitert sich der Funktionsbereich der Smartphones immer weiter. (vom einfachen Telefonieren über die Einbindung internetbasierter Daten und Nachrichtendienste bis hin zu Lösungen für Automatisierungssysteme). Ergänzt wird dieser Funktionsumfang durch eine Vielzahl von Internetdienstleistungen die wiederum auf vernetzten Funktionen-, Sensorwerten und aggregierter Daten aufbauen.

Diese Vernetzung von modularen und datengetriebenen Systemen, welche wiederum Daten verteilen und an verschiedenen Orten verarbeiten um Mehrwertdienste zu generieren, ist in Verbindung mit der „eingewebten" Logik und Analysealgorithmik und skalierbarer Rechenleistung als IoT zu bezeichnen [1] [2].

Dieser Trend der „IoT Vernetzungsthematik" ist ebenfalls seit geraumer Zeit am Fahrzeug zu beobachten und geht einher mit der Einführung extrem komplexer Assistenzsysteme z.B. hochautomatisiertes Fahren (HAF) im Fahrzeug. Basierend auf umfangreichen Datenauswertungen, neuen Funktionen und Diensten (z.B. Serviceempfehlungen, Routenführung) werden zukünftig die Fahrzeugsysteme und -funktionen individuell immer weiter aufgewertet und ergänzt werden. (Abbildung *1* stellt diesen Zusammenhang schematisch dar).

In [3] wurde bereits dargelegt dass die Fahrzeugsysteme nicht mehr nur der Klasse der abgeschlossenen „Embedded Systeme" zuzuordnen sind, sondern zu großen Teilen der Klasse der vernetzten IT Systeme angehören, mit allen Vor – und Nachteilen die sich durch die Verschmelzung dieser Technologien ergeben. Die Lösung der geforderte Diagnoseabdeckung die sich aus der Verschmelzung dieser Systemklassen ergibt ist eine der größten Herausforderung zukünftiger Diagnosemethoden und –verfahren.

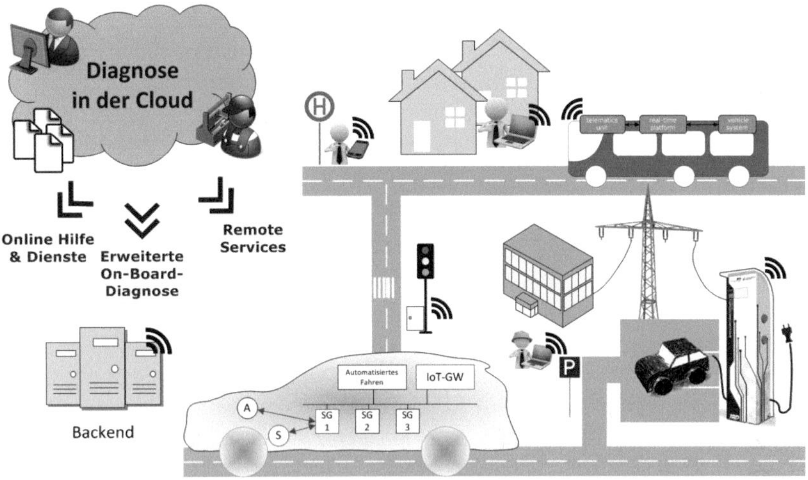

Abbildung 1: *IoT – Das Fahrzeug als Teil eines Netzwerks*

Auf Grund der zukünftigen Komplexität der Wechselwirkungen aus Diagnose-, Test-, und Prüfsicht sowie der Sicherstellung von Qualität und Funktion der vernetzten Systeme wurden in [3] folgende prägende Kernthemen der „Diagnose der Zukunft" genannt:

- Systemübergreifende und bedarfsgerechte Schnittstellen und anwendungsspezifische Diagnosemethoden und -funktionen
- Betrachtung von End-to-End-Wechselwirkungen hinsichtlich der gesamten Wirkungsketten und möglichen Fehlern und Ursachen (E2E-Diagnose)
- Die Verteilung und Positionierung der Diagnosefunktionen in der E/E-Architektur und der Infrastruktur, z. B. Onboard, Offboard-Backend
- Permanente Auswertung und Bewertung der Fahrzeugsystem- und Infrastrukturdaten mit entsprechenden Technologien
- Datenübertragung und -speicherung
- Auswertung mit den jeweils optimalen Diagnosemethoden (Onboard und Offboard bzw. unter Nutzung der Cloudtechnologien im Backend durch Datenaggregation)

Unter Berücksichtigung der genannten Trends und diagnostischen Herausforderungen wurde im Rahmen der Forschungsaktivitäten eine Versuchsumgebung aufgebaut mit der die erforderlichen Kernthemen untersucht, sowie Lösungsansätze entwickelt und abgeleitet werden können. Diese „Cloudversuchsumgebung (vgl. auch [3]) bietet die Aggregation und Auswertung umfangreicher Daten der miteinander vernetzten Quellen zu SmartData und die Anwendung von modellbasierten Diagnosemethoden im Backend sowie Ansätzen von Remotediagnostics (siehe Kapitel 3).

Neben der reinen Diagnostik (Datenauswertung) ist ein weiterer Schwerpunkt zukünftiger Remote diagnostics die sichere Kommunikation der Funktionsteilnehmer untereinander (security). Die Lösung dieser Herausforderung wurde in [3] diskutiert.

Im Rahmen der weiteren Forschung und Vorentwicklung hat sich herausgestellt das eine neue Einteilung der Remote diagnostics in Klassen (Stufenkonzept Remotediagnose) erforderlich ist. Diese werden im Folgenden vorgestellt, erörtert und Lösungen aufgezeigt. Basis der Untersuchungen und Forschungsergebnisse ist die bereits erwähnte Cloudversuchsumgebung.

3 Remote diagnostics

Getrieben durch Vernetzungstechnologien entwickelt sich auch die Diagnose im Automobilbereich zunehmend zu einer vernetzten Diagnose. Diese wird meist als Remote Diagnose bezeichnet. Dabei zeichnen sich zunehmend unterschiedliche Ausbaustufen ab (siehe Abbildung *2*), die im folgenden Abschnitt näher erläutert werden sollen.

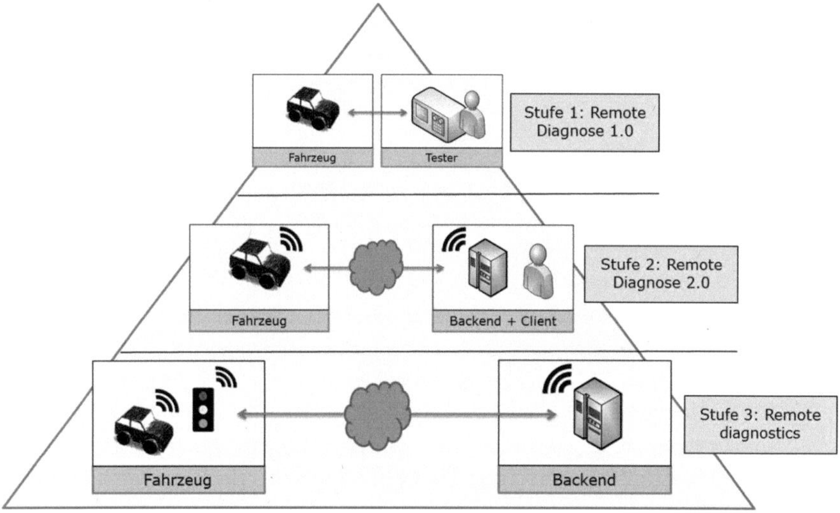

Abbildung 2: *Stufen der Remote Diagnose*

3.1 Remotediagnose – Stufe 1

Die erste Stufe ist gekennzeichnet durch eine kabellose Übertragung (vgl. Abbildung *3*). Das bedeutet, die Übertragung zwischen Fahrzeug und Tester erfolgt in der Regel durch kabellose jedoch örtlich begrenzter Übertragungstechnologien (z. B. Bluetooth oder WLAN).

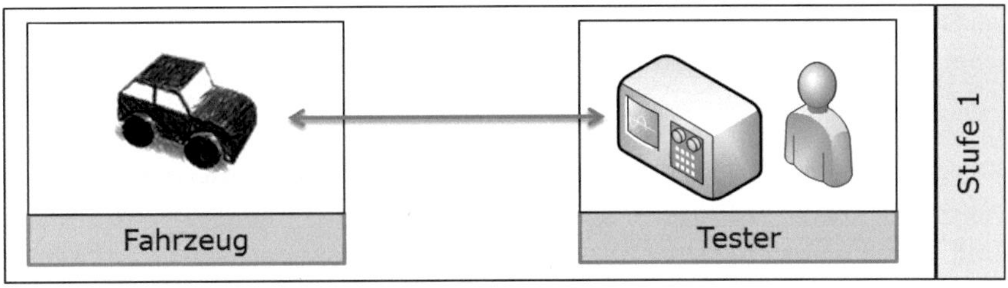

Abbildung 3: *Remote Diagnose (Stufe 1)*

Der Vorteil durch die Substitution der kabelgebundenen Verbindung zwischen Fahrzeug (meist ODB-Buchse) und Tester besteht zum einen darin, dass die zu diagnostizierenden Fahrzeuge nicht mehr direkt mit dem Tester verbunden werden müssen. Somit wird der Kontaktierungsvorgang vereinfacht und mögliche Gefahren in Werkstätten (Stolpern o. Ä.) vermindert. Zum anderen sind erste Automatismen realisierbar. Beispielsweise werden Fahrzeuge in der Entwicklungsphase automatisch bei anschließen eines Vehicle Communication Interface (VCIs) bei Tank-, Lade- oder Wartungsvorgängen ausgelesen und die Diagnosedaten zentral abgespeichert [4]. Das hat zum Ziel, gerade in der Entwicklung, aktuelle Aussagen zum Zustand des Fahrzeugs sowie deren Softwarestände und Randbedingungen abrufen und vergleichen zu können.

3.2 Remotediagnose – Stufe 2

Die zweite Stufe der Remotediagnose ist gekennzeichnet durch die örtlich unabhängige Datenübertragung relevanter Diagnosedaten. Hierbei werden in der Regel zellulare Mobilfunktechnologien (meist UMTS oder LTE) genutzt, um relevante Diagnosedaten zwischen Fahrzeug und Tester zu übertragen.

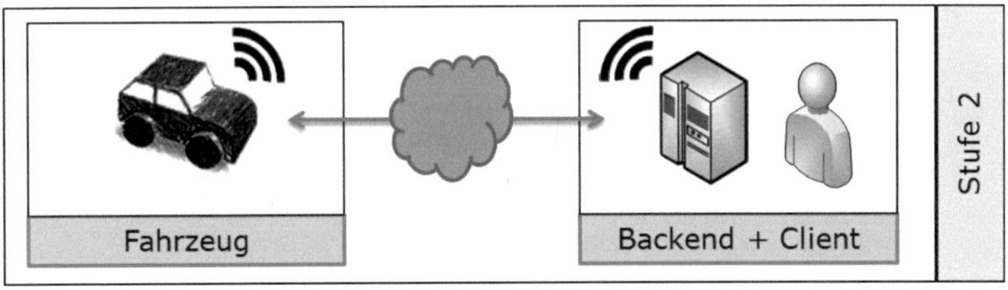

Abbildung 4: *Remote Diagnose (Stufe 2)*

Der sich abzeichnende Trend der ersten Stufe, Diagnosedaten zentral abzulegen kann mit Stufe 2 der Remote Diagnose noch konsequenter verfolgt werden. Daten sollten nicht mehr bidirektional zwischen Tester und Fahrzeug ausgetauscht werden, vielmehr muss eine Client-Server Architektur aufgebaut werden. Dabei werden relevante Daten zentral abgefragt und gespeichert. Zur Datenübertragung können etablierte Technologien aus dem Bereich der Informationstechnik genutzt werden. Das machine-to-machine (M2M) Protokoll MQTT hat sich besonders für den Einsatz in mobilen Netzen als geeignet herausgestellt und ermöglicht die Übertragung trotz auftretender Verbindungsabrisse nach dem publish and subscribe Prinzip [5].

Herausforderungen bestehen in der geeigneten Funktionsverteilung der Rechenleistung auf die beteiligten Domänen. Zum aktuellen Zeitpunkt kann eine Mobilfunkverbindung nicht flächendeckend gewährleistet werden. Daher ist es sinnvoll, Diagnosealgorithmen im Fahrzeug ablaufen zu lassen und lediglich Anfragen und Ergebnisse zwischen Fahrzeug und Backend zu übertragen. Die Verlagerung der Rechenaufgaben in einen Server hätte jedoch den Vorteil, dass wesentlich mehr CPU-Zeit und Speicherkapazität zur Verfügung steht. Auch die zentrale Datenhaltung wird dabei erleichtert. Aktuelle Forschungsinhalte in der Aufteilung der Funktionsbestandteile werden in Kapitel 4 am Beispiel näher erläutert.

3.3 Remotediagnose –Stufe 3

Die dritte Stufe der Remote Diagnose ist geprägt durch die zusätzliche Vernetzung des Fahrzeugs mit anderen Fahrzeugen und der Infrastruktur. Dabei wird erst in dieser Stufe der Gedanke des IoT aufgegriffen.

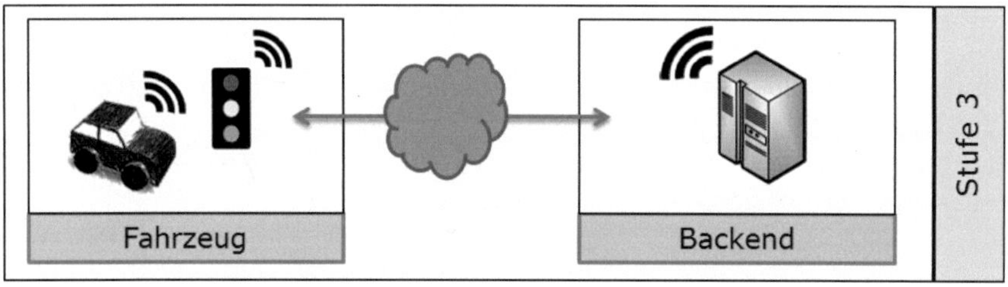

Abbildung 5: *Remote diagnostics (Stufe 3)*

Fahrzeuge sind nicht mehr eigenständige Einheiten, sondern Teil einer funktionalen Umgebung. Dabei werden neue umfassendere Diagnoseansätze möglich und notwendig. Einerseits werden viele Zusatzdaten (z. B. flottenbezogene Daten von Ort, Zeit oder diagnoseunabhängiger Fahrzeugsignale und alle daraus ableitbaren Informationen) verfügbar sein, andererseits müssen zusätzliche Kommunikationsschnittstellen und Datenübertragungen abgesichert werden (Abhörsicherheit, Datenschutz).

Durch die Einführung automatisierter Systeme, welche dem Fahrzeugführer sicherheitsrelevante Fahraufgaben abnehmen, werden neue Sicherheitsstufen notwendig. Da der Fahrer nicht mehr als Sensor und eingreifender Aktor zu Verfügung steht, müssen abgesicherte Notfallebenen existieren und selbstheilende Maßnahmen eingeleitet werden.

Der Übergang einer fahrzeugbezogenen Remote Diagnose zur Remote diagnostics einer funktionalen Umgebung wird durch die Aggregation von Daten und bereits in anderen Branchen etablierten Methoden ermöglicht. Durch die Verknüpfung von wissensbasierten Diagnoseverfahren (z.B. CBR), selbstlernenden Algorithmen (Künstliche neuronale Netze) und Smart-Data Ansätzen (Hadoop, MapReduce etc.) wird eine solche Umgebung, in der Fahrzeuge zukünftig Bestandteil sind, erst beherrschbar werden [6].

4 Aktuelle Anwendungen - Diagnose

Die Remotediagnose ist ein grundlegender Technologiebaustein, um die in Kapitel 3 beschriebene vernetzte Diagnose zu realisieren. Im folgenden Kapitel wird die implementierte Remotediagnoseanwendung beschrieben um die Möglichkeiten der Plattform aufzuzeigen.

4.1 Diagnose mit D-Server

Fahrzeuge müssen zu jedem Zeitpunkt, sei es während der Entwicklung/Erprobung, der Inbetriebnahme oder dem Aftersale diagnostiziert werden. Dazu wird in den meisten Fällen ein Diagnosegerät verwendet mit dessen Hilfe unter anderem Abgasrelevante Daten (OBDII [7]) oder der Fehlerspeicher der Steuergeräte ausgelesen werden können. Die Steuergeräte können zudem zurückgesetzt oder mit aktueller Firmware bespielt werden (Flashen). Aktuelle Diagnosegeräte (siehe Abbildung 6) bestehen aus einem Testersystem, einem D-Server [8] [9] [10] und einem VCI (Vehicle Communication Interface). Das Testersystem ist die meist grafische Nutzeroberfläche über welche verschiedene Services ausgelöst werden können. Die Serviceroutinen können auch in universellen Diagnose- und Prüfabläufen, dem OTX-Format [11] abgespeichert werden. Der D-Server übersetzt die Nutzereingaben mit Hilfe einer ODX-Datenbasis [12] [13] in denen alle fahrzeugspezifischen Steuergeräte- und Diagnosedaten abgelegt sind, in steuergerätlesbare Befehle und gibt diese ans VCI weiter. Das VCI dient als Schnittstelle zwischen Fahrzeugbus (z.B. CAN, Flexray, Ethernet) beziehungsweise Steuergerät und Tester.

Aktuelle Diagnosegeräte sind häufig autark laufende PCs oder Tablets die über eine Kabelverbindung an einen Fahrzeugbus (z.B. OBD II) angeschlossen werden. Es existieren auch Systeme bei denen das VCI über eine drahtlose Nahfeldkommunikationsschnittstelle Daten mit dem Tester austauscht. Der Vorteil dieser Konfiguration ist die hohe Zuverlässigkeit der Datenverbindung. Der Nachteil dieses Systems ist in der örtlichen Begrenzung begründet, was die Diagnose während der Fahrt oder zum Zeitpunkt des Auftretens des Fehlerfalls schwer bis unmöglich macht. Zudem müssen die Testumgebung und die Datenbasen (ODX) für die verschiedenen Fahrzeugmodelle durch den Nutzer aktuell gehalten werden. Des Weiteren kann durch die räumliche Bindung zwischen Gerät und Anwender kein externes Expertenwissen angefordert werden, da dieser vor Ort sein muss.

Ein möglicher Ansatz zur Lösung der oben genannten Herausforderungen ist die Remotediagnose. Der Begriff Remotediagnose steht für die Ausführung von Diagnoseservices über eine kabellose Kommunikationsschnittstelle. Es existiert eine Vielzahl an möglichen technischen Umsetzungen. Im folgenden Kapitel werden zwei Varianten aufgezeigt welche mit Hilfe der Cloudversuchsumgebung realisiert wurden.

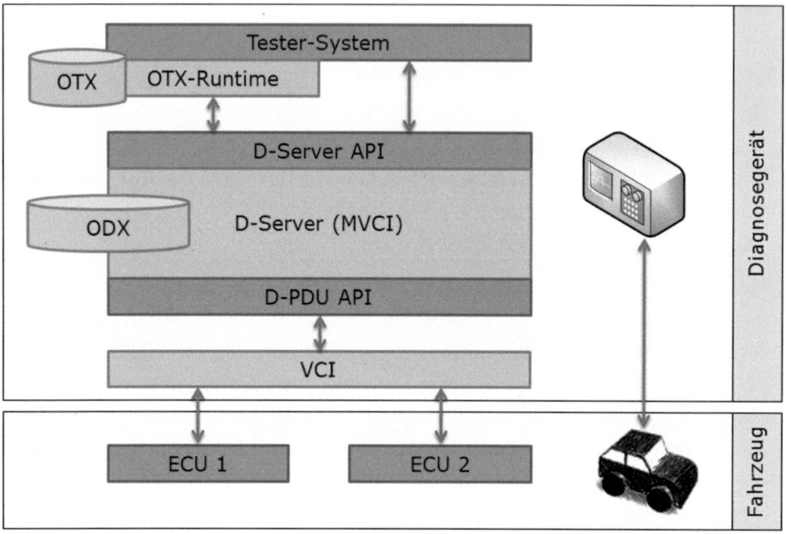

Abbildung 6: *Aufbau eines Diagnosegeräts mit D-Server (allgemein)*

4.2 Remotediagnose mit D-Server

Die Nachteile bei der klassischen Diagnose mittels Diagnosegerät (siehe Kapitel 4.1) ergibt sich aufgrund der räumlichen Bindung zwischen Fahrzeug, Tester und Nutzer. Die Remotediagnose bricht diese physischen Grenzen zwischen den Domänen auf und verteilt diese über eine Funkverbindung an beliebige Orte. Ziel ist es, das Fahrzeug räumlich vom Diagnosegerät zu trennen. Das Schichtenmodell suggeriert mehrere Möglichkeiten, um die Teilsysteme voneinander zu entkoppeln. Wie bereits in Kapitel 3 beschrieben, besteht die Herausforderung aktuell darin, Diagnosealgorithmen und -daten auf die Domänen Fahrzeug und Backend zu verteilen. Im Folgenden sollen zwei Varianten vorgestellt und deren Vor- und Nachteile diskutiert werden.

Variante 1

Die Variante 1 schneidet das System zwischen D-Server und Tester (siehe Abbildung 7). Das VCI hatte Zugriff auf den Diagnose-CAN. Dieses wurde an einen für den automobilen Einsatz konzipierten PC angeschlossen, welcher zusätzlich über

Schnittstellen für CAN, Kameras, GPS und mobiles Internet (LTE, 3G) verfügt. Auf dem PC wurden die Diagnoselaufzeitumgebung (D-Server) und die Versuchsplattform (Gateway) installiert. Das Gateway kommuniziert über eine Mobilfunkschnittstelle mit dem Backend. Über eine grafische Clientanwendung können unterschiedliche Diagnoseservices ausgewählt werden. Diese werden über den Backend-Dienst an das Gateway weitergeleitet und über eine API an den D-Server übergeben. Die Antwort des D-Servers kommt in Form eines Datenobjekts, welches vom Gateway entgegengenommen und an die Clientanwendung zurückgespielt wird. Zusätzlich zu den Diagnosedaten kann das Gateway aktuelle CAN-, GPS- und Kameradaten in weicher Echtzeit zum Client senden.

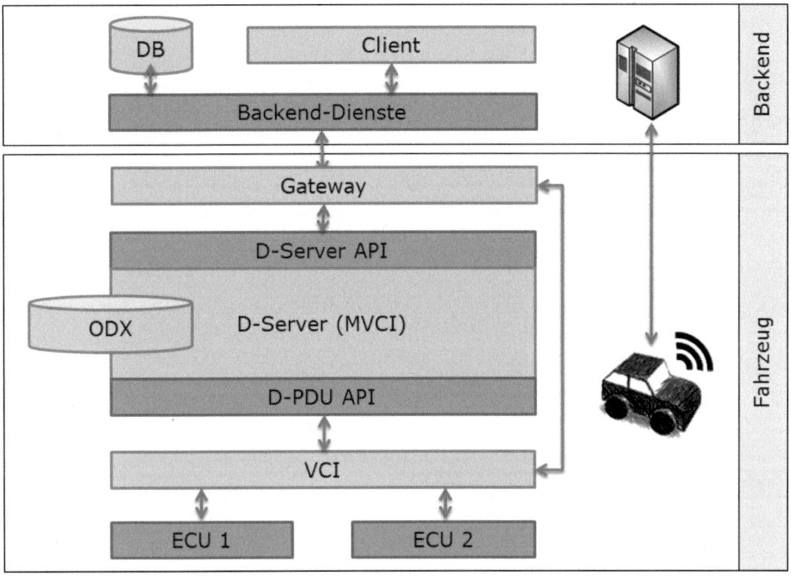

Abbildung 7: *Remotediagnose Variante 1*

Die beschriebene Variante hat viele Vorteile gegenüber der klassischen Diagnose mit Tester. Das Fahrzeug kann durch den Nutzer zu jeder Zeit, unter anderem während der Fahrt, und von jedem Ort aus diagnostiziert werden. Für die Clientanwendung ist kein speziell konzipierter Diagnoserechner nötig, da diese auf jedem modernen Windows-PC lauffähig ist. Die Zusatzdaten, wie der Ort (GPS) oder die Kamerabilder, können dem Anwender Aufschluss über die Fahrsituation geben. Der Nachteil dieser Variante ist, dass der D-Server dezentral im Fahrzeug ist. Bei Änderungen der Datenbasis müsste diese, wie beim Testersystem, bei jedem Fahrzeug umständlich aktualisiert werden. Außerdem muss der Software eine gewisse Rechenleistung sowie ein nicht unerheblicher Speicherplatz eingeräumt werden. Des Weiteren ist die

Verbindung zwischen Backend und Fahrzeug durch die Verwendung einer Mobilfunkschnittstelle instabiler und sicherheitskritischer (security) als die Kabelvariante. Das Potential des Systems ist demnach abhängig vom örtlichen Netzausbau und den verwendeten Protokollen.

Variante 2

Die Variante 2 verfolgt das IoT-Prinzip konsequenter. Der Kommunikationsschnitt erfolgt zwischen der VCI und den Fahrzeugbussen (siehe Abbildung *8*). Der Unterschied zur vorherigen Variante ist, dass der D-Server komplett im Backend läuft und damit die Nachteile bezüglich der dezentralen Updates entfallen. Die Botschaften des VCI werden über eine mobile Verbindung über die Cloudversuchsplattform an die jeweiligen Fahrzeugbusse verteilt. Die Antworten werden über die gleiche Verbindung zurückgegeben. Die im Fahrzeug verbaute Hardware benötigt bei dieser Variante weniger Rechenleistung und Speicher da sie die eingehenden Botschaften lediglich routen muss. Ein Nachteil bei dieser Bauart ist die Verarbeitung von zeitkritischen Funktionen über die mobile Verbindung. Diese sind von einer guten Verbindungsqualität abhängig. Zudem kann es zu einem erhöhten Traffic gegenüber der ersten Variante kommen, da es keine Vorfilterung der Daten gibt.

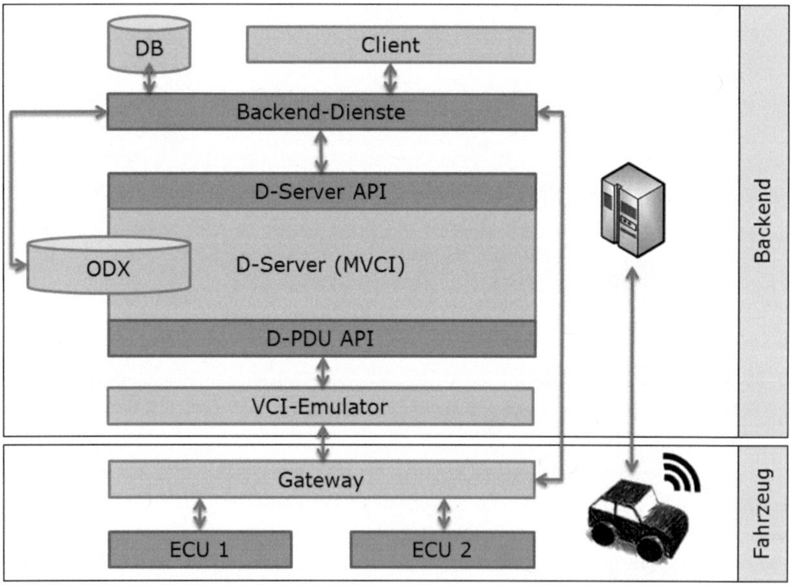

Abbildung 8: *Remotediagnose Variante 2*

Der Aufbau beider Varianten wurde erfolgreich in Versuchsfahrzeug realisiert. Das Userinterface wird über die Clientanwendung realisiert. Darüber können die im Fahrzeug aufgezeichneten CAN-Daten live angezeigt werden. Zudem wird die aktuelle Position auf einer Karte dargestellt. In einem Untermenu werden die Verfügbaren Diagnoseservices aufgelistet welche vom Nutzer manuell ausgeführt werden können. Die Anfrage wird über das Backend an die Fahrzeugunit getunnelt und über den oben genannten Weg verarbeitet. Das Ergebnis wird in einem Fenster im Client angezeigt (siehe Abbildung 9).

Mit Hilfe der Cloudversuchsplattform können Herausforderungen im Bereich der Remotediagnose identifiziert werden. Die Modularität der Software vereinfacht die Einbindung neuer Funktionen und Use Cases und ebnet den Weg für das automatisierte Datamining von Fahrzeugen hin zu Remote diagnostics Ansätzen. Verschiedene Konzepte, wie die oben aufgelisteten Remotediagnosevarianten, können getestet und skaliert werden. Das System liefert zudem Informationen über die benötigte Rechenleistung und das Datenaufkommen.

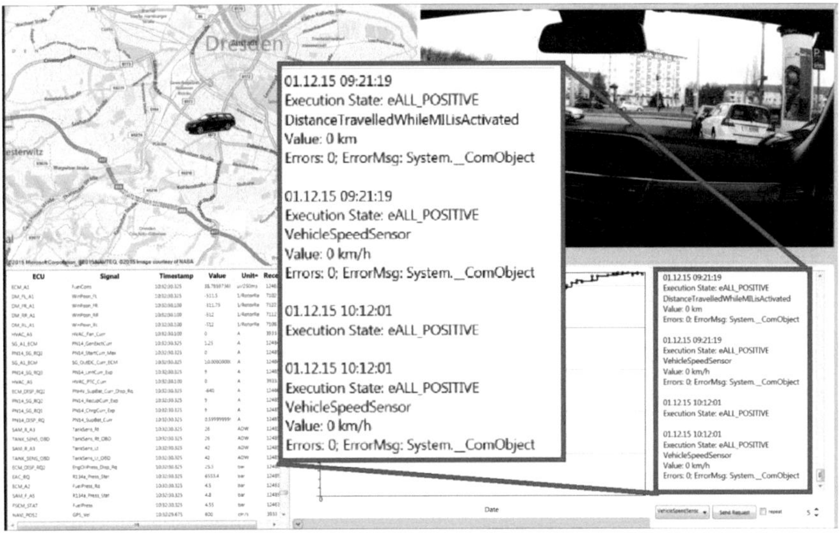

Abbildung 9: *Remote-Diagnoseclient im Einsatz*

5 Zusammenfassung und Ausblick

Remote diagnostics ist mehr als der Fernzugriff auf die „klassischen" Diagnosedienste. Das Ziel ist die Etablierung eines automatisierten Diagnosesystems, welches Fahrzeugdaten sammelt, diese mit Zusatzinformationen aus externen Quellen (wie zum Beispiel aktuelle Wetterdaten, Karteninformationen, Verkehrs- und Infrastrukturdaten) anreichert und anschließend auswertet. Ein solches System bietet zwei große Vorteile gegenüber heutigen Diagnoseverfahren:

1. Das Diagnosesystem erarbeitet sich automatisch eine Fehlererkennung beziehungsweise die Fehlerbehebung. Im Idealfall entsteht ein sich selbstdiagnostizierendes und (teilweise) selbstheilendes Fahrzeug. Dies ist besonders im Hinblick auf das autonome Fahren aus aktueller Sichtweise notwendig.
2. Die gesammelten Daten dienen als Datenbasis welche auch für andere Anwendungen (z.B. hochgenaue Karten) genutzt werden können. Jedes Fahrzeug trägt durch seine Sensorik dazu bei, diese Datenbasis zu erweitern und damit deren Genauigkeit zu erhöhen.

Die vorgestellte Cloudversuchsplattform dient als Basis für das automatisierte Sammeln von Fahrzeug- und Diagnosedaten sowie zur Erprobung neuer Diagnosetechnologien. In den bisherigen Stufen wurden die Herausforderungen bei der Datenerfassung und Datenübertragung in instabilen Netzen untersucht, Lösungen implementiert, erfolgreich praktisch mit Fahrzeugversuchsträgern getestet und Erfahrungen abgeleitet. Die gesammelten Informationen dienen weiterhin als Basis für die Auswertung der Daten.

Vor der Marktreife eines allumfassenden, selbstlernenden Diagnosesystems müssen noch einige Herausforderungen bewältigt werden. Vorhandene Algorithmen müssen untersucht und auf die spezifischen Anwendungen im Fahrzeug und deren Infrastruktur angepasst werden. Des Weiteren muss die Datenbasis stetig erweitert werden. Dabei reicht es nicht wenige Fahrzeuge mit Kommunikationstechnik auszustatten, da einige Algorithmen einen umfangreichen Datenbestand benötigen um nutzbare Ergebnisse auszugeben. Ein selbstlernendes System benötigt eine lange Anlernphase bevor es an die Qualität heutiger Diagnoseverfahren herankommt. Eine weitere Herausforderung ist die Identifikation der Fahrzeugdaten welche für die Algorithmen benötigt werden und die sich daraus ergebende Hardwarearchitektur im Fahrzeug und Backend. Des Weiteren muss die Netzinfrastruktur weiter ausgebaut werden um die Backenddienste besser vor Ausfällen abzusichern. Zudem müssen die Sicherheitskonzepte (security) an die neuen Funktionen angepasst werden. Weiterhin wird die Standardisierung im Bereich Remote Diagnose allgemein sowie bei den erforderlichen Schnittstellen für alle Fachbereiche der Diagnose ein wichtiger Schwerpunkt in den nächsten Jahren sein,

Remote diagnostics bietet viele Potentiale und Herausforderungen im Bereich der Forschung und Entwicklung. Im Hinblick auf das autonome Fahren und der Implementierung neuer kundenerlebbarer Dienste ist ein adaptives, ganzheitliches und systemübergreifendes Diagnosesystem jedoch aus aktueller Sicht nötig. Die vorgestellte Cloudversuchsplattform zeigt, dass ein flexibles System zum Akquirieren, Auswerten und Verarbeiten von Daten realisiert werden kann. In zukünftigen Projekten sollen die Algorithmen im Backend verfeinert beziehungsweise erweitert werden.

Literatur

[1] V. P. Andelfinger und T. Hänisch, Internet der Dinge - Technik, Trends und Geschäftsmodelle, Wiesbaden: Springer Gabler, 2015.

[2] A. Velosa, J. F. Hines, H. LeHong, E. Perkins und R.M. Satish, Predicts 2015: The Internet of Things, Gartner, Inc., 2014.

[3] A. Unger, G. Menzel, T. Häberlein, T. Gothan, B.Bäker ; Backendbasierte Diagnosekonzepte – Herausforderungen und Potentiale, Diagnose in mechatronischen Fahrzeugsystemen IX - Neue Verfahren für Test, Prüfung und Diagnose von E/E-Systemen im Kfz, TUDpress 2015.

[4] A. Dietermann, A. Unger, B.Bäker und S. Knoll, Integration von OBD-Funktionalitäten in der Konzeptionsphase von Elektrik/Elektronik-Architekturen; Diagnose in mechatronischen Fahrzeugsystemen VI - Neue Verfahren für Test, Prüfung und Diagnose von E/E-Systemen im Kfz, expert verlag 2013.

[5] MQTT - (M2M)/"Internet of Things" connectivity protocol: offizielle Website: http://mqtt.org/, Stand 04.04.2016

[6] J. Schwarz, J. Bartel; Smart Data - Design datenbasierter Mehrwertdienste mit Diagnose-Standards, Diagnose in mechatronischen Fahrzeugsystemen IX - Neue Verfahren für Test, Prüfung und Diagnose von E/E-Systemen im Kfz, TUDpress 2015.

[7] ISO 15031-6:2015, Road vehicles -- Communication between vehicle and external equipment for emissions-related diagnostics -- Part 6: Diagnostic trouble code definitions

[8] ISO 22900-1:2008, Road vehicles -- Modular vehicle communication interface (MVCI) -- Part 1: Hardware design requirements

[9] ISO 22900-2:2009, Road vehicles -- Modular vehicle communication interface (MVCI) -- Part 2: Diagnostic protocol data unit application programming interface (D-PDU API)

[10] ISO 22900-3:2012, Road vehicles -- Modular vehicle communication interface (MVCI) -- Part 3: Diagnostic server application programming interface (D-Server API)

[11] ISO 13209-1:2011, Road vehicles -- Open Test sequence eXchange format (OTX) -- Part 1: General information and use cases

[12] ISP 22901-1:2008, Road vehicles -- Open diagnostic data exchange (ODX) -- Part 1: Data model specification

[13] ISO 22901-2:2011, Road vehicles -- Open diagnostic data exchange (ODX) -- Part 2: Emissions-related diagnostic data

7 Ganzheitliche Modularchitektur zur remote Diagnostizierung vernetzter Kraftfahrzeuge

Dipl.-Inform. Marcel Revfi[1], Dipl.-Inf. Michael Eberspächer[2], M. Eng. Gerald Zoppelt[1], Prof. Dr.-Ing. Hans-Christian Reuss[2]
[1]Dr. Ing. h.c. F. Porsche AG, Weissach, [2]Forschungsinstitut für Kraftfahrwesen und Fahrzeugmotoren Stuttgart

Abstract

Always On, Digital Ecosystems, Internet of Things—the digital revolution affects society and technology in various ways. Today, a multitude of digital systems operate in a motor vehicle. The ongoing and rising trend of software in vehicles will not stop: Tomorrow, we expect the vehicles to drive autonomously and electrically. It will become even more useful to have remote access to the software systems via cellular or Wi-Fi in order to diagnose, maintain and update the electronic control units over-the-air. To take advantage of the opportunities of *Remote Vehicle Diagnostics* and *Remote Vehicle Update* (FOTA – Firmware Over The Air), science and industry are developing concepts and prototypes. In this article we explore the foundations of distributed diagnostic applications with standardized components in a holistic way by deriving solution concepts bottom-up. After defining the basic condition setting, like the usage of client server pattern or common diagnostic standards, we infer modular distribution architectures across client, backend and vehicle domains. We presume an on-board unit that connects to a diagnostic backend and has access to the bus systems of the vehicle. After determination of the solution space, we will assess its feasibility in practice and map the concepts to use cases and functional as well as non-functional properties. Finally, we will present an example of remote diagnostics and evaluate it quantitatively.

Kurzfassung

Die digitale Revolution spiegelt sich in einer Vielzahl von Trends wider: *Always On, Internet of Everything, Digital Ecosystems*. Bei Kraftfahrzeugen hält sie schon lange an und nimmt weiter an Fahrt auf, denn Softwaresysteme werden auch für die Elektromobilität, das vernetzte Fahrzeug und das autonome Fahren zweifelsohne noch unerlässlicher. Es bietet sich an, diese im Fahrzeug auf Steuergeräte verteilte Funktionen künftig nicht nur in der Werkstatt sondern auch *over-the-air* diagnostizieren, warten und aktualisieren zu können. Bisherige Untersuchungen, Prototypen und vorhandene Marktlösungen decken nur einen Teil des Potentials ab. Mit dem Ziel einer vollumfänglichen Remote-Diagnose- und Remote-Updatefähigkeit wird in diesem

Artikel erstmals ein Lösungsraum bottom-up hergeleitet. Zunächst wird die Nutzung standardisierter Softwarekomponenten und Protokollstapel aus der Disziplin der Fahrzeugdiagnose vorausgesetzt. Ausgehend davon werden Partitionierungen dieser Komponenten und anschließende Verteilungen der resultierenden Partitionen zwischen Client-, Backend- und Fahrzeugsystemen vorgestellt. Konsequenzen für Anwendungsfälle, Systemfunktionen und verteilte Softwarearchitekturen werden abgeleitet. Das On-Board-Diagnosesteuergerät unterliegt in diesem Artikel einer ganzheitlichen Betrachtung bezüglich gängiger Fahrzeugdiagnosefunktionen unter Berücksichtigung des Aspekts Fernzugriff. Auf diese Weise kann ein breites Spektrum von Anwendungsfällen mittels eines modularen Architekturframeworks abgedeckt werden. Nach einer Diskussion und Bewertung der zuvor hergeleiteten Lösungsalternativen werden anhand eines Prototyps Evaluationsergebnisse vorgestellt und Handlungsempfehlungen für weitere Arbeiten gegeben.

1 Motivation und Zielsetzung

Bereits vor mehr als zehn Jahren wurde prognostiziert, dass künftig 90 Prozent aller Innovationen im Automobil auf Elektroniksysteme entfallen und von denen wiederum 80 Prozent durch Software auf Steuergeräten realisiert werden. Heute zeigen Studien, dass sich diese Einschätzung als richtig erwiesen hat und durch Software implementierte Funktionen klar dominieren [1, 2]. Im Angesicht zukünftiger Assistenz- und Infotainmentfunktionen rund um das vernetzte Fahrzeug können wir eine weiterhin steigende Tendenz erwarten. Im Unterschied zu Computersystemen in der Domäne der Consumer-Elektronik schöpft das Kraftfahrzeug allerdings noch nicht das volle Potential vernetzter Informationstechnologien aus. Nachholbedarf zeigt sich zum Beispiel in der Darstellung kurzer Innovationszyklen zur Begegnung steigender Kundenansprüche im digitalen Zeitalter oder zur weiteren Optimierung von softwarebasierten Fahrzeugfunktionen im Lebenszyklus ohne Werkstattbesuch. Die zentrale Voraussetzung zur erfolgreichen Erschließung dieses Potentials ist der örtlich entfernte Zugriff auf die Fahrzeugsteuergeräte, um beispielsweise Softwareaktualisierungen beim Kunden vor Ort per W-LAN einzuspielen oder Fahrzeugstatusinformationen über Mobilfunk auszulesen. Verteilte und eingebettete Mechatroniksysteme im Automobil sowie hohe Sicherheitsanforderungen im Straßenverkehr lassen jedoch nur eingeschränkt eine direkte Anwendung der verwandten Mechanismen aus der Consumer-Elektronik zu. Das Zusammenspiel mit Automotive-Protokollen und Diagnoseapplikationen wird daher mithilfe von Konzept- und Prototypenentwicklungen in Wissenschaft und Industrie untersucht.

Für heutige und zukünftige Ansprüche gemäß den oben dargestellten Trends verfolgt dieser Artikel einen *modularen Ansatz* das remote diagnostizier- und updatebare Kraftfahrzeug von morgen zu definieren. Monolithische und im Lebenszyklus nicht erweiterbare Teillösungen würden der Flexibilität, die der hochdynamische und exponentiell wachsende Markt der Computersysteme auch von verwandten Informationssystemen im Automobil fordert, nicht gerecht werden.

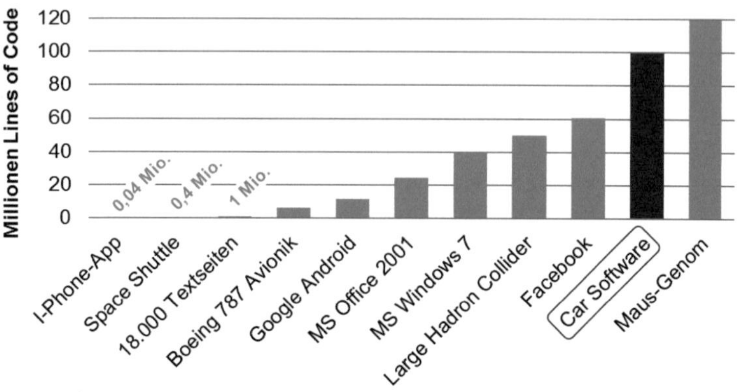

Abbildung 1: Vergleich der Anzahl der Codezeilen verschiedener Systeme mit der Softwaremetrik *Lines of Code* (Loc).[3]

1.1 Software im Kraftfahrzeug

Mit dem Maß *Lines of Code* (LoC) als Softwaremetrik wird der erhebliche Umfang an informationsverarbeitenden Digitalsystemen in heutigen Oberklassefahrzeugen erfasst und mit der Anzahl von 100 Millionen Codezeilen stets belegt. Dem Wunsch nach einer Relativierung zur besseren Einordnung dieser Größen kommt Abbildung 1 nach. Auf Basis einer Sammlung aus [3] werden die 100 Mio. LoC dem Umfang anderer Systeme gegenübergestellt.

LoC ist zwar kein Qualitätsmaß, eine Korrelation mit der Fehlerwahrscheinlichkeit liegt trotzdem nahe. Somit verschiebt sich durch die zunehmende Dominanz der Softwarefunktionen auch die Ursache von Fahrzeugfehlfunktionen hin zur Software. Mittlerweile basieren 60% bis 70% der Rückrufaktionen in Europa und Nordamerika auf Softwarefehlern, die heute in der Werkstatt lediglich durch einen Diagnosetester behoben werden können [4]. Mit *Remote-Diagnose* und *Remote-Update* als Basistechnologie ist nicht nur ein Eindringen in den großen Markt der systemweiten Funktionsnachrüstung von Softwaresystemen *over-the-air* möglich – wie zum Beispiel Personalisierung und Freischaltung von Fahr- und Infotainmentfunktionen, auch das Korrigieren von Softwarefehlern ohne Werkstattaufenthalt verspricht klare Vorteile für Fahrzeugbesitzer und Automobilhersteller monetärer, zeitlicher und sicherheitsrelevanter Natur.

1.2 Auf dem Weg zur Remote-Diagnose

Nähern wir uns der Remote-Diagnose stellen wir schnell ihren interdisziplinären Charakter fest: Die Welt der vernetzten Fahrzeuge (Connected Car) und der Computernetzwerke inklusive Security stößt auf Elektrik/Elektronik-Architekturen und eingebettete Fahrzeugsysteme. Wenn wir die OBD-Schnittstelle durch eine Schnittstelle zum Internet ergänzen, eröffnen sich Chancen und Herausforderungen gleichermaßen. Diese wurden in [5] zusammen mit Anwendungsfällen und ersten Konzeptansätzen aufgezeigt. Auf

Basis dieser Erörterung wird eine Herausforderung in den folgenden Kapiteln näher beleuchtet: Die vertikale Systempartitionierung und -verteilung standardisierter und herstellerübergreifend etablierter Diagnoseprotokolle und Diagnoseapplikationen.

Dieses Kapitel leitet hierfür den Entwurf eines modularen Komponentenarchitekturframeworks für die Remote-Diagnose und das Remote-Update ein. Die analytische Herleitung von Verteilungskonzepten zwischen Off- und On-Board-Systemen bildet hierfür die Basis. Es unterliegt insofern einer Generik, als eine Vielzahl von Anwendungsfällen mit ihm abgedeckt werden können. So dient es als „Modulbaukasten Remote-Diagnose" und liefert eine Blaupause, die je nach Anforderungen an

- Ressourcen der On-Board-Plattform,
- Funktionsumfang des Gesamtsystems,
- Zuverlässigkeit und Performanz des Off-Board-Kommunikationskanals,
- Abstraktionsniveau der Diagnoseablaufbeschreibung oder
- Vorhalt diagnostischer Steuergerätebeschreibung im Fahrzeug

bedarfsgerecht instanziiert werden kann. Das Framework legt zunächst eine Netzwerkarchitektur gemäß dem Client-Server-Muster verteilter Systeme sowie die Nutzung etablierter Diagnosestandards aus der Fahrzeugmechatronik zugrunde. Es werden also bewährte Basistechniken eingesetzt anstatt neue zu erfinden. Dies kommt typischerweise der Kompatibilität mit üblichen Applikationen, Protokollen, Daten und Prozessen in OEM-ressortübergreifend zugute. So können Lösungen schneller anforderungsgerecht integriert werden. Auf der anderen Seite sind ohne eine Neuentwicklung der Diagnosemechanismen für die Anwendung außerhalb der Werkstatt Anpassungen nötig, die zum Beispiel den Variantenumfang der Diagnosebeschreibungsdaten oder den Funktionsumfang einer Diagnoseapplikation betreffen. Hier müssen gezielt Optimierungspotentiale ausgeschöpft werden.

2 Begriffsbildung und Kontext

Einen Überblick über die Remote-Diagnose gab der Beitrag [5] im Jahr 2015. Dort wurden zum Beispiel die Begriffe der synchronen und asynchronen Remote-Diagnose erstmals eingeführt, Anwendungsfälle und Systemfunktionen ganzheitlich aufgestellt sowie Chancen und Herausforderungen aufgezeigt. Auch in diesem Beitrag wird der Begriff der Remote-Diagnose so verwendet, dass er auch die Umfänge des Remote-Updates enthält: Remote-Diagnose als Untersuchungsgegenstand bedeutet, Funktionen der Disziplin „Kraftfahrzeugdiagnose" remote auszuführen. Zu diesen Funktionen gehören schreibende und lesende Diagnosedienste gleichermaßen (vgl. „der erweiterte Diagnosebegriff" in [6]). In [7] wurden auf Basis dieser Begriffe erste Ansätze für einen Prototypen vorgestellt. In Beitrag 8 dieses Tagungsbandes werden sie funktional und konzeptionell erweitert. Ähnliche Aktivitäten mit Fokus auf die backendbasierte Auswertung von remote gesammelten Daten, wurden in [8] vorgestellt. Die folgenden zwei Beispiele illustrieren die Potentiale der synchronen und asynchronen Remote-Diagnose. In Kapitel 4.1 erfolgt eine nähere Betrachtung.

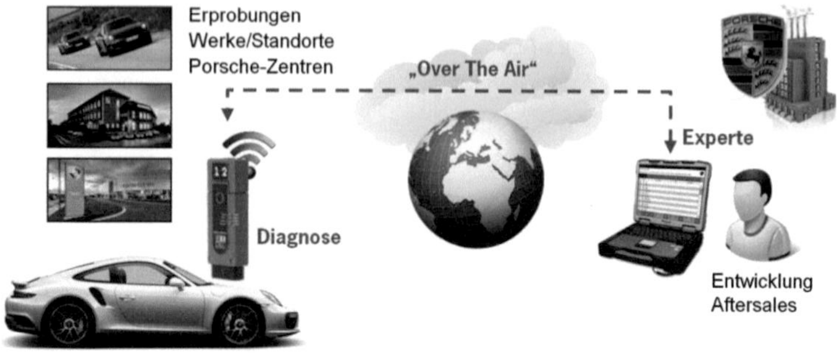

Abbildung 2: Ressortübergreifende OEM-Anwendungsszenarien der synchronen Remote-Diagnose mit einem LTE-fähigen OBD-Interface als fahrzeugseitigen Client.

2.1 Beispiel 1: Asynchrone Remote-Diagnose

Aufgrund eines Softwarefehlers in einem Steuergerät müssen Fahrzeuge in die Werkstatt zurückgerufen werden. Dies ist nicht nur für den OEM kostenintensiv und für den Kunden zeitaufwendig, sondern hat auch Einfluss auf die Verkehrssicherheit. Um den Fehler in der Werkstatt zu beheben, ist lediglich das Auslesen von Identifikationsdaten und das Schreiben neuer Applikationsblöcke in das Steuergerät mit gegebenenfalls anschließender Konfiguration und Inbetriebnahme nötig. Der Reparaturprozess erfolgt vollständig digital und könnte aus der Ferne gesteuert werden. So wäre der Werkstattbesuch obsolet. Um undefinierte und nicht betriebsbereite Zustände der Fahrzeugsteuergeräte zu vermeiden, muss jedoch sichergestellt werden, dass während des Schreibprozesses kein außerordentlicher Abbruch durch unzuverlässige und latenzbehaftete Kommunikationskanäle passiert. Der Updateprozess sollte deshalb nach dem erfolgreichen Download der Updatedaten autark im Fahrzeug stattfinden und während der kritischen Schreibphase nicht auf eine Internetverbindung (zum Beispiel über Mobilfunk) angewiesen sein. Hier müssen die entsprechenden Partitionen der Diagnoselaufzeitsysteme in das Diagnosesteuergerät verteilt werden, sodass die zeitkritische Diagnosekommunikation nur im Fahrzeug stattfindet und nicht über die Internetverbindung. In Abhängigkeit des Abstraktionsniveaus der Diagnoseablaufbeschreibung [5, S. 36] bedeutet dies beispielsweise einen simplen ISO/OSI-PDU-Skriptinterpreter oder ein komplexeres MCD-Laufzeitsystem mit ODX-Laufzeitdaten on-board.

2.2 Beispiel 2: Synchrone Remote-Diagnose

Entwicklungsingenieure von Elektrik/Elektronik-Systemen validieren und testen innerhalb von Versuchsreihen auf Erprobungsfahren weltweit ihre Applikationen. Hierbei kann es zu unerwünschten Fehlerzuständen bis hin zu nicht fahrbereiten Erprobungsträgern kommen. In manchen Fällen ist ein Rücktransport der Fahrzeuge in das Entwicklungszentrum nötig, damit ein Diagnose-Experte den Fehler vor Ort be-

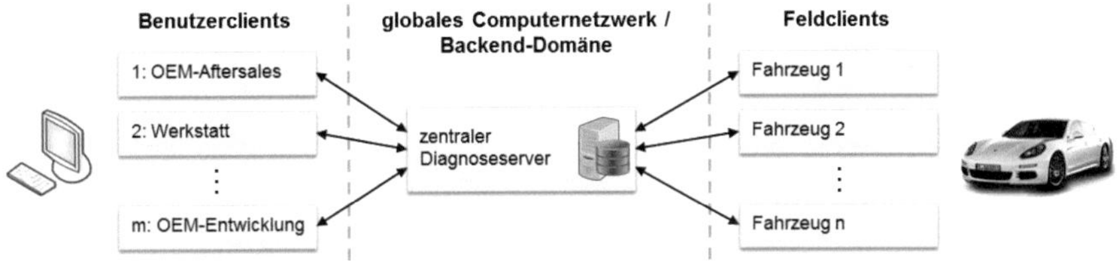

Abbildung 3: Abstrahierte Domänen des Remote-Diagnose-Frameworks in der Ende-zu-Ende-Ansicht. Zugrunde liegt eine Client-Server-Architektur.

heben kann. Diese Rücktransporte ließen sich durch die Möglichkeit eines diagnostischen Fernzugriffs auf die Fahrzeugelektronik vermeiden. Im Gegensatz zu Beispiel 1 sollen hier allerdings Expertentools im Entwicklungszentrum und keine schlanke On-Board-Diagnoseapplikation, mit der das Fahrzeug in Zukunft ausgestattet sein könnte, zur Diagnostizierung genutzt werden. Außerdem ist mit mobilfunkfähigen OBD-Interfaces der Zugriff auch auf Fahrzeuge möglich, die nicht mit einer On-Board-Diagnoseeinheit ausgestattet sind. Dies hat ein fahrzeugfernes MCD-Diagnoselaufzeitsystem mit Expertentools auf dem Client-PC im Entwicklungszentrum zur Folge. Der Experte kann lokale Diagnose- und Flashdaten verwenden. Abbildung 2 illustriert das Szenario für verschiedene Benutzer und Anwendungsfälle.

3 Grundannahmen der Verteilungs- und Moduldefinition

Die Protokollstapel und Laufzeitsysteme der klassischen Fahrzeugdiagnose wurden für die Anwendung mit einem Testergerät entwickelt und standardisiert, welches sich kabelgebunden am Fahrzeug befindet oder im erweiterten Fall über das lokale Netz einer Werkstatt oder einer Montagelinie mit einem Kommunikationsinterface an der OBD-Buchse des Fahrzeugs kommuniziert. So behandelt zum Beispiel der ISO-Standard „Diagnostic communication over Internet Protocol" (DoIP, ISO 13400-2) den Transport von UDS-Diagnosebotschaften über Ethernet mit TCP/IP anstatt über CAN mit ISO-TP und lässt somit wesentlich höhere Datenraten zu. Für die Anwendungen der Remote-Diagnose ist jedoch die Kommunikation über globale Internet-Protocol-Netzwerke nötig. Betrachten wir nun diese Systeme der klassischen Diagnose und legen sie über vernetzte Komponenten, die in der Lage sind, über das Internet weltweit zu kommunizieren, ergeben sich verschiedene Partitionierungsvarianten des Diagnoselaufzeitsystems inklusive der Diagnoseapplikation. Je nach Verteilung der resultierenden Partitionen zwischen Client- und Serverkomponenten sind verschiedene Remote-Diagnose-Funktionen mit variierenden Ausprägungen an nichtfunktionalen Eigenschaften abbildbar.

3.1 Netzwerkarchitektur

Grundsätzlich wird von dem Client-Server-Modell zur Verteilung der Systemkomponenten und Beschreibung der Abhängigkeiten ausgegangen. Abbildung 3 zeigt schematisch die Domänen der Remote-Diagnose. Die Rolle des Servers nimmt hierbei ein Backendsystem ein, welches die Diagnosezugriffe auf eine Fahrzeugflotte zentralisiert steuert. Dieses kann zum Beispiel Zugänge für Ingenieure des Aftersales eines OEM bereitstellen, welche Updatemaßnahmen im Feld planen und ausrollen oder Statistiken über Verschleißerscheinungen erheben. Dedizierte Schnittstellen für weitere Nutzer, wie beispielsweise Werkstätten oder Dritte, sind abhängig vom Anwendungsfall ebenfalls vorgesehen. Eine Klassifizierung wurde in [5, S. 26] vorgestellt. Der Client kann entweder die Form eines Telematik- und Diagnosesteuergerätes im Fahrzeug oder einer Applikation auf einem entfernten Diagnosecomputer einnehmen. Diese sind je nach Verteilungskonzept des Frameworks als Thin-Client oder als Fat-Client ausgeprägt und übernehmen entsprechend lediglich Frontend- und Weiterleitungsaufgaben oder sind im Wesentlichen für die Berechnungsvorgänge eines Diagnoseauftrags verantwortlich.

3.2 Standards und Toolkomponenten der Fahrzeugdiagnose

Eine weitere Grundlage für das Framework bilden die in der Automobilindustrie gängigen Standards zur Diagnosekommunikation mit Fahrzeugsteuergeräten. Eine Anwendung dieser Standards ist – neben der Nutzung einer Client-Server-Architektur – vorausgesetzt. Über sie lassen sich alle Diagnoseprozesse von der Identifikation und den lesenden Operationen über Codieren und Konfigurieren von Datensätzen bis hin zum Einbringen neuer Applikationssoftware über Bootloader-Flashroutinen durchführen. Diese Standards sind:

- Unified Diagnostic Services (UDS, ISO 14229): Diagnose*botschaften* gemäß des Kommunikationsstandards UDS rufen Diagnose*dienste* im Steuergerät auf, welche die geforderten Prozesse einleiten und steuern. Geeignete Parametrierungssignaturen der Botschaften sowie Vorgaben zum Sitzungsmanagement sind ebenfalls Bestandteil. UDS nutzt ISO-TP auf CAN oder TCP auf Ethernet als Transportprotokolle.
- Open Diagnostic Data Exchange (ODX, ISO 22901) bietet einen Standard zur Spezifikation der Steuergerätediagnose. Zu den Hauptaufgaben einer Datenbasis gemäß ODX gehört die Lieferung von PDUs der Diagnosebotschaft (Protocol Data Units, vgl. ISO-OSI) zu den von der Diagnoseapplikation angeforderten UDS-Diensten. In diesem Beitrag wird diese Datenbasis vereinfachend auch als „Diagnosebedatung“ bezeichnet.
- Modular Vehicle Communication Interface (MVCI, ISO 22900) beschreibt die zentrale Laufzeitkomponente mit ihren Schnittstellen. Ein gemäß dieses Standards implementierter Diagnoselaufzeitserver (D-Server) bietet der Diagnoseapplikation eine Kommunikationsschnittstelle (MCD-3D API) und nutzt die ODX-Laufzeitbedatung für die Ermittlung von Diagnosebotschaften gemäß UDS für die Anfrage beziehungsweise die Interpretation entsprechender Antworten der Diagnosedienste im Steuergerät. Ein Job-Prozessor kann zusätzlich Diagnoseprozeduren ausführen.
- Diagnoseapplikation: Die Diagnoseapplikation arbeitet auf der standardisierten MVCI-Toolkette und nutzt diese als Schnittstelle zu den Fahrzeug-

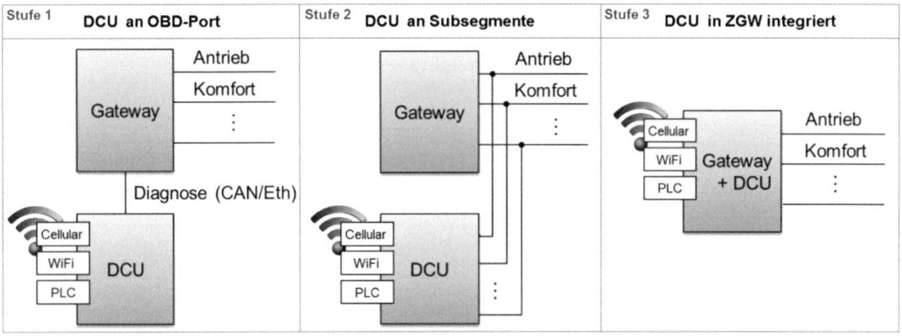

Abbildung 4: Mögliche Topologieintegrationsstufen einer Diagnoseeinheit (DCU) im Fahrzeug mit ZGW-Topologie (zentrales Gateway).

steuergeräten. Sie bereitet die Information symbolisch für weitere Prozesse oder den Benutzer auf. Üblicherweise gehören – insbesondere für Werkstatttester – Komfort- und Automatisierungsfunktionen zum Funktionsumfang einer Diagnoseapplikation.

3.3 Zentrales Diagnosesteuergerät (DCU)

Der Client in Form eines Diagnose- und Konnektivitätssteuergerätes im Fahrzeug (DCU, Diagnostics and Connectivity Unit) kann in verschiedenen Stufen in die Elektronikarchitektur des Fahrzeugs integriert sein. Am Beispiel einer ZGW-Topologie mit zentralem Gateway und einer branchenüblichen Domänensegmentierung (Antrieb, Komfort,...) illustriert dies Abbildung 4. Es wird von einem dedizierten Diagnosezugang ausgegangen (OBD-Schnittstelle). Bei Stufe 1 kann sich ein Flaschenhals ergeben; Zum Beispiel wenn der Zugriff über den Diagnose-CAN erfolgt und Steuergeräte auf verschiedenen CAN-Subsegmenten parallel einem Flashvorgang unterzogen werden sollen. Stufe 2 löst diesen Flaschenhals auf. Zudem kann auch ein signalbasierter Zugriff auf die Busse erfolgen. Hier muss jedoch der Umgang mit zwei Diagnosezugängen geregelt werden: Die DCU muss sich bei einem Werkstatttester am OBD-Port zurückziehen. Des Weiteren kann sie die Internetverbindung grundsätzlich auch extern über ein dediziertes Telematiksteuergerät im Fahrzeug beziehen. Im Falle eines Thin-Clients (vgl. Beispiel in Kapitel 2.2) übernimmt die DCU lediglich einen Teil des Diagnose-Sitzungsmanagements und die Weiterleitung der Diagnosebotschaften an ein Backend.

4 Analytische Herleitung von Verteilungskonzepten

Zur Definition der Diagnose-Systemmodule, die einer vertikalen Verteilung unterliegen, wird folgende Systematik verwendet: Es wird zunächst eine On-Board- und eine Off-Board-Seite definiert. Entlang der Wirkkette der Diagnoseapplikationen und der Diagnoseprotokolle werden alle möglichen Schnittpunkte zwischen diesen beiden

	synchron			asynchron
	klassische Diagnose über Fernzugriff	**D-PDU-API on-board**	**MCD-Server on-board**	**D-Appl. + MCD-Server on-board**
Diagnoseapplikation	off-board	off-board	off-board	on-board
MCD-Server + ODX-Daten	off-board	off-board	on-board	on-board
D-PDU-API	off-board	on-board	on-board	on-board
	VK1	VK2	VK3	VK4

Abbildung 5: Partitionierungsmatrix der Diagnoselaufzeitkomponenten zwischen On-Board- und Off-Board-Systemen.[9]

Seiten unter Berücksichtigung der atomaren Komponenten betrachtet. Daraus ergeben sich die Partitionierungskonzepte. Verteilt man die Partitionen zwischen den Off- und On-Board-Systemen kann man die charakteristischen Eigenschaften dieser Konzepte sowie deren Differenzierungsmerkmale untersuchen und Remote-Diagnose-Anwendungsfällen zuordnen.

4.1 Aufstellung der Verteilungskonzepte

Abbildung 5 spannt den Lösungsraum für Verteilungskonzepte (VK) auf. Sie zeigt in den Zeilen die Diagnose-Laufzeitkomponenten (wie in Kapitel 3.2 beschrieben) und in den Spalten die Abbildung auf Verteilungskonzepte. Durch die schrittweise Verschiebung der Grenze zwischen on-board und off-board erhalten wir eine gestufte Trenndiagonale in dieser Matrixdarstellung. Ein Diagnosesystemmodul befindet sich genau dann off-board, wenn es entweder auf dem Backendsystem oder auf dem Diagnosecomputer implementiert ist. Im Umkehrschluss trägt das Modul die Eigenschaft „on-board" genau dann, wenn es im Diagnosesteuergerät (DCU) im Fahrzeug verortet ist. Zwischen den Off-Board- und den On-Board-Komponenten wird die Kommunikation über globale Netze angenommen („internetworking" anstatt „local networking"). Befindet sich das remote zu diagnostizierende Fahrzeug im Feld und ist über Mobilfunk mit einem Backend eines Content-Providers zur Distribution von Diagnoseabläufen verbunden, wird das typischerweise das Internet sein.

4.1.1 Klassische Diagnose über Fernzugriff (VK1)

Theoretisch kann man den ersten Schnitt zwischen Off-Board und On-Board unterhalb des VCIs setzen. Die gesamte Diagnose-Toolkette befindet sich somit off-board auf einem Backend oder einem entfernten Diagnose-Clientcomputer. Dies entspricht annähernd einem naiven Ansatz der „Verlängerung des OBD-Kabels" zwischen Hardware-VCI und OBD-Stecker. Es ist sinnvoll, an dieser Stelle das Protokoll DoIP, welches die Diagnosekommunikation via TCP/IP standardisiert, in Erweiterung für globale Netze zu verwenden (zum Beispiel mithilfe von IPv6). Dieses Konzept kann zum Beispiel als „Standleitung zur Werkstatt" eingesetzt werden. Im Falle von CAN ein Netzwerkprotokoll als CAN-Wrapper zu verwenden und direkt an den Bus-Treiber

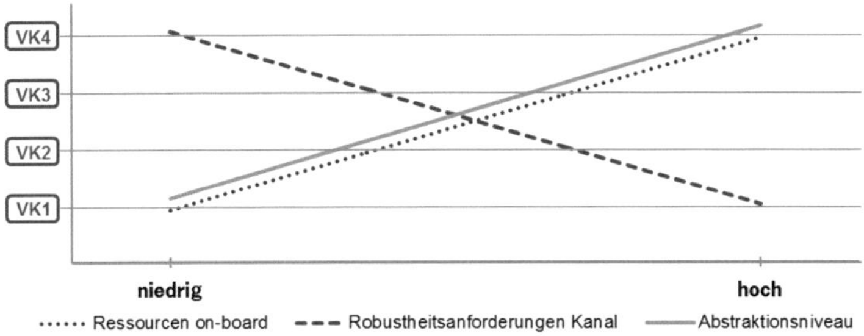

Abbildung 6: Verlauf nichtfunktionaler Eigenschaften der Verteilungskonzepte von niedrig bis hoch im Vergleich.

zu koppeln, käme aufgrund der Protokoll-Zeitvorgaben von CAN, ISO-TP und UDS (Timings) ohne zusätzliche Vorkehrungen nicht in Frage: Es wäre zum Beispiel ein Puffern und intelligentes Paketieren durch ein proprietäres Format in einem On-Board-VCI notwendig. Diese Vorkehrungen können in VK2 getroffen werden.

4.1.2 D-PDU-API on-board (VK2)

Die zweite Möglichkeit besteht darin, das VCI inklusive der D-PDU-API (oder Teile davon) in das Fahrzeug zu verlagern und den MCD-Server mit der darüber liegenden Diagnoseapplikation in einem entfernten System zu belassen. Bei dieser synchronen Remote-Diagnose kann das Management der Kommunikationsverbindung sinnvollerweise im Fahrzeug auf einem Thin-Client stattfinden. Hierzu gehört zum Beispiel das Einhalten der PDU-API-Timings nach ISO 22900-2 oder das Senden eines periodischen Tester-Present-Signals (vgl. UDS, Service-ID $3E) zur Aufrechterhaltung der Diagnosesitzung. VK2 lassen sich marktübliche mobilfunkfähige OBD-Interface-Lösungen zuordnen (vgl. Kapitel 5). Die Kommunikation zum VCI erfolgt allerdings proprietär, da für die Remote-Diagnose noch keine Standardisierung vorliegt. Des Weiteren kann bei der synchronen Remote-Diagnose gegenüber den folgenden Konzepten VK3 und VK4 das fahrzeugferne Diagnoselaufzeitsystem mit den ODX-Laufzeitdaten im Diagnosecomputer verwendet werden. Es ist somit kein Vorhalt der ODX-Laufzeitdaten in den Fahrzeugen nötig. Wie bei VK1 muss während einer Diagnosesitzung allerdings die Verbindung mit geringen Latenzen aufrechterhalten werden. Dies wäre bei Flashvorgängen über Mobilfunk besonders kritisch und bei Fahrzeugen im Feld nicht darstellbar. Eignen würden sich Implementierungen von VK2 zum Beispiel für eine synchrone Liveaufschaltung eines Support-Technikers im Pannenfall oder für unterstützende Toolketten in der OEM-Entwicklung.

4.1.3 MCD-Server on-board (VK3)

Verorten wir bis auf die Diagnoseapplikation alle Laufzeitkomponenten in das Fahrzeug, wird die 3D-API der MVCI-Implementierung über das Internet angesprochen. Es handelt sich um eine Variante der synchronen Remote-Diagnose: In einer 1:1-

Beziehung „steuert“ *eine* fahrzeugferne Diagnoseapplikation die On-Board-Diagnosekommunikation über den MCD-Server genau *eines* Fahrzeuges. Charakteristisch ist hier, dass über die Luftschnittstelle keine UDS-Diagnosekommunikation stattfindet sondern Methodenaufrufe (Remote Procedure Call). Es befinden sich auch erstmals die ODX-Daten on-board. Sie können daher fahrzeug- und anwendungsfallspezifisch gegenüber der klassischen Diagnose um Baureihen und Fahrzeugvarianten entlastet werden (*tailoring*). Ebenso können Dienste, die über Fernzugriff nicht sinnvoll sind, aus den ODX-Daten entfernt werden (zum Beispiel Inbetriebnahme- und Kalibrierroutinen, die die physische Interaktion des Servicetechnikers oder weiteres Werkstattequipment erfordern). Gegenüber VK1 und VK2 kann man hier mit einem erhöhten Ressourcenbedarf auf der DCU aufgrund des MCD-Servers rechnen. Das Potential dieses Konzeptes wird erst mit der asynchronen Remote-Diagnose erschlossen.

4.1.4 Asynchrone Remote-Diagnose (VK4)

Gemäß Abbildung 5 ist das letzte Verteilungskonzept dasjenige, welches die gesamte Diagnosetoolkette inklusive einer Diagnoseapplikation on-board vorsieht. Das Konzept erbt im Wesentlichen die Eigenschaften von VK3; Zeichnet sich jedoch durch ein neues, für Fahrzeugupdates wichtiges Charakteristikum aus: Die On-Board-Applikation über dem MCD-Server erlaubt eine asynchrones Systemverhalten. Während bei VK1 und VK2 noch auf ein UDS-Response und bei VK3 auf die Rückgabewerte der MCD 3D-API innerhalb einer Sitzung (blockierend) gewartet werden musste, können bei VK4 Diagnoseaufträge zunächst an mehrere Fahrzeuge übermittelt und anschließend auch ohne Backendverbindung autark und automatisiert von der Diagnoseapplikation auf der DCU on-board abgearbeitet werden. Die UDS-Diagnosekommunikation im Fahrzeug und die Kommunikation zwischen Server und DCU sind voneinander zeitlich entkoppelt. Erstere unterliegt somit keiner schwankenden Verbindungsqualität. Für die in [5] vorgestellten Abstraktionsniveaus und Ausbaustufen einer Diagnoseablaufbeschreibung vom Skripting auf D-PDU-Niveau bis hin zum High-Level-Ablauf (zum Beispiel OTX) ist die asynchrone Remote-Diagnose das Basiskonzept. Sobald solch eine Automatisierungskomponente in Form der Diagnoseapplikation im Fahrzeug auf einer DCU eingebettet ist, können auch Push-Nachrichten generiert werden: Die Werkstatt muss dann beispielweise nicht aktiv Fehlerspeichereinträge anfragen sondern sie werden vom Fahrzeug gesendet, sobald sie aktiv sind.

Abbildung 6 stellt den Verlauf der Anforderungen an die On-Board-Ressourcen einer DCU über die Stufen VK1 bis VK4 und der zugehörigen Abstraktion der Diagnosekommunikation dar. Umgekehrt proportional verhalten sich die Anforderungen an die Robustheit des Kommunikationskanals gegenüber Verbindungsabbrüchen und zu großen Latenzen. Während bei VK1 noch PDUs auf ISO-OSI Transport-Layer übermittelt werden, sind bei VK4 komplexe Diagnoseabläufe möglich, die in einer Hochsprache beschrieben sein können und Programmverzweigungen aufgrund von zuvor nicht bekannten Fahrzeugzuständen autark ohne Internetverbindung zulassen. Hier wird der diagnostische Auftrag zunächst heruntergeladen und anschließend

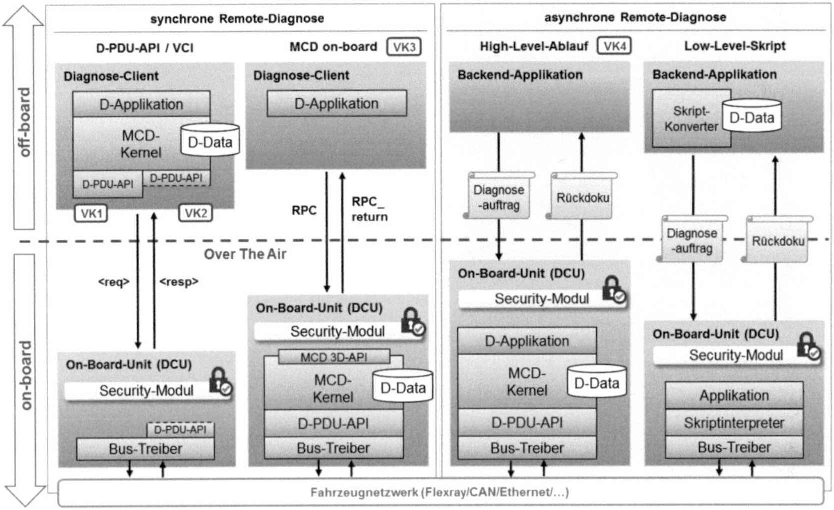

Abbildung 7: Verteilte Softwarearchitekturen mit ISO-standardisierten Diagnosekomponenten und deren Partitionierungskonzepte.

ausgeführt. Eine niedrige Verbindungs-robustheit spielt keine Rolle, die DCU aber muss performant sein und eine höhere Speicherkapazität aufweisen.

4.2 Ableitung verteilter Architekturen

Abbildung 7 illustriert vier Varianten, wie die in Kapitel 4.1 definierten Partitionierungskonzepte umgesetzt werden können (vgl. auch [5]). Die Verteilung findet zwischen einer On-Board-Einheit (DCU gemäß Abbildung 4, on-board) und einer Backend-Applikation respektive eines Diagnose-Clients statt (off-board). Die diagnoserelevanten Softwarekomponenten und Schnittstellen sind herausgestellt. Zugunsten der Übersichtlichkeit sind die Diagnosecomputer (Benutzerclients) bei der synchronen Remote-Diagnose und die Backends bei der asynchronen nicht abgebildet. Ein Security-Modul implementiert die geforderte Informationssicherheit bezüglich Authentizität, Vertraulichkeit und Integrität: Zugangskontrolle, Zugriffskontrolle und Verschlüsselung sind hierfür typische Maßnahmen. Dies liegt nicht im Fokus dieses Beitrags; Ist aber von besonderer Bedeutung, da eine kompromittierte DCU fahrsicherheitskritische Manipulationen ermöglichen würde [5, Seite 25].

Bei der synchronen Remote-Diagnose sind VK1 und VK2 aufgrund deren Ähnlichkeit zusammengefasst. Während hier auf Ebene der PDUs über die Luftschnittstelle kommuniziert wird (<req> und <resp>), finden bei der zweiten Architektur entfernte Methodenaufrufe des MCD-Kernels statt (RPC, Remote Procedure Call). Die Größe der Rechtecke deutet qualitativ steigenden Ressourcenbedarf der DCU und sinkenden Ressourcenbedarf auf Off-Board-Seite an. Hier wird davon ausgegangen, dass

	synchron		asynchron
	MCD-Server off-board VK1 VK2	nur D-Appl. off-board VK3	D-Toolkette on-board VK4
lesende Dienste	ja	ja	ja
Konfiguration	nein	ja/nein	ja
Flashen über Bootloader	nein	nein	ja

Abbildung 8: Eignung der Architekturkonzepte auf Basis von VK1 bis VK4 für die typischen Diagnose-Funktionsklassen.

sich die Diagnoseapplikation auf einem Client-Computer befindet und ein Backend nur als Vermittlungsstelle zum Fahrzeug dient.

Das im Fahrzeug integrierte Diagnosesystem des asynchronen Falls auf der rechten Seite in Abbildung 7 stellt VK4 dar. Diagnoseabläufe, die in einer Hochsprache definiert sind (zum Beispiel OTX [10]), können an alle Fahrzeuge verteilt und anschließend von ihnen autark abgearbeitet werden. Hier kann die Ausführung abhängig von Steuergeräteantworten oder abhängig von der ODX-Bedatung mittels bedingten Anweisungen beeinflusst werden. Hierzu wurde in [11] eine Implementierung vorgestellt, die analog der Definition in Kapitel 3.1 aus den drei Hauptkomponenten Telematik-Plattform, Business-Server und Client-Web-Interface besteht.

Eine Unterklasse der asynchronen Remote-Diagnose stellt das Low-Level-Skripting dar. Diese Architektur kommt im Prototypen des Beitrags 8 dieses Tagungsbands zum Einsatz. Generische Abläufe können zuvor im Backend mithilfe eines Konverters in DoIP- oder CAN-PDUs übersetzt werden. Abhängigkeiten von Zuständen im Fahrzeug zur Laufzeit müssen – wenn möglich – über Fallunterscheidungen abgebildet werden. Dieses Konzept eignet sich eher für statische Aufgaben, wie das Sammeln von Messwerten oder Abfragen von Identifikationsdaten zur Statusrückdokumentation. In [5, Seite 36] wurde die Bandbreite vom statischen Skript bis hin zu dynamischen High-Level-Abläufen beleuchtet.

4.3 Systemfunktionen und Anwendungsfälle

Die vorgestellten Verteilungs- und Architekturkonzepte bilden die Basistechniken für Remote-Diagnose-Systemfunktionen und -Anwendungsfälle. Eine ganzheitliche Analyse solcher Anwendungsfälle und dazugehöriger Diagnose-Funktionsklassen lieferte [5]. Im Wesentlichen lassen sich die relevanten UDS-Dienste in die Kategorien (a) lesend, (b) Codieren/Konfigurieren/Routinen und (c) Flashen und Datensatzdownload über Bootloader einordnen. Abbildung 8 gibt einen Überblick, welche Funktionsklassen mit welchen Architekturkonzepten umsetzbar sind:

a) Bei den **lesenden Diensten** hat ein Abbruch der Internetverbindung keinen Einfluss auf die Funktion der Steuergeräte und die Betriebssicherheit des Fahrzeugs. Daher sind selbst mit VK1 möglich: Auslesen von Identifikation, IST-Verbau und

Fehlerspeicher mit Umweltdaten, Erfassung von Messwerten und Konfigurationen (UDS Service-IDs $22, $86, $23, $19). Beispiele für Anwendungsfälle sind:

- Daten auf das Smartphone des Fahrers weiterleiten (z.B. Ladezustand der Batterie eines Fahrzeugs mit Elektroantrieb).
- Reaktive Diagnose von Fahrzeugen im Pannenfall; Liveaufschaltung durch Servicecenter und Auslesen der relevanten Daten.

b) Führt man **Codier- und Parametriervorgänge** durch oder stößt Routinen an, finden meist Schreibvorgänge im Steuergerät mit den UDS-Diensten $2E oder $31 nach ISO 14229 statt. Bei der synchronen Remote-Diagnose mit VK1 oder VK2 sind unkontrollierte Verbindungsabbrüche und daher inkonsistente Speicherzustände möglich. Bei VK3 hingegen kann der MCD-Server je nach Kontext weiter arbeiten. Würden bei VK1 beispielsweise segmentierte ISO-TP-Frames einer UDS-Botschaft verloren gehen, kann VK3 diese vollständig an das Steuergerät schicken. Beispiele für Anwendungsfälle sind:

- Basissoftware nach Flashen anpassen (Remote-Update).
- Software-Produktsubstanz mit kundenspezifischer Konfiguration personalisieren.

c) Das **Flashen der Basissoftware** des Steuergerätes mit Abstieg in den Bootloader erweist sich als besonders kritisch (UDS $36). Ein unkontrollierter Abbruch führt zu einem nicht mehr funktionstüchtigen Steuergerät. Die Diagnoseapplikation sollte hier zudem stets die Möglichkeit haben, Kontrolle auszuüben und zum Beispiel als Rückfallebene bei Misserfolg einen gesicherten Stand erneut zu flashen. Aus diesen Gründen kommt im Feld ausschließlich VK4 in Frage. Beispiele für Anwendungsfälle im Feld sind:

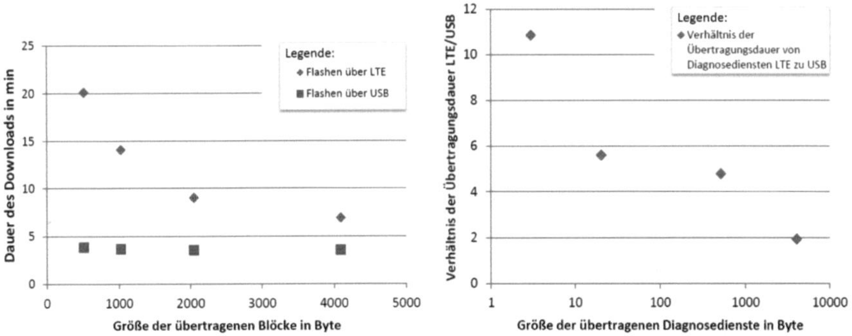

Abbildung 9: Links: Dauer eines Flash-Vorganges abhängig von der Blockgröße übertragener Daten über LTE und USB – Rechts: Verhältnis der Übertragungsdauer von LTE zu USB abhängig von der Blockgröße übertragener Daten. [9, 12]

- Fahrzeugrückrufe in die Werkstatt aufgrund von Softwarefehlern vermeiden.
- Software-Produktsubstanz vor Kunde im Feld nachrüsten (Remote Update).

5 Anwendung und Evaluation von VK2 am Beispiel OBD-Interface

In Kapitel 2.2 wurde ein Anwendungsfall von Verteilungskonzept VK2 vorgestellt: Ein mobilfunkfähiges OBD-Interface für CAN mit integrierter D-PDU-API verbindet sich bei Spannungsversorgung mit einem Backend und bekommt eine Sitzungsnummer zugeteilt. Ein Diagnosetechniker kann nun mit seinem Computer, auf dem die Diagnosetoolkette inklusive dem Gegenstück der D-PDU-API des Interfaces installiert ist, über das Internet eine Verbindung mit dem OBD-Interface aufnehmen und ein x.509-gesichertes Virtual Private Network (VPN) etablieren [12]. Das Backend übernimmt dabei Weiterleitungsfunktionen. Damit zu hohe Latenzen im Mobilfunknetz keinen Einfluss auf die Diagnosesitzung haben, ist die D-PDU-API auf dem OBD-Interface in der Lage, auch ohne Zutun des entfernten MCD-Servers Tester-Presents (UDS $3E) zu senden. Die Ende-zu-Ende-Kette der Diagnosekommunikation stellt sich wie folgt dar: Von der Diagnoseapplikation angeforderte und dem MCD-Server parametrierte UDS-Botschaften werden in der D-PDU-API auf Diagnoseclient-Seite in ISO-TP-Frames segmentiert und gebündelt in IP-Paketen an das Interface geschickt, das durch die eigenen Mechanismen unabhängig vom Mobilfunknetzwerk weitere Timings einhalten kann. Dies deckt auch den Umgang mit *Consecutive Frames* ab. Am Beispiel des Modells *TC-XS* der Firma *ACTIA I+ME GmbH* wurden Evaluationen durchgeführt. Es bietet die folgenden Eigenschaften:

- Freescale MPC5123 mit 400 MHz
- 256 MB DDR Ram, 16 MB NOR-Speicher
- Modulkappe für USB und Mobilfunk (LTE)

Die wichtigsten Versuchsergebnisse fasst Abbildung 9 zusammen: Das linke Diagramm trägt die Dauer eines Flashvorganges über die Blockgröße der segmentierten und übertragenen Flashdaten auf. Betreibt man das Interface mit der klassischen USB-Verbindung, dauert der Flashvorgang unabhängig von der gewählten Blockgröße desselben exemplarischen Steuergeräts stets ca. 4 Minuten. Im LTE-Betrieb nimmt dagegen die Flashdauer mit sinkender Blockgröße zu: TCP/IP-Pakete werden ineffizienter genutzt. Die Nutzdaten pro Paket werden zunehmend kleiner als die Paketkapazität. Somit muss die Strecke über Mobilfunk entsprechend häufiger zurückgelegt werden bis alle Blöcke in den Speicher des Steuergerätes geschrieben sind. Der exponentiell anmutende Anstieg kommt durch die Ethernet-Frame-Größe von typischerweise 1500 Byte zustande. Ab dieser Größe ist der Verlauf linear. Auf der rechten Seite in Abbildung 9 werden verschiedene Diagnosedienstgrößen gegenübergestellt und das jeweilige Verhältnis der Übertragungsdauer LTE zu USB verglichen: Bei repetitiven, kleinen UDS-Diagnosediensten (zum Beispiel 5 Byte) ist die Übertragungsdauer von LTE 11 mal größer als diejenige über die USB-Verbindung – bei großen Diensten (4093 Byte) nur noch doppelt so groß. Ersteres lässt sich der Funktionsklasse der lesenden Diensten zuordnen (vgl. Kapitel 4.3 a). Das konsekutive Auslesen von vielen tausenden Messwerten für ein Fahrzeuganalyseprotokoll erweist sich konsequenterweise als nicht performant. Beim Schreiben großer Datenblöcke kürzt sich der Einfluss durch die Übertragungszeit zunehmend raus.

6 Schlussbemerkung und Ausblick

Lösungen zur Remote-Diagnose und zum Remote-Update von Kraftfahrzeugen werden heute bereits angeboten. Sei es als fahrzeugintegrierte Lösung (*Opel OnStar*), als Multimediakomponente (*BMW ConnectedDrive* Software-Update für Smartphonekompatibilität) oder als Nachrüstlösung von Drittanbietern via OBD-Stecker (zum Beispiel *O2 Car Connection*). Keine davon ist zugunsten einer Skalier- und Erweiterbarkeit während des Fahrzeuglebenszyklus in der Lage, vollumfänglich auf die Elektrik/Elektronik-Komponenten zuzugreifen – von einem Selbstupdate einmal abgesehen. *Opel OnStar* beschränkt sich auf die lesende Werkstatt-Erstdiagnose, die Updatefunktion von *BMW Connected Drive* bedient nur die Smartphone-Schnittstellen und *O2 Car Connection* liest lediglich OBD2-Umfänge. Vom Flashen der Basissoftware und Einbringen neuer Datensätze zur Rekonfiguration eines beliebigen Steuergerätes sind die oben genannten weit entfernt. Genau hier besteht viel Innovationskraft für die Zukunft.

Dieser Artikel lieferte in den vorangegangen Kapiteln hierfür die Grundlage auf Basis von ISO-Diagnosestandards, wie sie weltweit in der Entwicklung, der Fertigung und im Aftersales der Automobilbranche eingesetzt werden. Die ganzheitlich hergeleiteten Modularchitekturalternativen bilden ein Rahmenwerk für die Integration von Diagnoselaufzeitkomponenten on-board und off-board. Durch den Fokus auf das Diagnosesteuergerät im Fahrzeug wurde eine konkretere Betrachtung der Beziehung zwischen entferntem Diagnoseclient und Diagnosebackend ausgelassen. Hier gibt es je nach Anwendungsfall weitere Ansätze: Mit einem zentralisierten MCD-Server im Backend lassen sich zum Beispiel PDU-Skripte generieren und asynchron ins Feld verteilen (vgl. Beitrag 8 in diesem Tagungsband). Mit einem MCD-Server im Diagnoseclient ist eine synchrone, 1:1-Liveaufschaltung möglich. Dies wurde am Beispiel eines OBD-Interfaces in Kapitel 5 evaluiert.

Hohe Anpassbarkeit der Fahrzeugelektronik analog heutiger Consumer-Endgeräte unter gleichzeitig höchsten funktionalen Sicherheitsanforderungen (Safety) sowie Schutz von Daten und Funktion (Security) erfordert neuartige Konzepte. Für das in diesem Beitrag gezeichnete *Big Picture* vollumfänglicher und flexibler Diagnose- und Updatefähigkeit *over-the-air* bietet sich Verteilungskonzept VK4 an: Der Werkstatttester wandert teilweise ins Fahrzeug – auf intelligente und sichere Weise.

Literatur

[1] Schleuter, W. (2002): *Herausforderungen der Automobil-Elektronik*: IKB-Unternehmensforum, Köln.

[2] Invensity GmbH (2014): Automobilindustrie: *90 Prozent der Innovationen finden bei Elektronik und Software statt*. Wiesbaden. Pressemitteilung. Online

verfügbar unter http://www.invensity.com/index.php/public-relations/ automobil-industrie-90-prozent-der-innovationen-finden-bei-elektronik-und-software-statt-202.html?language=de, zuletzt geprüft am 30.11.2015.

[3] McCandless, David (2015): *Codebases – Millions of Lines of Code*. information is beautiful. Online verfügbar unter http://www.informationisbeautiful.net/ visualizations/million-lines-of-code/, zuletzt geprüft am 24.02.2016.

[4] Frost & Sullivan (09/2013): *Over-the-Air Updates to Slash Automobiles' Recall Rates, Finds Frost & Sullivan*. London. Internet. Online verfügbar unter http://www.frost.com/prod/servlet/press-release.pag?docid=284456381, zuletzt geprüft am 26.02.2015.

[5] Revfi, Marcel; Koch, Markus (2015): Die Diagnose(R)evolution: *Remote Diagnose als Basis für Big Automotive Data und Remote Update – Chancen und Herausforderungen*. In: Bernard Bäker und Andreas Unger (Hg.): Diagnose in mechatronischen Fahrzeugsystemen IX, Bd. 9. Dresden, Germany, 2015-05. IAD Germany: TUDpress (9), S. 22–29.

[6] Reif, K. (2007): *Automobilelektronik: eine Einführung für Ingenieure* ; mit ... 36 Tabellen: Vieweg + Teubner (ATZ/MTZ-Fachbuch).

[7] Eberspächer, Michael; Grimm, Michael; Reuss, Hans-Christian (2015): *Erweiterte server- und datengestützte Diagnosekonzepte*. In: Bernard Bäker und Andreas Unger (Hg.): Diagnose in mechatronischen Fahrzeugsystemen IX. Dresden, Germany, 2015-05. IAD Germany: TUDpress (9), S. 191–203.

[8] Unger, Andreas; Menzel, Georg; Häberlein, Georg; Gothan, Tim; Bäker, Bernard (2015): *Backendbasierte Diagnosekonzepte – Herausforderungen und Potentiale*. In: Bernard Bäker und Andreas Unger (Hg.): Diagnose in mechatronischen Fahrzeugsystemen IX. Dresden, Germany, 2015-05. IAD: TUDpress (9), S. 61–80.

[9] Zoppelt, Gerald (2015): *Modularchitektur für eine Fahrzeugdiagnose mittels Fernzugriff*. Masterarbeit. Hochschule Ulm, Ulm.

[10] International Standard 13209, 2012: Road vehicles – Open Test sequence eXchange format (OTX).

[11] Zeppetzauer, Stefan; Steigenberger, Matthias; Brousse, Philippe; Hoernchen, Lars (2015): Cloud – der nächste Schritt der Diagnose? In: Bernard Bäker und Andreas Unger (Hg.): *Diagnose in mechatronischen Fahrzeugsystemen IV*. Dresden, Germany, 2015-05. IAD Germany: expert verlag (9), S. 49–60.

[12] Herberth, Roland (2015): *Konzeption und Umsetzung eines Remote Diagnose Systems zur örtlich entfernten Zustandsanalyse vernetzter Kraftfahrzeuge*. Masterarbeit. Universität Stuttgart, Stuttgart.

8 Fortschritte und Chancen im Bereich der Remote-Diagnose von Kraftfahrzeugen durch flexible Schnittstellen und zentralisierte Diagnoselaufzeitsysteme

Dipl.-Inf. **Michael Eberspächer**[1], Dipl.-Inform. **Marcel Revfi**[2],
Dr.-Ing. **Michael Grimm**[1], Prof. Dr.-Ing. **Hans-Christian Reuss**[1],
[1]Forschungsinstitut für Kraftfahrwesen und Fahrzeugmotoren Stuttgart,
[2]Dr. Ing. h.c. F. Porsche AG, Weissach

Abstract

Buzzwords such as Remote-Diagnostics, Car2X, Cloud-Computing and many more characterize the emerging trend of connectivity in the automotive domain. Plenty of isolated solutions for dedicated applications have been set up so far and are available on the market. These solutions make use of the vehicles diagnostic connector in order to gather data and push it via a wireless link to a mobile device or to a backend system. However uniformed and well integrated Remote-Diagnostic interfaces are hard to find within the automotive domain. This results in several hardware and software solutions for different applications. In order to approach this challenge the present contribution introduces a holistic attempt to mirror the vehicle inside the cloud using Remote-Diagnostic mechanisms. Opposed to isolated solutions this approach renders it possible to cover a multitude of viable applications. Basically this happens by distributing common software modules to the domains frontend, backend and vehicle. Based on this distribution interfaces are set up in order to deploy more functionality to the system easily. Additionally several user groups build a basic framework for third-party suppliers and their appliances.

Kurzfassung

Geprägt durch Schlagworte wie Remote-Diagnose, Car2X und Cloud-Computing ist der Trend der Vernetzung im Bereich Automotive angekommen. Viele, unter anderem donglegetriebene, Insellösungen für dedizierte Anwendungen sind hierfür mittlerweile auf dem Markt verfügbar. Diese bedienen sich der Diagnoseschnittstelle des Fahrzeugs, um Daten zu erheben und diese schließlich über eine Mobilfunkverbindung entweder an ein mobiles Endgerät oder an ein Backend zu versenden. Einheitliche und in das Fahrzeug integrierte Remote-Diagnose-Schnittstellen erobern jedoch nur langsam den automobilen Bereich, wodurch aktuell für unterschiedliche Anwendungen unterschiedliche Hard- und Software verwendet wird. Um dieser Problemstellung entgegenzutreten, wird im vorliegenden Beitrag ein holistischer Ansatz vorgestellt. Dieser bildet das Fahrzeug unter anderem durch Mechanismen der Remote-Diagnose in der Cloud ab. Im Gegensatz zu den Insellösungen ermöglich der präsentierte Ansatz die Abdeckung einer Vielzahl von Anwendungen und Einsatzmöglichkeiten. Grundlegend wird dies durch eine geeignete Verteilung der im Automotive-Umfeld gängigen Softwaremodule auf die Komponenten Fahrzeug und Backend erreicht. Darauf aufbauend bieten flexible Schnittstellen zwischen diesen Komponenten die Möglichkeit zusätzliche Funktionalität mit geringem Aufwand in das System zu integrieren. Ein vom Backend für verschiedene Nutzergruppen zur Verfügung gestelltes Application Programming Interface (API) bildet zudem das Grundgerüst für Drittanbieteranwendungen.

1 Grundlagen und Motivation

Bereits 1968 führte Volkswagen (VW) ein System ein, mit welchem die Direkteinspritzung des damaligen Models „Typ 3" überwacht werden konnte [1]. Zehn Jahre später wurden erstmals in größerem Stil Computer in Fahrzeuge eingebaut. Die damals verwendeten Diagnoseprotokolle waren jedoch proprietär und nicht austauschbar. Darauf aufbauende Bemühungen, ein standardisiertes Diagnoseprotokoll zu entwickeln, mündeten zunächst in den ersten *On-Board Diagnostics* (OBD-I) Systemen und schließlich in der heute noch verwendeten ISO-Norm OBD-II (ISO 15031). Durch die steigende Anzahl an Steuergeräten, erhöhten Funktionsumfang und vermehrten Kommunikationsbedarf im Fahrzeug kamen im Laufe der Zeit weitere Standards hinzu, die letztendlich den vollständigen Kreis von Planung, Konzeption, Entwurf bis hin zur Ausarbeitung von Fahrzeugnetzwerken, den enthaltenden Steuergeräten und deren Diagnosefunktionalität unterstützen. Heutige Diagnoseanwendungen im automobilen Bereich bestehen in der Regel aus einem Modular Vehicle Communication Interface (MVCI)-Laufzeitsystem, den Schnittstellen zum Fahrzeug, zur Applikation und zu der Diagnosebedatung, einem VCI und der Diagnosebedatung selbst. Diese Systeme greifen über den Diagnose-CAN auf das Fahrzeugnetzwerk zu und sind in der Lage die Steuergeräte des Fahrzeugs zu diagnostizieren. Die sogenannte D-PDU API abstrahiert hierbei von der verwendeten physikalischen Schicht im Fahrzeug und macht das System vielfältig einsetzbar. Dieses Setup hat sich über eine lange Zeit hinweg bewährt. Mit steigenden Anforderungen und dem Trend zur Vernetzung wurde schließlich das Protokoll *Diagnostics over Internet Protocol* (DoIP, ISO 13400) entwickelt, welches auf dem Diagnoseprotokoll Unified Diagnostic Services (UDS, ISO 14229) basiert und eine TCP/IP-Verbindung zum Fahrzeug über IP ermöglicht. Daraus folgt unter anderem der kabellose Zugang zu einem oder zu mehreren Fahrzeugen, die sich im gleichen IP-Subnetz wie der Diagnosetester befinden. Mit dem Standard DoIP ist es auf komfortablem Wege möglich zum Beispiel innerhalb des Werkstattnetzes auf alle Fahrzeuge zuzugreifen, die über ein entsprechendes VCI eine Verbindung mit dem Diagnosegerät herstellen können. Aktuelle Bemühungen gehen in die Richtung das Fahrzeug nicht nur lokal, sondern global diagnostizieren zu können [2]. Aus diesem Ansatz ergeben sich unter anderem die Vorteile, dass das Fahrzeug nicht mehr in jeder Situation in die Werkstatt muss und dass es bei Bedarf und nach Anforderungen des Fahrzeugbesitzers über das Internet gewartet und aktualisiert werden kann. Wie in Abbildung 1 gezeigt, entstehen durch kleinere Abfrageintervalle des Fahrzeugzustandes des Weiteren die Möglichkeiten das Fahrzeugverhalten im Nachhinein zu analysieren, beziehungsweise es prädiktiv zu diagnostizieren [3]. Daraus entstehende Anforderungen an ein Remote Diagnose System werden unter anderem in [4, 5] und in Kapitel 7 dieses Tagungsbandes beschrieben.

$$h = f(x_1, x_2, \ldots, x_n) \mid h \in [0;1], x_i \in Fahrzeugmesswerte$$

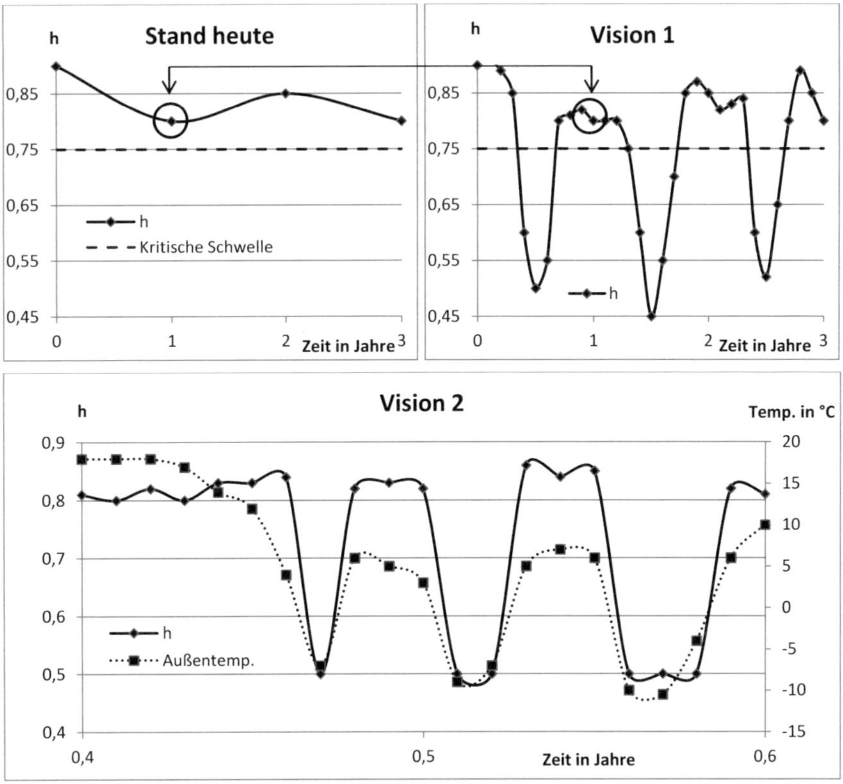

Abbildung 1: Szenario für zukünftige Diagnoseauswertungen.

Abbildung 1 beschreibt und motiviert ein fiktives Szenario, welches in Zukunft mit der örtlich entfernten Diagnostizierung (Remote-Diagnose) denkbar ist. Grundlage für dieses Beispiel ist ein fiktiver Wert *h*, der den Gesundheitszustand des Fahrzeugs darstellt und durch die Messwerte $x_1, x_2, \ldots, x_n$ berechnet wird. Ist es zum *Stand heute* nur in sehr langen Zyklen möglich eine vollständige Diagnose des Fahrzeugs durchzuführen, so kann man in Zukunft davon ausgehen, dass die Zyklen durch den Einsatz der Remote-Diagnose kürzer werden und somit eine dichtere Abbildung der Fahrzeuggesundheit möglich wird (*Vision 1*). Aktuell nicht erkennbare Fehlfunktionen, die sporadisch auftreten und sich nicht in *Diagnostic Trouble Codes* (DTCs) äußern, werden somit erkenn- und eingrenzbar. Existiert zusätzlich ein im Laufe der Zeit entstandener Datensatz kann das Problem anhand von Analysemethoden bestimmt und eine Lösung daraus abgeleitet werden (*Vision 2*). Im vorliegenden fiktiven Fall ist beispielsweise zu erkennen, dass die Fahrzeuggesundheit direkt mit der Außentemperatur in Bezug zu setzen ist und somit mindestens eine Komponente des Fahrzeugs nicht ausreichend für niedrige Temperaturen ausgelegt sein könnte.

2 Prototypische Darstellung einer Remote-Diagnose-Umgebung

Dieses Kapitel reflektiert die Ergebnisse der bisher durchgeführten Untersuchungen und gewährt einen Einblick in die verwendeten Techniken, Frameworks, Protokolle und erstellten Module sowie einen Ausblick auf weitere Tätigkeiten und Entwicklungsgegenstände. Neben diesem Einblick wird eine Aufteilung des Prototyps in die Komponenten Frontend, Backend und Fahrzeug vorgenommen (Abbildung 2) und die im Bereich Automobil bestehenden und etablierten Module auf diese Komponenten verteilt. Des Weiteren werden Schnittstellen zwischen ausgewählten Modulen genauer beleuchtet und diskutiert. Das Ziel hinter der Entwicklung des Prototyps besteht darin, eine Plattform zur Verfügung zu stellen, die eine weitere Umsetzung von Konzepten und deren Evaluation zulässt. So gilt es zum Beispiel in weiteren Arbeitsschritten die im Folgenden motivierten Fragestellungen zu beleuchten.

Diagnosenachrichten bestehen zumeist aus wenigen Bytes und sind für eine Übertragung in einem CAN-Netzwerk optimiert. Die Internetprotokolle TCP und IP sind hingegen für weit größere Datenpakete ausgelegt. Es gilt somit im Bereich der Diagnosenachrichten festzustellen, in wie weit das Verhältnis Datengröße zu Header-Overhead der verwendeten Internetprotokolle und variierender Bandbreite Auswirkungen auf den Nettodatendurchsatz des Systems haben. In Beitrag 7, Kapitel 5 des vorliegenden Tagungsbandes wird diese Frage bereits am Beispiel der synchronen Diagnose untersucht. Darauf aufbauend muss die Frage beantwortet werden, ob und wie kleine Diagnosenachrichten zu großen aggregiert werden können. Eine weitere Kernfrage beschäftigt sich mit der Verteilung der unterschiedlichen Module auf die Komponenten Frontend, Backend und Fahrzeug. Der Fokus dieser Untersuchung liegt auf dem Funktionsumfang, der durch eine bestimmte Verteilung im Bereich der Diagnose erreicht werden kann und wird in Beitrag 7 dieses Tagungsbandes und den Autoren von [5] erläutert. Unabhängig von den Evaluationsmöglichkeiten des Prototypen gilt es des Weiteren für die breite Akzeptanz eines Remote-Diagnose-Systems herauszufinden, welche Daten sensibel sind und somit einer Verschlüsselung unterzogen werden müssen und welche Daten zum Beispiel durch Anonymisierung bereits ausreichend geschützt sind.

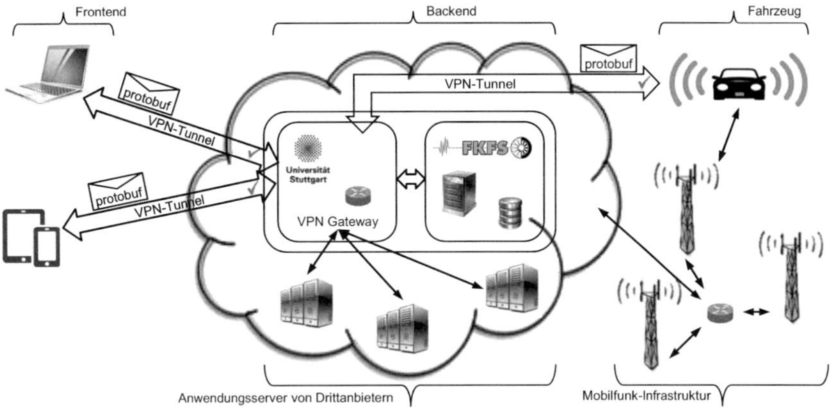

Abbildung 2: Schematische Darstellung der Gesamtarchitektur des Prototyps.

Bedingt durch eingeschränkte On-Board-Ressourcen (Speicher, Rechenleistung, Energie) ist hierauf aufbauend eine weitere Betrachtung notwendig, die untersucht, in welchem Umfang eine Verschlüsselung des Datenverkehrs von und zum Automobil mit den vorhandenen Ressourcen zu erreichen ist.

2.1 Backend

Das Protokoll DoIP ist in der Lage ohne Backend-Infrastruktur innerhalb eines lokalen Netzwerkes eine Kommunikation zwischen Tester(n) und Fahrzeuge(n) herzustellen. Verlässt man jedoch dieses lokale Netzwerk scheitert schon der Verbindungsaufbau am Vehicle identification request. Des Weiteren beruht DoIP, wie auch alle anderen Diagnoseprotokolle, auf einer stehenden Verbindung zwischen Tester und Fahrzeug. Beide Aspekte sind auf globaler Ebene nicht gewährleistet. Das Backend dient im vorgestellten Ansatz somit als zentrale Vermittlungsinstanz zwischen Tester(n) und Fahrzeuge(n) sowie als Speicherort für Diagnose- und Fahrzeugdaten.

2.1.1 Architektur

Alle Komponenten des Backends werden zurzeit am Forschungsinstitut für Kraftfahrwesen und Fahrzeugmotoren Stuttgart (FKFS) betrieben und entwickelt. Grundlegende Komponenten sind eine MySQL-Datenbank, ein Webserver (Glasfish) und die Serveranwendung selbst. Die Serveranwendung wurde in Java implementiert und bedient sich dem Netty-Framework [6], welches das Verbindungsmanagement realisiert. Java wurde wegen dessen Plattformunabhängigkeit gewählt. Das Netty-Framework wird sowohl im Backend (Windows) als auch auf dem Steuergerät (Linux-Distribution Debian) im Fahrzeug verwendet.

2.1.2 Funktion

Die MySQL-Datenbank aus Abbildung 4 agiert als zentrale Einheit innerhalb des Backends. Jede eingehende Nachricht wird zunächst dort persistiert, bevor sie weitergeleitet wird. Dadurch entsteht eine lose Koppelung zwischen Sender und Empfänger und es entfällt die Voraussetzung, dass beide Parteien zur gleichen Zeit online sein müssen. Zusätzlich zur bereits etablierten synchronen Remote-Diagnose entsteht hier die Möglichkeit asynchron Diagnose betreiben, beziehungsweise asynchron kommunizieren zu können. Ein Anwendungsfall für diesen Fall liegt zum Beispiel vor, wenn eine Aktualisierung über die gesamte Flotte ausgerollt werden soll. Betroffene Fahrzeuge laden sich die entsprechenden Daten herunter, sobald sie online sind. Die Schnittstelle zur MySQL-Datenbank wird durch die Java Persistence API (JPA) zur Verfügung gestellt. Ein Wrapper um diese JPA herum generiert die Möglichkeit, den Zugang für bestimmte Funktionen zu gewähren oder diesen einzuschränken.

Neben der Datenbank für den entstehenden Datenverkehr wird im Backend zusätzlich die Diagnosebedatung in Form von ODX-Dateien aufbewahrt und gepflegt. Dies hat zum einen zur Folge, dass Teile des MVCI-Laufzeitsystems im Backend zu verorten sind, um mit der Diagnosebedatung umgehen zu können und zum anderen, dass das Fahrzeug per se nicht ohne Weiteres in der Lage ist, sich selbständig zu diagnostizieren.

Ein Funktionenmanagement steuert den Zugriff auf die Module *Diagnose*, *Flashen*, *Datenverwaltung* und *Tidier*. Der *Tidier* ist dafür vorgesehen veraltete Daten aus der Datenbank zyklisch zu entfernen, beziehungsweise diese in einem Archiv längerfristig zu speichern.

Das Verwalten des ein- und ausgehenden Datenverkehrs wird durch das bereits erwähnte Netty-Framework und durch den in Kapitel 2.4 näher erklärten Protocol Buffer von Google realisiert. Der Zugriff auf das Backend erfolgt entweder über eine sichere VPN-Verbindung (siehe Abbildung 2) oder im Falle eines Web-Clients über das Kommunikationsprotokoll HTTPS.

Eine parallel hierzu implementierte Alternative besteht aus der Verwendung der MQTT-Implementierung Mosquitto [7, 8] und lehnt an die Gedanken von [3] und [9] an. MQTT ist ein Protokoll zum Austausch von Nachrichten und basiert auf dem publish/subscribe-Prinzip, wird an dieser Stelle aber nicht weiter erläutert.

Zusammengefasst ist das Backend dazu in der Lage, herkömmliche Diagnose nach dem Request-Response-Prinzip durch ein Request-Store-Wait-Fetch-Response-Prinzip zu ergänzen und somit zusätzlich asynchrone Remote-Diagnose-Vorgänge zu unterstützen. Des Weiteren besteht die Möglichkeit, Diagnoseskripte zu erstellen und diese zu bestimmten Zeiten für bestimmte Fahrzeuge durchzuführen. Ein Beispiel hierfür ist der Ablauf eines Fahrzeuganalyseprotokolls (FAP), welches eine Vielzahl an Messwerten aus dem Fahrzeug anfordert. Zu guter Letzt ist es möglich, Benutzerrechte zu verteilen, um den Zugriff auf bestimmte Komponenten des Backends einzuschränken. Dadurch entsteht die Möglichkeit ausgesuchte Komponenten des Backends für Drittanbieter restriktiv freizugeben. Versicherungen, Behörden oder andere Unternehmen können basierend auf diesem Zugang eigene Anwendung entwickeln und diese zur Verfügung stellen. Abbildung 3 beschreibt hierfür eine mögliche Aufteilung von Zugangsrechten auf verschiedene Benutzerprofile und wird im Folgenden erläutert. Ein vollständiger Diagnoseumfang beinhaltet die Funktionen Lesen, Kodieren/Konfigurieren und Flashen. Dieser Funktionsumfang sollte lediglich in den Werkstätten zur Verfügung stehen. Ein eingeschränkter Diagnoseumfang ergibt sich durch einen rein lesenden Zugang zum Fahrzeug. Im Backend gespeicherte Daten können über einen Lesezugriff auf das Archiv eingesehen werden. Ein Zugriff auf das Fahrzeug ist hierbei nicht notwendig. Für Drittanbieter wie zum Beispiel Versicherungen besteht aber dennoch die Möglichkeit auf Basis der vorhandenen Daten eigene Produkte anzubieten.

	Eingeschränkter Diagnoseumfang	**Vollständiger Diagnoseumfang**	**Lesend auf Archiv zugreifen**
Werkstatt		x	x
Privatperson	x		x
Drittanbieter			x

Abbildung 3: Mögliche Verteilung von Benutzergruppen und Rechten.

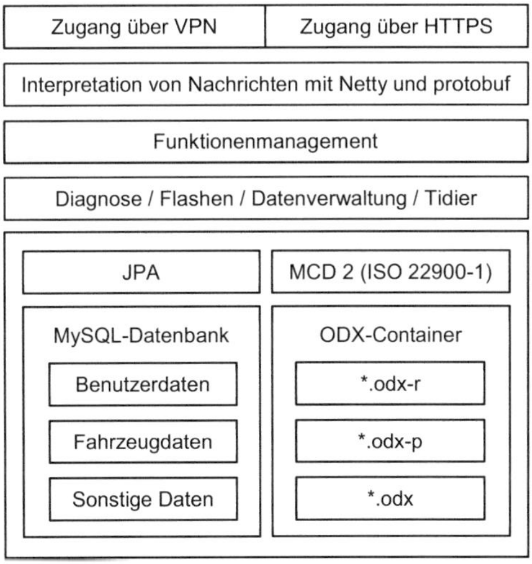

Abbildung 4: Schematische Darstellung des Backends.

2.2 Frontend

Das Frontend dient der Organisation und Durchführung von Diagnosediensten. Die Ausführung weiterer Dienste, wie zum Beispiel das Hoch- und Herunterladen von Skripten oder Flashpaketen wird in weiteren Arbeitsschritten untersucht. Das Frontend ist eine reine Weboberfläche und ergänzt den Tester aus herkömmlichen Diagnoseanwendungen. Über das HTTP-Protokoll wird eine Verbindung zur weiter oben beschriebenen MySQL-Datenbank und zum Anwendungsserver aufgebaut. Über diesen Link werden benötigte Daten von dem und an das Frontend gesendet. Über die Web-Oberfläche ist es somit möglich, Fahrzeuge zu diagnostizieren, Daten aus dem Archiv anzuzeigen und den Zustand des Fahrzeugs zu überwachen.

2.3 Fahrzeug

Die in [5] vorgestellte Schnittstelle zum Fahrzeugnetzwerk mittels eines Laptops wird in diesem Beitrag durch einen BeagleBone Black (BBB) [10] ersetzt und in das Fahrzeugnetzwerk integriert.

2.3.1 Hardware

Der BBB verfügt über eine Ethernet-Schnittstelle und kann durch das Protokoll SSH für die Entwicklung und Implementierung angesprochen werden. Durch sogenannte Capes besteht die Möglichkeit den Funktionsumfang beziehungsweise die Peripherie des BBBs beinahe beliebig zu erweitern. Für die Kommunikation mit dem Internet wird ein Mobilfunk-Cape verwendet, welches je eine 3G-, WLAN- und GPS-Schnittstelle zur Verfügung stellt. Des Weiteren ist auf diesem Cape ein passives GPS-Modul verbaut [11]. Die Kommunikation in Richtung Fahrzeug erfolgt über ein CAN-Cape, welches über drei CAN-Transceiver verfügt [12]. Setzt man ein Fahrzeugnetzwerk mit einem Gateway als zentrale Einheit voraus, so ist es mit diesem Cape möglich sowohl über den Diagnose-CAN und über das Gateway als auch direkt

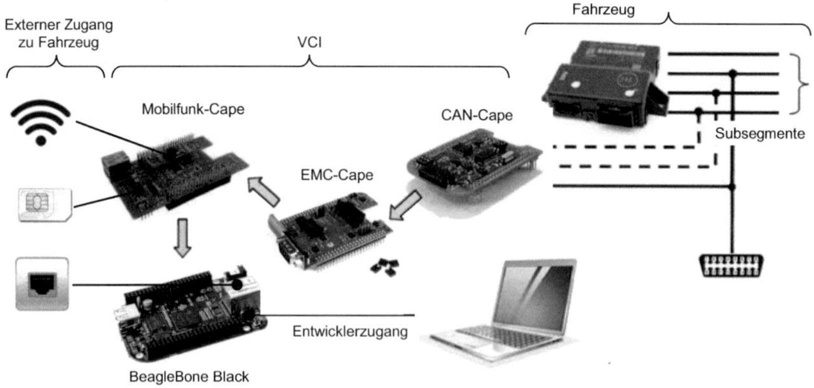

Abbildung 5: Darstellung des Prototyps BBB mit Zugang zum Fahrzeugnetzwerk.

über die Subsegmente des Gateways mit den Steuergeräten zu kommunizieren. Zusätzlich wurde am FKFS ein Energiemanagement-Cape (EMC) entwickelt, welches aufgrund des verbauten Mikrocontrollers unabhängig vom BBB betrieben werden kann. Die primäre Aufgabe des EMC besteht darin, die vorhandenen 12V Bordnetzspannung auf die benötigten 5V für den BBB zu wandeln. Des Weiteren kann das EMC den BBB nach einem Systemabsturz neu starten und bei Abstellen des Fahrzeugs die Energieversorgung für den BBB eine bestimmte Zeit aufrecht erhalten, um ausstehende Aufgaben zu beenden. Abbildung 5 zeigt den vorläufigen Aufbau des Prototyps für das Fahrzeug. In weiteren Schritten ist die Portierung auf ein für den Automobilbereich zertifiziertes Steuergerät vorgesehen. Noch nicht implementierte Schnittstellen wie FlexRay, LIN, MOST oder K-Line sind in dieser Generation dann vorzufinden.

2.3.2 Software

Die auf dem BBB verwendete Software ist in drei Komponenten zur a) Kommunikation mit dem Fahrzeugnetzwerk, b) Kommunikation mit dem Internet und c) Ausführung von Diensten aufgeteilt. Die Komponente a) ist in C und C++ realisiert und ermöglicht den softwareseitigen Zugriff auf das Fahrzeugnetzwerk. Das auf dem BBB eingesetzte Betriebssystem Debian implementiert bereits das Protokoll SocketCAN [13], welches durch die can-isotp-modules erweitert und für die Kommunikation mit den CAN-Bussen des Fahrzeugs eingesetzt wird. Komponente b) ist in JAVA implementiert und stellt die softwareseitige Schnittstelle zum Internet zur Verfügung. Hierbei findet das Framework Netty Verwendung. Netty abstrahiert von der TCP/IP-Schicht und ermöglicht ein schnelles und flexibles Prototyping. Komponente c) beinhaltet den größten Teil der Logik auf dem BBB und ist in Module aufgeteilt. Hierunter fällt unter anderem ein schlanker Skriptinterpreter, der dazu in der Lage ist Diagnosesequenzen im Fahrzeug auszuführen. Dieser Interpreter kann in weiteren Schritten durch eine Open Test sequence eXchange (OTX)-Runtime-Engine ersetzt werden, die einen größeren Umfang an Skript-Funktionalität ermöglicht. Des Weiteren können Fehlfunktionen der einzelnen Module durch einen Watchdog in Komponente c) abgefangen und korrigiert werden. Das Java Native Interface (JNI) [14] dient der Integration der in C/C++ geschriebenen Module in die Java-Module.

2.4 Protokolle

Das Datenformat zur Kommunikation zwischen Frontend, Backend und Fahrzeug wird durch den von Google entwickelten Protocol Buffer (protobuf) [15] definiert. Abbildung 6 zeigt den Aufbau einer durch protobuf erstellten CommunicationMessage und deren Inhalte. Im Folgenden werden die verwendeten Felder und der Nachrichtenablauf im Detail erörtert.

2.4.1 Felder

<u>MessageType (MsgType):</u> Hier wird bestimmt, um welchen Nachrichtentyp es sich bei der Übertragung handelt. Es besteht die Möglichkeit eine Nachricht vom Typ

DiagnosticMessages, eine VehicleControlMessage, eine PingMessage oder eine IdentificationMessage zu übertragen. Die Inhalte dieser Nachrichtentypen werden weiter unten beschrieben.

ClientType: In diesem Feld wird zwischen Tester, Fahrzeug und Backend unterschieden. Hierdurch kann das vermittelnde Backend eine Zuordnung in die entsprechenden Tabellen der Datenbank vornehmen ohne den Inhalt des eigentlichen Nachrichtenfeldes entpacken zu müssen.

Message: Dieses Feld kapselt die eigentliche Nachricht und ist abhängig vom MessageType in weitere Felder unterschiedlicher Größe unterteilt.

Zusätzliche Felder, die für das Parsen und Überprüfen der Nachricht notwendig sind, werden durch protobuf automatisch hinzugefügt, ohne dass es einer Definition benötigt. Hierzu gehören zum Beispiel ein Längen- und ein Prüfsummenfeld.

DiagnosticMessages: Dieses Feld definiert Metadaten und Inhalte einer Diagnosesequenz, die an ein Fahrzeug übertragen werden kann. Die ID des Senders und des Empfängers, sowie mehrere Nachrichten vom Typ DiagnosticMessage können aggregiert übermittelt werden (siehe Abbildung 6).

DiagnosticMessage: In diesem Feld wird die Diagnosenachricht definiert. Über das ID-Feld kann die Nachricht im Backend für weitere Verarbeitungen eindeutig zugeordnet werden. Die Felder txID und rxID dienen der Adressierung der beteiligten Steuergeräte und TP (Tester-Present) bestimmt, ob ein Tester-Present an das zu diagnostizierende Steuergerät gesendet werden soll.

VehicleControlMessage: Diese Nachricht wird benötigt, um Parameter im Fahrzeug zu setzen. So ist es zum Beispiel möglich, die Ausführung von Skripten zu steuern, Datenpakete zu übertragen oder das VCI im Fahrzeug zu konfigurieren.

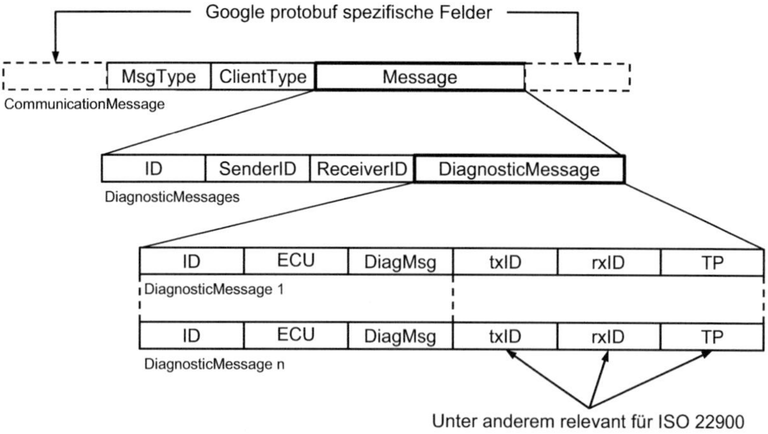

Abbildung 6: Protokollspezifikation am Beispiel von DiagnosticMessages.

IdentificationMessage: Sobald Fahrzeug oder Frontend eine Verbindung zum Backend herstellen möchten, wird eine IdentificationMessage übermittelt. Diese beinhaltet die ID des Senders und ermöglicht es dem Backend den entsprechenden Client zuzuordnen und gegebenenfalls zu blockieren.

PingMessage: Mittels dieser Nachricht wird dem Backend zyklisch der Zustand einer Verbindung vom Fahrzeug oder Frontend mitgeteilt. Erreicht diese PingMessage nicht innerhalb eines definierten Zeitfensters das Backend, so wird die Verbindung als unterbrochen oder beendet angesehen.

Das Framework Netty unterstützt die protobuf-API nativ, wodurch eine einfache Integration und Verarbeitung von protobuf-Nachrichten gewährleistet wird.

2.4.2 Protokollfluss

Wie in Abbildung 7 ersichtlich beginnt jede Kommunikation von Fahrzeug und Frontend mit einer IdentificationMessage (IdentMsg), die eine eindeutige ID enthält und an das Backend gesendet wird. Sobald eine Verbindung mit dem Backend hergestellt ist, werden zyklisch PingMessages (PingMsg) versendet. Des Weiteren werden im Backend gepufferte Nachrichten abgeholt und verarbeitet. Jede weitere Kommunikation wird vom Frontend initiiert. Ist der adressierte Empfänger online, so wird die Nachricht direkt vom Backend an den Empfänger geroutet. Ansonsten wird die Nachricht im Backend gespeichert. Eine DiagnosticMessage (DiagMsg)

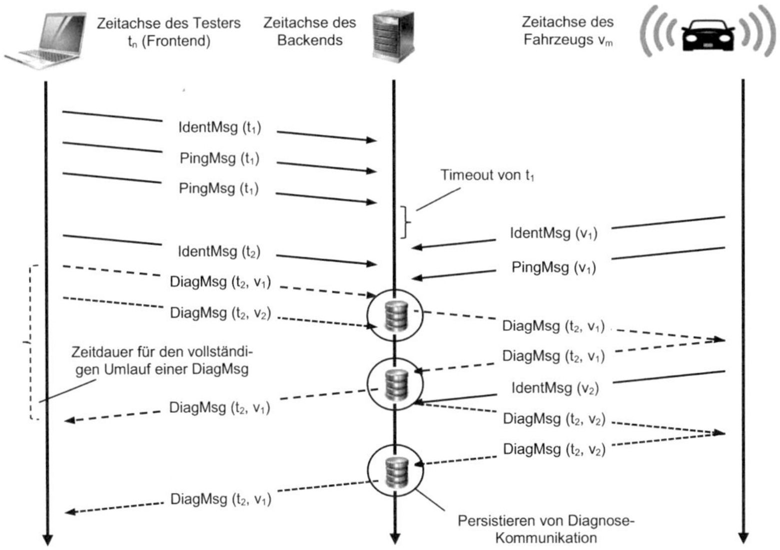

Abbildung 7: Protokollfluss am Beispiel von DiagnosticMessages.

wird im Frontend generiert, an das Backend gesendet und dort solange gespeichert, bis vom Fahrzeug eine Antwort erzeugt und vom Backend erhalten wird. Die Antwort wird in das entsprechende Feld der DiagnosticMessage verpackt und an den ursprünglichen Sender übertragen, sobald dieser online ist. Eine VehicleControlMessage kann nur vom Frontend an ein entsprechendes Fahrzeug gesendet werden. Der Ablauf in Richtung Fahrzeug ist hierbei analog dem der DiagnosticMessage.

3 Ergebnisse

Die am FKFS durchgeführten Tests beinhalten eine Vielzahl von Testfahrten mit dem verbauten Prototypen. Ziel der Tests war die Bestimmung der Robustheit des Systems unter verschiedenen Voraussetzungen und mit unterschiedlichen Szenarien. So wurde zum Beispiel der vollständige Datenverkehr des Diagnose-CANs der institutseigenen Elektrofahrzeuge über eine Mobilfunkverbindung übertragen und untersucht, ob die vorhandene Bandbreite ausreichend Kapazität zur Verfügung stellen kann. Rahmenparameter war hierbei in der ersten Versuchsreihe das Versenden einer TCP/IP-Nachricht pro CAN-Frame und in der zweiten Versuchsreihe das aggregierte Versenden mehrerer CAN-Frames pro TCP/IP-Nachricht. Es konnte beobachtet werden, dass der naive Ansatz eine TCP/IP-Nachricht pro CAN-Frame bei geringer Bandbreite zum Verlust von CAN-Frames führte. Die Aggregation und das Versenden mehrerer CAN-Frames pro TCP/IP-Nachricht sorgte für Abhilfe und konnte sogar bei geringer Datenrate zuverlässig durchgeführt werden. Aufgrund geringer Bandbreite nicht versendbare CAN-Frames wurden auf dem BBB gespeichert und konnten bei erhöhter Datenrate des Mobilfunknetzes zwar verzögert aber erfolgreich übertragen werden. Da Diagnosenachrichten, beziehungsweise Diagnoseservices mit einer deutlich geringeren Frequenz ausgeführt werden, als Nachrichten auf den CAN-Segmenten zu finden sind, ist davon auszugehen, dass auch das Ausführen vieler Diagnoseservices nacheinander keine Probleme verursacht. Dies wird in weiteren Schritten genauer untersucht.

Abbildung 8 zeigt die Ergebnisse der Verteilung einzelner Module auf die Komponenten Fahrzeug, Backend und Frontend. Hierbei ist zu bemerken, dass die Diagnosebedatung im Gegensatz zu anderen Vorschlägen im Backend gehalten wird. Dies hat die Vorteile, dass die Diagnosebedatung zentral gewartet und geschützt werden kann. Nachteile im Vergleich zu einer On-Board-Variante bestehen darin, dass der MCD-Kernel auf Fahrzeug und Backend aufgeteilt werden muss.

	Fahrzeug	**Backend**	**Frontend**
Benutzerverwaltung		x	
Rechteverwaltung		x	
Generierung von Skripten und Diagnosebefehlen			x

Datenhaltung		x	
Diagnose-Engine	x		
Flash-Engine	x		
OTX-Interpreter	x		
Skript-Interpreter	x		
D-PDU API	x	x	
MCD Kernel	x	x	
Diagnosebedatung (ODX)		x	
Sicherheit	x	x	x

Abbildung 8: Aufteilung der Module auf Frontend, Backend und Fahrzeug.

4 Zusammenfassung und weiteres Vorgehen

Der in diesem Beitrag vorgestellte Prototyp basiert unter anderem auf den Gedanken und Grundlagen von [3, 4, 5] und wurde gemeinsam mit der Porsche AG weiter entwickelt. Er dient als Demonstrator für ausgewählte Anwendungsfälle innerhalb des Umfelds der Remote-Diagnose von Fahrzeugen und als Grundlage für darauf aufbauende Konzeptentwürfe und damit einhergehende Tests. Der Prototyp ist auf die Komponenten Frontend, Backend und Fahrzeug aufgeteilt, wobei jede einzelne Komponente spezifische Aufgaben erfüllt. Das Bindeglied zwischen den einzelnen Komponenten stellt die protobuf-API von Google dar. Fahrzeugseitig wird ein BeagleBone Black verwendet, um den Zugang zum Fahrzeugnetz und zum Mobilfunknetz herzustellen. In weiteren Schritten wird das Gesamtsystem hinsichtlich dessen Leistungsstärke evaluiert und optimiert. Die bereits implementierten Diagnoseumfänge werden durch eine Flashfunktionalität ergänzt. Des Weiteren wird eine Portierung auf ein Steuergerät, welches für den Einsatz in Kraftfahrzeugen zertifiziert und konzipiert ist, vorgenommen. Parallel dazu wird ein Konzept erstellt, mit Hilfe dessen die im Backend gespeicherten Jobs, Nachrichten und Daten analysiert und weiterverarbeitet werden können.

Literatur

[1] Jorgenson, Eric (1972): *Volkswagen Service/Repair Handbook*: Clymer Publications. Kapitel 7 online verfügbar unter http://www.vwtype3.org/literature/clymer/service/Clymer.1972.07.pdf

[2] Johanson, Mathias, Pål Dahle, and Andreas Söderberg: *Remote Vehicle Diagnostics over the Internet using the DoIP Protocol*. Proceedings of the Sixth International Conference on Systems and Networks Communications. 2011.

[3] Unger, Andreas; Menzel, Georg; Häberlein, Georg; Gothan, Tim; Bäker, Bernard (2015): *Backendbasierte Diagnosekonzepte – Herausforderungen und Po-*

tentiale. In: Bernard Bäker und Andreas Unger (Hg.): Diagnose in mechatronischen Fahrzeugsystemen IX. Dresden, Germany, 2015-05. IAD Germany: TUDpress, S. 61–80.

[4] Revfi, Marcel; Koch, Markus (2015): Die Diagnose(R)evolution: *Remote Diagnose als Basis für Big Automotive Data und Remote Update – Chancen und Herausforderungen*. In: Bernard Bäker und Andreas Unger (Hg.): Diagnose in mechatronischen Fahrzeugsystemen IX. Dresden, Germany, 2015-05. IAD Germany: TUDpress, S. 22–39.

[5] Eberspächer, Michael; Grimm, Michael; Reuss, Hans-Christian (2015): *Erweiterte server- und datengestützte Diagnosekonzepte*. In: Bernard Bäker und Andreas Unger (Hg.): Diagnose in mechatronischen Fahrzeugsystemen IX. Dresden, Germany, 2015-05. IAD Germany: TUDpress, S. 191–203.

[6] The Netty project (2016): Asynchronous event-driven network application framework. Online verfügbar unter http://netty.io/, zuletzt geprüft am 20.02.2016.

[7] MQTT: M2M / IoT connectivity protocol. Online verfügbar unter http://mqtt.org/, zuletzt geprüft am 19.10.2015.

[8] Mosquitto: An Open Source MQTT v3.1/v3.1.1 Broker. Online verfügbar unter http://mosquitto.org/, zuletzt geprüft am 19.10.2015.

[9] Zeppetzauer, Stefan; Steigenberger, Matthias; Brousse, Philippe; Hoernchen, Lars (2015): *Cloud – der nächste Schritt der Diagnose?* In: Bernard Bäker und Andreas Unger (Hg.): Diagnose in mechatronischen Fahrzeugsystemen IX. Dresden, Germany, 2015-05. IAD Germany: TUDpress, S. 49–60.

[10] BeagleBone Black (2016). Online verfügbar unter https://beagleboard.org/black, zuletzt geprüft am 16.03.2016.

[11] EACH Connecting solutions (2016). Online verfügbar unter http://www.each-cs.com/ENG/index.html, zuletzt geprüft am 10.02.2016.

[12] TowerTech. Online verfügbar unter http://www.towertech.it/en/, zuletzt geprüft am 10.02.2016.

[13] Hartkopp, Oliver: SocketCAN. Online verfügbar unter https://www.kernel.org/doc/Documentation/networking/can.txt, zuletzt geprüft am 10.02.2016.

[14] Oracle: Java Native Interface. Online verfügbar unter http://docs.oracle.com/javase/7/docs/technotes/guides/jni/spec/jniTOC.html, zuletzt geprüft am 29.03.2016.

[15] Protocol Buffers: Serializing structured data (2016). Online verfügbar unter https://developers.google.com/protocol-buffers/, zuletzt geprüft am 05.01.2016.

9 Gesetzliche OBDII Scan-Tool Diagnose für Nutzfahrzeuge Erfahrungen aus der Praxis bei der Umsetzung der Standards SAE J1939 und ISO 27145

Dipl.-Ing. Peter Stoß, RA Consulting GmbH, Bruchsal

Abstract

With the introduction of Euro 6 for Heavy-Duty trucks, the related communication standards to provide diagnostic data to OBD Scan-Tools have been redefined. Accordingly, one of the standards SAE J1939 or ISO 27145 can be used to transmit the legally required data to the diagnostic tester. SAE J1939 is a widely-used standard for network communication of electronic control units inside the vehicle, which has been enhanced by diagnostic services. ISO 27145 is based on diagnostic standards used in the area of light-duty vehicles and passenger cars developed especially for communicating with an external diagnostic tester. In the meantime, we have years of practical experience using both standards in heavy-duty trucks. This presentation gives a brief technical introduction and a detailed practical report from a tool supplier's view.

Kurzfassung

Mit der Einführung der Euro 6 für schwere Nutzfahrzeuge wurden die relevanten Standards zur Ausgabe von Diagnosedaten an sogenannte OBD Scan-Tools neu festgelegt. Danach darf einer der Standards SAE J1939 oder ISO 27145 zur Übertragung der gesetzlich geforderten Daten an den Tester verwendet werden. SAE J1939 ist im Nutzfahrzeugbereich ein weit verbreiteter Standard für die interne Kommunikation der Fahrzeugelektronik, der um die Diagnosefunktionen erweitert wurde. Die ISO 27145 dagegen basiert auf Diagnosestandards aus dem PKW Bereich, die ausschließlich zur Kommunikation mit einem externen Tester entwickelt wurden. Inzwischen liegen schon mehrjährige Erfahrungen aus der praktischen Anwendung der beiden Standards in Nutzfahrzeugen vor. Der Vortrag gibt eine kurze technische Einführung in das Thema sowie einen ausführlichen Praxisbericht aus der Sicht eines Toolherstellers.

1 Gesetzliche Anforderungen an ein OBD Scan-Tool für schwere Nutzfahrzeuge

Die gesetzlichen Anforderungen an die Standardisierung zur Ausgabe diagnoserelevanter Daten an externe Tester weisen insbesondere im Nutzfahrzeugbereich für die Märkte in Europa und USA zum Teil signifikante Unterschiede auf. Als Einleitung soll zunächst die Frage geklärt werden, was ein OBD Scan-Tool grundsätzlich zu leisten vermag bzw. wo die Grenzen der standardisierten Testerdiagnose sind. Um die Betrachtung zu vervollständigen werden in diesem Beitrag als Ergänzung gelegentlich die Anforderungen bzw. Standards aus dem PKW-Bereich herangezogen.

1.1 Was ist ein OBD Scan-Tool?

Die Grundlagen eines OBD Scan-Tools sind für Nutzfahrzeuge in den Standards SAE J1939-03 und ISO 27145-6 beschrieben. Für den PKW-Bereich findet man die entsprechende Information in der SAE J1978 bzw. der inhaltlich gleichen ISO 15031-4.

Obwohl die Funktion eines Scan-Tools unabhängig von Fahrzeugklasse oder Zielmarkt nahezu gleich ist, findet man in der jeweiligen Einleitung der Dokumente sehr unterschiedliche Beschreibungen:

The **SAE J1978** document specifies: [10]

a. A means of establishing communications between an OBD-equipped vehicle and external test equipment,

b. A set of diagnostic services to be provided by the external test equipment in order to exercise the services defined in SAE J1979,

c. Conformance criteria for the external test equipment.

The **SAE J1939-03** On Board Diagnostics Implementation Guide identifies key requirements, guidelines, and recommendations on the design and integration of vehicle networks with service tools that query the vehicle for regulated diagnostics. ARB, US EPA, EU and WWH OBD regulations were considered for the development of SAE J1939-03. [5]

The **ISO 27145** series includes the communication between the vehicle's on-board diagnostics (OBD) systems and external test equipment within the scope of the World-Wide Harmonized On-Board Diagnostics Global Technical Regulations (WWH-OBD GTR).

It has been established in order to apply the unified diagnostic services (specified in ISO 14229-1) to WWH-OBD systems.

The ISO 27145 series includes the communication between the vehicle's WWH-OBD systems and external (off-board) "generic" test equipment within the scope of the country-specific regulatory requirements. [12]

In wenigen Worten ausgedrückt ist ein OBD Scan-Tool ein standardisierter externer Diagnosetester zum Auslesen OBD-relevanter Daten von abgasrelevanten Steuergeräten.

Standardisiert sind:

- Der Steckverbinder, über den der Tester mit der Fahrzeugelektronik verbunden wird
- Die Position des Steckverbinders innerhalb des Fahrzeuges
- Die physikalische Verbindung sowie die Art der Datenübertragung
- Die Diagnosefunktionen, die mit dem Tester ausgeführt werden können
- Sämtliche Daten, die übertragen werden, d.h. Messwerte, Fehlercodes usw.

Einschränkungen:

- Ein OBD Scan-Tool erlaubt nur lesende Zugriffe. Überschreiben von Steuergerätedaten oder gar Flashprogrammierung ist nicht möglich.
- Es kann nur auf abgasrelevante Steuergeräte zugegriffen werden. Welche Steuergeräte darunter einzuordnen sind, ist in den Gesetzespapieren beschrieben.
- Es können nur Daten ausgelesen werden, die im Standard spezifiziert sind aber keine herstellerspezifischen Daten.

Für die Datenkommunikation sind, abhängig vom jeweils gültigen Gesetz, unterschiedliche Übertragungsprotokolle erlaubt. Das gewünschte Ergebnis, d.h. die anzuzeigenden Daten, sind davon aber nicht betroffen. Im Idealfall bleibt es für den Anwender verborgen, dass die Daten auf unterschiedlichem Wege erfasst wurden.

Das Übertragungsprotokoll selbst erfordert eine Echtzeitverarbeitung, die aber an ein standardisiertes Diagnoseinterface delegiert werden kann. Mit diesem Ansatz kann die Architektur eines Scan-Tools z.B. folgendermaßen aussehen:

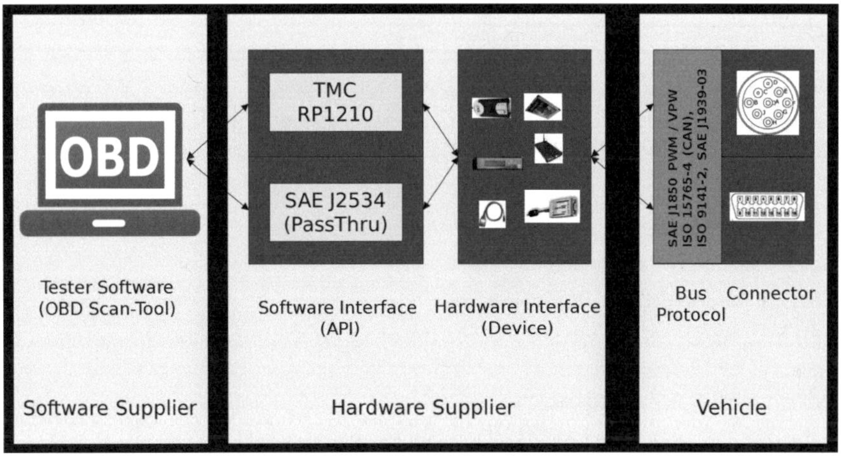

Abbildung 1: Architektur eines OBD Scan-Tools

Ein alternativer Ansatz für die Architektur auf Basis eines standardisierten Diagnoselaufzeitsystem, eines sogenannten MVCI-Servers, würde sich dagegen folgendermaßen darstellen:

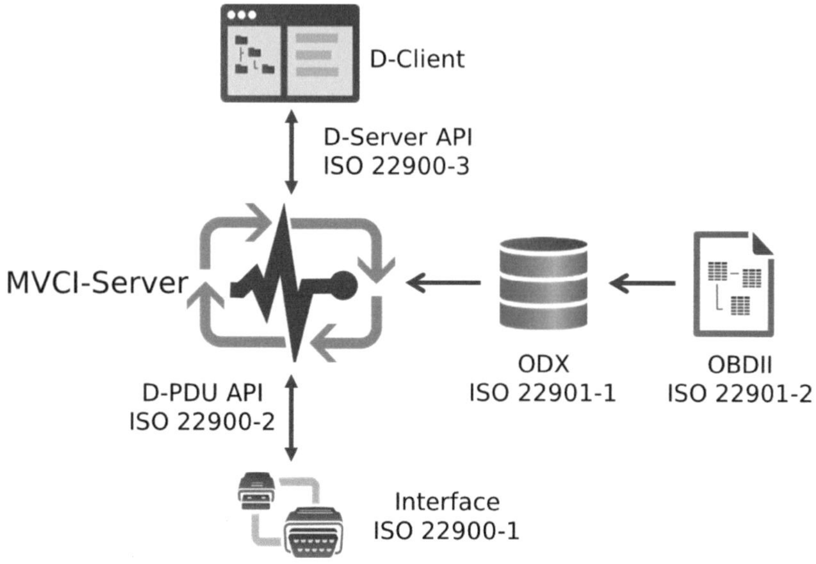

Abbildung 2: Alternative MVCI-Server Architektur eines OBD Scan-Tools

Hierbei ist jede Software- und Hardwarekomponente standardisiert inklusive der Konfigurationsdaten im ODX-Format. Ergänzend kann zur Bearbeitung von Servicesequenzen, das ist z.B. die Initialisierungsphase, ein OTX-Laufzeitsystem oberhalb des MVCI-Servers in die Architektur aufgenommen werden. In diesem Falle wäre nur noch die grafische Benutzeroberfläche eine individuelle Entwicklung. Die komplette Kernfunktionalität wird dagegen durch standardisierte Komponenten abgedeckt.

1.2 Anforderungen in Europa

Auszug aus dem Gesetzespapier: [3]

UN/ECE Regulation Nr. 49 Revision 6

Uniform provisions concerning the measures to be taken against the emission of gaseous and particulate pollutants from compression-ignition engines and positive ignition engines for use in vehicles

Annex 9B 4.7.3. Access to OBD information

Access to OBD information shall be provided using, at least one of the following series of standards mentioned in Appendix 6:

a) ISO 27145 with ISO 15765-4 (CAN-based)
b) ISO 27145 with ISO 13400 (TCP/IP-based)
c) SAE J1939-73 (CAN-based)

1.3 Anforderungen in Kalifornien

Auszug aus dem Gesetzespapier: [1]

California Code Regulation 1971.1

On-Board Diagnostic System Requirements for 2010 and Subsequent Model-Year Heavy-Duty Engines (HD OBD).

(3) Communications to a Scan Tool

(3.1) ISO 15765-4 All required emission-related messages using this protocol shall use a 500 kbps baud rate.

(3.2) SAE J1939This protocol may only be used on vehicles with diesel engines.

(4) Required Emission Related Functions

... shall be implemented in accordance with the specifications in SAE J1979 or SAE J1939 to allow for access to the required information by a scan tool meeting SAE J1978 specifications or designed to communicate with an SAE J1939 network.

1.4 Gemeinsamkeiten und Unterschiede

Betrachtet man die geforderten Standards für Kalifornien und Europa so bleibt als einzige Übereinstimmung die SAE J1939 für schwere Nutzfahrzeuge mit Dieselmotoren übrig. Falls ein Fahrzeug für die Zulassung auf beiden Märkten entwickelt wird, drängt sich hiermit dieser Standard geradezu auf. Leider unterscheiden sich die Anforderungen an die Eigendiagnose der Fahrzeuge und die davon betroffene Ausgabe von Diagnosedaten erheblich, so dass der Vorteil deutlich geringer ausfällt als es auf den ersten Blick erscheint. Bestes Beispiel hierfür ist die Klassifizierung der erkannten Fehler nach Fehlerschwere, die die Verwendung von komplett anderen Diagnosediensten zum Auslesen des Fehlerspeichers notwendig macht.

2 Architektur und Kommunikationsmodelle

Die Kommunikationsmodelle für SAE J1939 und ISO 27145 weisen signifikante Unterschiede auf, die z.T. auch durch die Historie begründet sind. Während die ISO 27145 speziell für die Diagnosekommunikation entwickelt wurde und auf dem weit verbreiteten UDS-Protokoll ISO 14229 basiert, ist die SAE J1939 ein umfangreicher Standard für die Vernetzung der kompletten Fahrzeugelektronik, der im Nachgang um Diagnosedienste erweitert wurde.

2.1 Kommunikationsmodell SAE J1979 und ISO 27145

Dieses Kommunikationsmodell basiert für beide Standards auf dem sogenannten ISO 15765-2 Transportprotokoll für den CAN-Bus. Die Datenübertragung ist ein Wechselspiel von Testeranfrage und Steuergeräteantwort, das durch ein definiertes Zeitverhalten geregelt wird. Da dem Diagnosetester die im Fahrzeug verbauten abgasrelevanten Steuergeräte zunächst nicht bekannt sind, werden diese über eine standardisierte funktionale Adresse angefragt und über die eingehenden Antworten vom Tester detektiert. Im weiteren Verlauf werden die vom OBD-Gesamtsystem zur Verfügung gestellten Daten ermittelt.

Bei der PKW-Diagnose nach SAE J1979 erfolgt die weitere Datenkommunikation immer über die funktionale Adressierung, d.h. alle OBD-Steuergeräte werden gleichzeitig angefragt und senden, falls vorhanden, ihre entsprechenden Antworten.

Bei der Nutzfahrzeugdiagnose nach ISO 27145 wird die funktionale Adressierung nur während der Initialisierungsphase verwendet. Im weiteren Verlauf werden die OBD-Steuergeräte einzeln über ihre physikalische Adresse angefragt. Der Vorteil bei diesem Verfahren ist, dass bei Vorhandensein mehrerer OBD-Steuergeräte das Zeitverhalten robuster und der Datenverkehr auf dem CAN-Bus reduziert wird.

Über die funktionale Adresse werden gezielt abgasrelevante Steuergeräte angesprochen, wodurch deren Erkennung relativ problemlos abläuft. Außerdem werden bei beiden Standards die gleichen Adressen verwendet. Nicht OBD-Steuergeräte dürfen auf die funktionalen Anfragen nicht antworten.

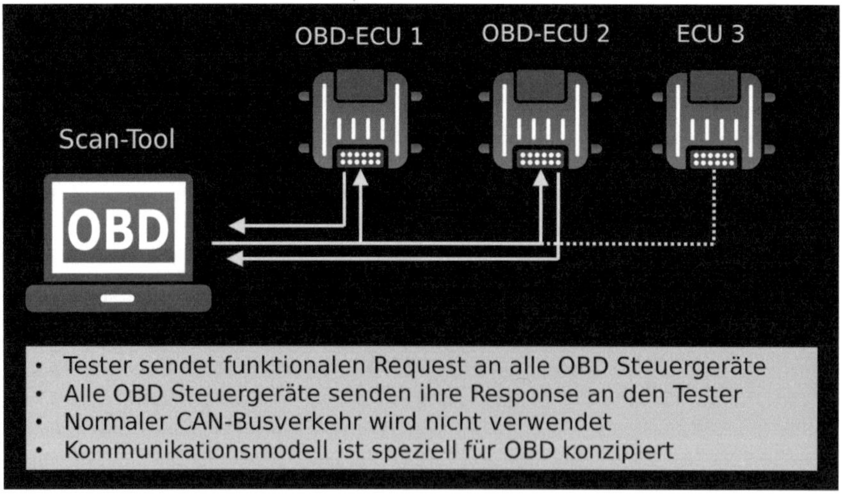

Abbildung 3: Kommunikationsmodell SAE J1979 und ISO 27145

2.2 Kommunikationsmodell SAE J1939

Dieses Kommunikationsmodell ist im Vergleich zu den vorgenannten deutlich komplexer und für die gezielte Erfassung OBD-relevanter Daten teilweise schwierig in der Handhabung. Die Ursache hierfür liegt darin begründet, dass die SAE J1939 zur Standardisierung der Steuergerätevernetzung im Fahrzeug entwickelt wurde. Der Standard spezifiziert mehrere hundert Nachrichten mit insgesamt mehreren tausend Parametern, die genauen Normierungen bzw. Umrechnungstabellen hierfür sowie das Zeitverhalten der Nachrichten. Dieser hohe Standardisierungsgrad ermöglicht ein Baukastensystem von beliebigen Steuergeräten ohne kundenspezifische Anpassungen. Die Diagnosefunktionalität wurde erst im Nachgang auf Basis des vorhandenen Netzwerkes entwickelt. Zahlreiche OBD-relevante Daten werden aber bereits als periodische Nachrichten auf den Bus gesendet und stehen damit unmittelbar zur Verfügung.

Eine weitere Besonderheit sind die Varianten zur Adressierung der Fahrzeugelektronik. Für die Steuergeräte gibt es eine standardisierte Adressliste ergänzt um eine sogenannte globale Adresse, über die alle am Bus vorhandenen Steuergeräte gleichzeitig erreicht werden können. Eine spezielle Adresse, um nur die abgasrelevanten Steuergeräte anzusprechen, gibt es dagegen nicht. Eine Nachricht enthält immer die Adresse des Absenders. Sie kann an einen bestimmten Empfänger oder über die globale Adresse an alle gerichtet sein, aber sie kann auch gar keine Empfängeradresse enthalten, womit sie einfach nur zur freien Verwendung steht.

Mit diesem Hintergrund ist leicht erkennbar, dass die Diagnosekommunikation nicht aus dem regelmäßigen Frage/Antwort-Verfahren bestehen kann, wie es aus dem ISO-Transportprotokoll bekannt ist.

Ein Diagnosetester soll, wenn immer möglich, nur den normalen Busverkehr mithören und die gewünschten OBD-relevanten Daten einfangen. Anfragen sollen nur dann gesendet werden wenn es unbedingt notwendig ist. Das ist z.B. dann der Fall, wenn Nachrichten als nicht periodisch spezifiziert sind oder wenn die Wiederholrate zu gering ist oder von einem Ereignis abhängt. Der Standard empfiehlt nicht mehr als 2-3 Anfragen pro Sekunde zu senden!

Die SAE J1939 spezifiziert insgesamt 57 verschiedene Dienste zum Auslesen von Diagnosedaten, sogenannte Diagnostic Messages (DM1 bis DM57), die bis auf 2 Ausnahmen nur über eine gezielte Anfrage gelesen werden können.

Die fehlende funktionale Adresse für abgasrelevante Steuergeräte hat zur Folge, dass bevorzugt physikalische Anfragen verwendet werden sollen, wobei sich der Standard hier nicht klar äußert. Über die globale Adressierung läuft man Gefahr, dass weitere Steuergeräte antworten, die nicht abgasrelevant sind und daher unnötig den Busverkehr belasten. Um die verbauten abgasrelevanten Steuergeräte trotz fehlender Adressierung zu ermitteln, wird zusätzlich der Readiness DM5 herangezogen und die darüber berichtete OBD-Zulassung ausgewertet.

Zusammengefasst geht man folgendermaßen vor:

- SAE J1939 kennt keine Adressierung für OBD-Steuergeräte
- Es können nur einzelne oder alle Steuergeräte adressiert werden
- OBD-Steuergeräte müssen den Readiness DM5 unterstützen
- Der Tester fragt den Readiness DM5 über die globale Adresse bei allen Steuergeräten an
- Alle OBD-Steuergeräte und evtl. weitere nicht OBD-Steuergeräte antworten
- Die tatsächlichen OBD-Steuergeräte werden durch Auswerten der OBD-Zulassung in den Antworten auf DM5 ermittelt
- Alle weiteren Anfragen werden mit physikalischer Adressierung an die OBD-Steuergeräte gesendet

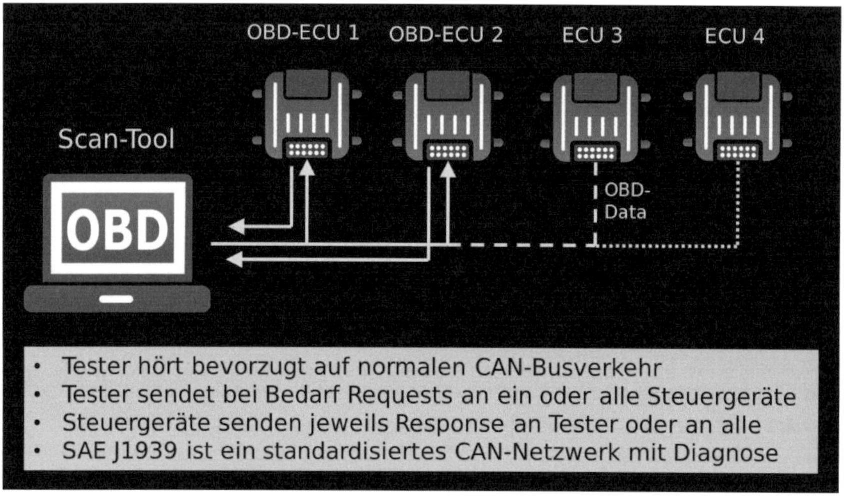

Abbildung 4: Kommunikationsmodell SAE J1979

3 Praktische Erfahrungen mit der Nutzfahrzeugdiagnose nach ISO 27145 und SAE J1939

Betrachtet man die zugrundeliegenden Standards für die Diagnosekommunikation im Nutzfahrzeugbereich und ergänzend den Standard SAE J1979 für die leichten Fahrzeuge, so fallen in der Praxis insbesondere die Themen Initialisierung, Messwerterfassung und das Auslesen des Fehlerspeichers sowie der Freeze-Frames als erwähnenswert auf. Dagegen gibt es beim Auslesen von Readiness, Diagnosetestergebnissen, Diagnosehäufigkeit (IUMPR) und Fahrzeuginformationen wie Fahrgestellnummer, CALID und CVN weitgehende Übereinstimmung. Letztgenannte Daten erweisen sich als eher unproblematisch bei der Erfassung bzw. Auswertung.

3.1 Initialisierung und Messwerte bei der ISO 27145

Die Initialisierungsphase verhält sich unter diesem Standard vergleichsweise problemlos. Zunächst wird eine Anfrage über die funktionale Adresse an alle Steuergeräte gesendet zur Ausgabe der Protokollidentifikation (Identifier $F810). Die betroffenen abgasrelevanten Steuergeräte beantworten diese Anfrage mit dem Wert ‚ISO27145'. Hiermit ist die Detektion der OBD-Steuergeräte bereits abgeschlossen.

Alle weiteren Anfragen werden an die jeweilige physikalische Adresse gerichtet. Zur Ermittlung der vom System unterstützten Messwerte werden die Steuergeräte einzeln nach den Supportinformationen angefragt. Dies sind reservierte Messwerte, die lediglich Bitmasken zurückliefern, in denen die im Standard spezifizierten Messwerte einzeln als unterstützt oder nicht unterstützt markiert sind. Bei diesem Verfahren berichtet jedes Steuergerät nur die eigene Supportinformation, d.h. nur jene Diagnosedaten, die vom Gerät selbst zur Verfügung gestellt werden. Damit ist die Initialisierung bereits vollständig abgeschlossen.

Messwerte werden über physikalische Anfragen an die jeweiligen Steuergeräte erfasst, indem das normale Frage/Antwort-Verfahren mit Zeitüberwachung verwendet wird. Wenn Daten zyklisch erfasst werden sollen, müssen auch zyklische Anfragen gesendet werden. Ein automatisches periodisches Senden von Daten durch die Steuergeräte ist in diesem Standard nicht vorgesehen.

3.2 Initialisierung und Messwerte bei der SAE J1939

Die Initialisierung eines SAE J1939 basierten Scan-Tool ist im Vergleich zu den anderen Standards komplizierter und beherbergt einige mögliche Fallstricke. Sobald im ersten Schritt die abgasrelevanten Steuergeräte detektiert wurden, werden nachfolgend die verfügbaren Diagnosedaten über den DM24 (SPN Support) ermittelt. Dieser Dienst berichtet die unterstützten Messwerte, die verfügbaren Diagnosetestergebnisse sowie die im DM25 enthaltenen Werte für den Freeze-Frame.

- Die vom System unterstützten Daten werden über den Service DM24 von allen OBD-Steuergeräten abgefragt
- Jedes OBD-Steuergerät kann für sich selbst berichten
- Es kann ein OBD-Steuergerät stellvertretend für alle anderen berichten
- Der DM24 kann auch Messwerte als unterstützt ausgeben, die von keinem der bekannten OBD-Steuergeräte ausgegeben werden
- Eine Information, welcher Messwert von welchem Steuergerät unterstützt wird, gibt es im DM24 nicht
- Viele Messwerte sind periodische Botschaften, die permanent auf den Bus gesendet werden, aber in unterschiedlichen Zeitrastern
- Die anderen Messwerte werden per Request an die physikalische Adresse angefragt

- Periodisch gesendete Botschaften mit langsamen Zeitrastern können zusätzlich per Request angefragt werden
- Es gibt Messwerte, die von keinem der OBD-Steuergeräte gesendet werden, aber als unterstützt berichtet wurden
- Diese Messwerte stammen von nicht OBD-Steuergeräten, deren Adresse außerdem unbekannt ist
- Ein OBD Scan-Tool muss alle OBD-Messwerte anzeigen können, die als unterstützt berichtet wurden
- Im Compliance Test J1939-84 ist die Validierung der OBD-Messwerte der komplizierteste und zeitaufwändigste Testfall

3.3 Lesen des Fehlerspeichers

Die gesetzlichen Anforderungen für den Fehlerspeicher unterscheiden sich für Europa und USA erheblich, was dazu führt, dass auch in dem einzigen gemeinsamen Standard SAE J1939 völlig andere Dienste verwendet werden müssen. Für die USA werden im Wesentlichen die Fehler mit dem Status Pending, Confirmed und Permanent unterschieden, für die in jedem Standard jeweils ein eigener Dienst zur Verfügung steht. Unter SAE J1939 gibt es einen eigenen Dienst für Fehler mit dem Status Previously Active, d.h. Fehler, die sich gerade in der Heilungsentprellung befinden. In der SAE J1979 sind die Fehler mit dem Status Active und Previously Active im Mode 3 zusammengefasst und nicht unterscheidbar.

	SAE J1979	**SAE J1939**
Pending DTC	Mode 7	DM 06
Confirmed/Active DTC (MIL on)	Mode 3	DM 12
Previously Active DTC (MIL off)	Mode 3	DM 23
Permanent DTC	Mode A	DM 28

Abbildung 5: Fehlerspeicher für HD-OBD (SAE J1979 und SAE J1939)

Bedingt durch die gesetzlichen Anforderungen in Europa mit der Klassifizierung in die Fehlerschwere A, B1, B2 und C ist das Auslesen des Fehlerspeichers wesentlich erweitert. Dagegen ist die Ausgabe von Fehlercodes mit permanentem Status nicht gefordert, womit die entsprechenden Dienste entfallen. Die SAE J1979 kann schon aus technischen Gründen nicht verwendet werden, da die Fehlerklassifizierung nicht auf die Dienste dieses Standards abgebildet werden kann.

In der SAE J1939 wurden zur Erfüllung der europäischen Anforderungen 12 neue Dienste DM41 – DM52 definiert. Die Anzahl ergibt sich aus den 4 Fehlerklassen und den 3 Zuständen für den Fehlerstatus. Damit lassen sich die Fehler getrennt nach Klasse und Status auslesen.

In der ISO 27145 dagegen wird nur der Dienst $19 ReadDTCInformation mit der Unterfunktion $42 reportWWHOBDDTCByMaskRecord verwendet. Die Auswahl von Fehlerklasse und Fehlerstatus erfolgt jeweils über eine Maske, die zusätzlich als Parameter übergeben werden müssen. Bedingt durch dieses Verfahren und die Maskierung im Steuergerät erhält man häufig eine Obermenge der ursprünglich gewünschten Fehler. Im Nachgang muss daher im Scan-Tool zur Anzeige eine zusätzliche Filterung der übertragenen Fehler erfolgen.

	SAE J1939	**ISO 27145**
Pending DTC Class A, B1, B2, C	DM 41, DM 44, DM 47, DM 50	ReadDTCInformation reportWWHOBDDTCByMaskRecord + StatusMask + SeverityMask
Confirmed/Active DTC (MIL on) Class A, B1, B2, C	DM 42, DM 45, DM 48, DM 51	ReadDTCInformation reportWWHOBDDTCByMaskRecord + StatusMask + SeverityMask
Previously Active DTC (MIL off) Class A, B1, B2, C	DM 43, DM 46, DM 49, DM 52	ReadDTCInformation reportWWHOBDDTCByMaskRecord + StatusMask + SeverityMask

Abbildung 6: Fehlerspeicher für WWH-OBD (SAE J1939 und ISO 27145)

3.4 Lesen der Freeze-Frame-Daten

Ein Freeze-Frame ist ein Satz von Messwerten, die beim Eintreten eines Fehlerereignisses im Steuergerät gespeichert werden. Über den Freeze-Frame wird der Betriebszustand des Fahrzeuges im Fehlerfall für spätere Auswertungen dokumentiert. Die Gesetzgebungen schreiben vor, dass nur ein einziger Freeze-Frame ausgegeben werden muss, auch wenn mehrere Fehler eingetragen sind. In diesem Fall findet eine Priorisierung statt, worüber der auszugebende Freeze-Frame bestimmt wird.

Tatsächlich speichert ein Steuergerät intern für jeden Fehlereintrag einen eigenen Freeze-Frame, da der Fehler mit der höchsten Priorität erst später bestimmt wird. Zudem ist es in allen Standards technisch möglich auch mehrere Freeze-Frames auszugeben. Gerade diese Tatsache birgt offenbar einige Schwierigkeiten, wie die teilweise schmerzlichen Erfahrungen aus der Praxis zeigen. Das Auslesen der Freeze-Frames hat sich als die Funktion mit dem größten Fehlerpotential gezeigt.

3.4.1 Freeze-Frame-Daten unter ISO 27145

Zum Auslesen des Freeze-Frames unter ISO 27145 ist Folgendes zu beachten:

- Zum Lesen eines Freeze-Frames muss mit dem Diagnoseservice der Fehlercode übergeben werden
- Für welchen der gespeicherten Fehlercodes ein Freeze-Frame ausgeben wird, ist aber nicht bekannt
- Lesen des PID 02 (F402) scheidet aus, da dieser nur einen 2 Byte Fehlercode liefert, aber der Service 4 Byte benötigt
- Einzige mögliche Lösung: Anfordern des Freeze-Frames für alle gespeicherten Fehlercodes und die Reaktion des Steuergerätes abwarten

Mögliche Reaktionen des Steuergerätes:

- Das Steuergerät beantwortet eine der Anfragen und die anderen gar nicht.
- Das Steuergerät beantwortet eine der Anfragen positiv mit vollständigen Daten und die anderen mit negativer Antwort.
- Das Steuergerät beantwortet alle Anfragen positiv, aber nur eine mit vollständigen Daten. Alle anderen Antworten sind hinter den Headerdaten abgeschnitten.
- Das Steuergerät beantwortet alle Anfragen mit vollständigen Freeze-Frame Daten.

Die Praxis hat gezeigt, dass leider immer mit allen möglichen Fällen gerechnet werden muss. Streng nach Standard wäre der dritte Fall die korrekte Antwort. Falls das Steuergerät Freeze-Frames zu mehreren Fehlern ausgibt dagegen der letztere.

3.4.2 Freeze-Frame-Daten unter SAE J1939

Um den Freeze-Frame unter SAE J1939 auszulesen wird der Dienst DM25 verwendet. In der Antwort findet man aber zunächst nur die Rohdaten der Messwerte. Die Informationen, die zur Interpretation der Rohdaten notwendig sind, müssen separat über den Dienst DM24 abgefragt werden, welcher schon weiter oben im Zusammenhang mit den Messwerten erwähnt wurde. Der DM24 ist ein Sammeldienst, in dem die unterstützten Messwerte, die Informationen zum Freeze-Frame und die Komponenten für die Diagnosetestergebnisse in einer gemeinsamen Tabelle berichtet werden.

Dadurch ergeben sich zwei bemerkenswerte Punkte.

- Die Dienste DM24 und DM25 müssen immer konsistent sein, da ansonsten die Interpretation der Daten misslingt. Jegliche Änderung in der Tabelle der Supportinformationen führt unmittelbar zu einer Fehlinterpretation des Freeze-Frames.
- Ein Steuergerät kann stellvertretend für andere die Supportinformationen in einer gemeinsamen DM24 Antwort berichten. Wenn mehrere Steuergeräte einen Freeze-Frame über DM25 senden, müssen diese alle die gleichen Parameter in derselben Reihenfolge enthalten, da es zur Interpretation nur eine Beschreibung gibt. Für diesen theoretischen Fall liegen bisher noch keine Erfahrungen aus der Praxis vor.

Falls ein Steuergerät mehrere Freeze-Frames ausgibt, werden im DM25 einfach mehrere Rohdatenpakete aneinandergereiht, die alle mit der Beschreibung aus dem DM24 interpretiert werden. Jeder Freeze-Frame enthält in den Daten den relevanten Fehlercode, so dass die Zuordnung automatisch gegeben ist.

DM24 - SPN Support

Nr	Freeze Frame (DM25)	Data Stream	Test Results (DM30)	SPN Length	SPN	SPN Supported
73	supported	supported	not supported	2	1416	Engine Cylinder #4 Ignition Timing
74	supported	supported	not supported	2	1417	Engine Cylinder #5 Ignition Timing
75	supported	supported	not supported	2	1418	Engine Cylinder #6 Ignition Timing
76	supported	supported	not supported	2	5313	Commanded Engine Fuel Rail Pressure
77	supported	supported	not supported	2	1692	Engine Desired Absolute Intake Manifold Pressure (Turbo Boost Limit)
78	supported	supported	not supported	1	5323	Engine Fuel Control Control Mode
79	supported	supported	not supported	2	5466	Aftertreatment 1 Diesel Particulate Filter Soot Load Regeneration Threshold
80	supported	supported	not supported	1	3483	Aftertreatment 1 Regeneration Status
81	supported	supported	not supported	1	5837	Fuel Type
82	supported	not supported	not supported	1	4421	Aftertreatment 2 Diesel Exhaust Fluid Concentration
83	supported	not supported	not supported	2	3480	Aftertreatment 1 Fuel Pressure 1
84	supported	supported	not supported	2	3216	Aftertreatment 1 Selective Catalytic Reduction Intake NOx
85	supported	supported	not supported	2	3226	Aftertreatment 1 Outlet NOx
86	supported	supported	not supported	1	1761	Aftertreatment 1 Diesel Exhaust Fluid Tank Level
87	supported	not supported	not supported	1	3482	Aftertreatment 1 Fuel Enable Actuator
88	supported	not supported	not supported	1	3490	Aftertreatment 1 Purge Air Actuator
89	supported	not supported	not supported	2	4360	Aftertreatment 1 SCR Catalyst Intake Gas Temperature
90	supported	not supported	not supported	2	4363	Aftertreatment 1 SCR Catalyst Outlet Gas Temperature
91	supported	not supported	not supported	1	3031	Aftertreatment 1 Diesel Exhaust Fluid Tank Temperature
92	supported	not supported	not supported	2	3609	Aftertreatment 1 Diesel Particulate Filter Intake Pressure
93	not supported	not supported	supported	1	651	Engine Injector Cylinder #01
94	not supported	not supported	supported	1	652	Engine Injector Cylinder #02
95	not supported	not supported	supported	1	653	Engine Injector Cylinder #03
96	not supported	not supported	supported	1	654	Engine Injector Cylinder #04

Abbildung 7: Supportinformation DM24 unter SAE J1939

3.4.3 Freeze-Frame-Daten unter SAE J1979

Ergänzend sei hier noch die Freeze-Frame Ausgabe unter der SAE J1979 erwähnt. Sofern nur ein Freeze-Frame ausgelesen wird, verläuft die Aktion weitgehend unproblematisch. Die Steuergeräte berichten jeweils ihre eigenen im Mode 2 unterstützten Daten und geben diese zusammen mit dem Fehlercode aus. Die Zuordnung zum Fehlereintrag ist damit automatisch gegeben.

Bei sämtlichen Anfragen zum Mode 2 wird als Parameter zusätzlich die Nummer des gewünschten Freeze-Frame Eintrages übergeben, welche aber normalerweise immer 0 ist, da nur dieser Eintrag gesetzlich gefordert ist. Es ist aber laut Standard durchaus erlaubt weitere Freeze-Frame Einträge auszugeben. Dazu fragt der Tester in aufsteigender Reihenfolge die Einträge mit der Nummer 0, 1, 2 usw. ab, und zwar so lange bis keine Antworten mehr eingehen. Der Vorgang wird somit bei der ersten Lücke beendet.

Genutzt wird dies offenbar nur sehr selten, weder von Steuergeräten noch von am Markt befindlichen Scan-Tools. Außerdem wird dieser Fall im SAE J1699-3 Compliance Test nicht behandelt.

Möglicherweise ist es daher wenig erstaunlich, dass im Praxistest festgestellt wurde, dass viele Steuergeräte diesen Fall nicht korrekt oder überhaupt nicht behandeln, auch dann wenn nur der Standard Freeze-Frame verfügbar ist. Zumindest zeigte sich bei allen betrachteten Steuergeräten ein sehr unterschiedliches Verhalten.

4 Konformitätstests für die Diagnosekommunikation

Der Konformitätstest SAE J1699-3 für die Diagnosekommunikation im PKW-Bereich ist in den vergangenen Jahren zu einem bewährten Instrument geworden um das grundlegende Verhalten des Diagnosesystems im Fahrzeug zu prüfen und die einwandfreie Kommunikation zu externen Testern sicherzustellen. Aus dieser Erfahrung heraus wurde für die Nutzfahrzeugdiagnose ein Konformitätstest auf Basis der SAE J1939 entwickelt, die sogenannte SAE J1939-84. Für die ISO 27145 ist zwar ein Konformitätstest angedacht, aber da es aktuell dafür keine gesetzlichen Anforderungen gibt liegt auch noch kein entsprechender Standard vor.

Das Ziel der Konformitätstests ist es die einwandfreie Datenkommunikation im OBD-System des Fahrzeuges sicherzustellen und die grundlegende Funktion des Diagnosesystems bzw. Fehlerspeichermanagers zu prüfen. Das bedeutet, es geht um die Beantwortung u. A. folgender Fragen: Wird ein beliebiger provozierter Fehler vom System erkannt? Funktioniert die Entprellung über die Fahrzyklen? Wird nach Bestätigung die MIL eingeschaltet? Werden der Readiness und die Diagnosetestergebnisse korrekt bedient? Sind die geforderten Messwerte im System verfügbar?

Eine Validierung der adäquaten Bedatung der Diagnosefunktionen findet dagegen nicht statt.

5 Schlussbemerkung

Bei der Diagnose nach SAE J1979 für leichte Fahrzeuge kann der aktuelle Stand der Entwicklungen, bedingt durch langjährige praktische Erfahrungen, als sehr stabil betrachtet werden. Insbesondere der Konformitätstest nach SAE J1699-3 hat hierfür einen erheblichen Beitrag geleistet. Die ISO 27145 ist aufgrund ihrer Nähe zur SAE J1979 ähnlich gut handhabbar.

Bei der Nutzfahrzeugdiagnose unter SAE J1939 ist dagegen sowohl das Kommunikationsmodell als auch die Architektur deutlich komplexer. Erschwerend liegen in Bezug auf OBD sehr viel weniger praktische Erfahrungen vor. Der Konformitätstest SAE J1939-84 trägt dieser Tatsache jedoch Rechnung, da er eine sehr detaillierte und ausführliche Prüfung durchführt. Trotzdem muss die Entwicklung eines Testers für diesen Standard als um einiges schwieriger betrachtet werden.

Literatur

[1] CCR 1971.1. On-Board Diagnostic System Requirements (section1971_1_clean2013.pdf)

[2] CCR 1968.2. Malfunction and Diagnostic System Requirements (section1968_2_clean2013.pdf)

[3] EU Regulation 49-2008

[4] EU Regulation 83-2008

[5] SAE J1939-03 On Board Diagnostics Implementation Guide

[6] SAE J1939-21 Data Link Layer

[7] SAE J1939-71 Vehicle Application Layer

[8] SAE J1939-73 Application Layer – Diagnostics

[9] SAE J1939-84 OBD Communications Compliance Test Cases for Heavy Duty Components and Vehicles

[10] SAE J1978 OBD II Scan-Tool

[11] SAE J1979 Diagnostic Test Modes

[12] ISO 27145-6 External Test Equipment

10 Untersuchung von Fahrzeugen hinsichtlich des Zustandes ihrer Bauteile und Systeme über die elektronische Fahrzeugschnittstelle nach § 29 StVZO

Dipl.-Ing. Jens Lehmann, **Dipl.-Ing. Dietmar Bönninger**, **Dipl.-Ing. Tino Staffetius,** Zentrale Stelle nach StVG – FSD Fahrzeugsystemdaten GmbH, Dresden

Abstract

In recent decades the development of vehicle technology and its periodic inspection have brought significant improvements in road safety and the environmental compatibility of vehicles in Germany and Europe.

Vehicle inspection was required in Germany as early as 1930 by the German Reich Road Licensing Regulations. Periodic inspections were introduced by the provisions of § 29 of the German Road Traffic Licensing Regulation (StVZO) in 1938. Since then vehicles have been inspected to ensure the technical accuracy and, later, the compliance with legal requirements.

At European Community level the provisions relating to the periodic technical inspection of vehicles were adopted in 1977 (77/143/EC) based on the provisions of § 29 of the StVZO.

The provisions concerning the periodic inspection of vehicles have been adapted over time to keep up with advancements in vehicle and inspection technology, for instance in the Federal Republic of Germany by the 41st and 47th amending Regulation of the Road Traffic Regulation (ÄndVStVR) in 2006 and 2012, and most recently at EU level by Directive 2014/45/EU.

In Germany the introduction of the PTI-Adapter for periodic vehicle inspections made it possible to inspect vehicles for the fitment, condition, function and performance of their components and systems via the electronic vehicle interface.

It is now a viable practice, when inspecting the vehicle, to send messages to vehicle components and systems via the electronic vehicle interface and evaluate the responses or to receive messages and analyse them.

With specific regard to the inspection of vehicles for the condition of their components and systems, the PTI-Adapter can also be used to incorporate vehicle self-diagnosis data into the discovery and evaluation of defects via the electronic interface. This method of defect discovery and evaluation includes an analysis of self-diagnosis data with respect to the so-called "test readiness" of the components and systems to be inspected, which means an analysis of whether all diagnostic cycles necessary for the self-diagnosis have been run through, including when relevant information may have been deleted from the event memory. It may be necessary to properly condition the vehicle before the inspection, for instance by performing a test drive.

Alongside the analysis of self-diagnosis data, it is within the inspector's dutiful discretion to conduct further technically possible inspections of the components and systems via the electronic vehicle interface as well.

The potential defects relating to the condition of a component or system need to be specified in order to enable a determination of the condition, whether perfect or defective. The main features of such a specification, including an overview of relevant self-diagnosis results and their allocation to defects in accordance with the StVZO, are the subject of this presentation.

Kurzfassung

Mit der Entwicklung der Fahrzeugtechnik und deren regelmäßiger Untersuchung wurden die Verkehrssicherheit und die Umweltverträglichkeit der Fahrzeuge in Deutschland und in Europa in den letzten Jahrzehnten bedeutend verbessert.

In Deutschland wurde bereits im Jahre 1930 in der Reichs-Straßen-Zulassungsordnung eine Kontrolluntersuchung vorgeschrieben. Die Möglichkeit der wiederkehrenden Untersuchung wurde mit den Vorschriften des § 29 StVZO im Jahre 1938 eingeführt. Seither werden die Fahrzeuge hinsichtlich ihres technisch einwandfreien Zustandes untersucht, später auch hinsichtlich ihrer Vorschriftsmäßigkeit.

In der Europäischen Gemeinschaft wurde die Vorschrift zur regelmäßigen technischen Untersuchung der Fahrzeuge im Jahre 1977 (77/143/EG) in Anlehnung an die Vorschrift des § 29 StVZO aufgenommen.

Die Vorschriften über die wiederkehrende Untersuchung von Fahrzeugen wurden der fortschreitenden Fahrzeug- und Prüftechnik über die Zeit immer wieder angepasst, so mit der 41. und 47. ÄndVStVR in den Jahren 2006 und 2012 in der Bundesrepublik Deutschland sowie zuletzt im Jahre 2014 in der Europäischen Union mit der Richtlinie 2014/45/EU.

In Deutschland wurde mit der Einführung des HU-Adapters für die wiederkehrende Fahrzeuguntersuchung die Möglichkeit geschaffen, die Fahrzeuge hinsichtlich Ausführung, Zustand, Funktion und Wirkung ihrer Bauteile und Systeme auch über die elektronische Fahrzeugschnittstelle zu untersuchen.

Seither ist es viabel, bei der Untersuchung der Fahrzeuge über die elektronische Fahrzeugschnittstelle Botschaften an Bauteile und Systeme im Fahrzeug zu senden und die Reaktionen zu beurteilen beziehungsweise Botschaften zu empfangen und diese auszuwerten.

Speziell bei der Untersuchung des Zustandes von Bauteilen und Systemen der Fahrzeuge können mit der Einführung des HU-Adapters die Informationen der Eigendiagnose der Fahrzeuge auch über die elektronische Schnittstelle in die Feststellung und Bewertung von Mängeln einbezogen werden. Eine solche Untersuchung schließt eine Auswertung der Informationen der Eigendiagnose hinsichtlich der so genannten „Prüfbereitschaft" der zu untersuchenden Bauteile und Systeme ein: das bedeutet eine Auswertung, ob alle für die Eigendiagnose erforderlichen Diagnosezyklen, auch nach einer möglichen Löschung der relevanten Informationen im Ereignisspeicher, durchlaufen wurden. Gegebenenfalls ist vor der Untersuchung eine entsprechende Konditionierung des Fahrzeugs, beispielsweise im Rahmen der Prüfungsfahrt, erforderlich.

Neben der Auswertung der Informationen der Eigendiagnose besteht für den amtlich anerkannten Sachverständigen und Prüfer oder Prüfingenieur (aaSoP/PI) in pflichtgemäßem Ermessen die Möglichkeit, weitere technisch mögliche Untersuchungen der Bauteile und Systeme auch über die elektronische Fahrzeugschnittstelle ergänzend durchzuführen.

Damit der Zustand an einem Bauteil oder System zuverlässig beurteilt werden kann, ist eine Spezifikation der möglichen Mängel hinsichtlich des Zustandes erforderlich. Grundzüge einer solchen Spezifikation einschließlich einer Übersicht relevanter Ergebnisse der Eigendiagnose und deren Zuordnung zu Mängeln entsprechend der StVZO sind Gegenstand dieses Beitrags.

1 Einleitung und Motivation

Im Jahre 2006 konnte mit der Vorschrift der Untersuchung des Zustandes von elektronischen Sicherheitssystemen anhand der Anzeige von Kontroll- und Warneinrichtungen (vgl. [1]) ein Fortschritt erzielt werden. Die Aussagekraft dieser Untersuchung ist bezüglich des Zustandes der Bauteile und Systeme beschränkt und dem heutigen technischen Fortschritt nicht adäquat. Sicherheitsrelevante Mängel an Bauteilen, welche moderne Fahrzeuge selbst diagnostizieren und im Ereignisspeicher ablegen, werden über die Kontroll- und Warneinrichtungen unspezifisch oder gar nicht angezeigt. Für die Hauptuntersuchung kommt erschwerend hinzu, dass für eine Reihe von relevanten Sicherheitssystemen keine Kontroll- und Warneinrichtungen vorgeschrieben sind. Darüber hinaus können diese leicht manipuliert werden.

Im Rahmen der 47. ÄndVStVR wurde mit der Vorschrift zur Ausstattung der aaSoP/PI[1] mit dem HU-Adapter die Voraussetzung dafür geschaffen, die Fahrzeuge hinsichtlich der Ausführung, der Funktion, der Wirkung und des Zustandes ihrer Bauteile und Systeme auch über die elektronische Fahrzeugschnittstelle hinaus bei der Hauptuntersuchung zu überprüfen. Zum 01.07.2015 wurden mit der Vorschrift des HU-Adapters die Untersuchung der Ausführung (z. B. Pingjob-Verfahren), die

[1] Amtlich anerkannter Sachverständiger oder Prüfer/Prüfingenieur

Untersuchung der Funktion (z. B. Ansteuerung von lichttechnischen Einrichtungen) und die Untersuchung der Wirkung (z. B. Bezugsbremskraftprüfung) der Bauteile und Systeme über die elektronische Schnittstelle eingeführt und seither weiterentwickelt. Die Untersuchung des Zustandes der Bauteile und Systeme über die elektronische Schnittstelle steht vor der Einführung.

Das Potenzial der Untersuchung des Zustandes von Bauteilen und Systemen liegt in der Erkennung und Bewertung schleichender Verschlechterung. Neben der manuellen und visuellen Überprüfung des Zustandes der Fahrzeuge bezüglich ihrer Bauteile und Systeme kann mit der Auswertung spezieller Einträge im Ereignisspeicher dieses Potenzial im Interesse der Verkehrssicherheit und des Fahrzeughalters besser ausgeschöpft werden und die Bewertung entsprechender Mängel in der gemäß der StVZO geforderten Granularität erfolgen. Darüber hinaus ergeben sich Synergien für die Feststellung unzulässiger Manipulationen an Bauteilen und Systemen (Untersuchung der Ausführung).

Im ersten Teil dieses Berichtes erfolgt die Einordnung der Untersuchung der Fahrzeuge hinsichtlich des Zustandes der Bauteile und Systeme entsprechend StVZO und einschlägiger Richtlinien. Im Anschluss wird ein konkretes Konzept zur Untersuchung der Fahrzeuge hinsichtlich des Zustandes über die elektronische Fahrzeugschnittstelle inklusive begleitender Beispiele vorgestellt. Zum Abschluss werden Erläuterungen und Vorschläge für eine potenzielle Normierung aufgeführt, welche direkt in eine allgemeine Zusammenfassung des Beitrages überleiten.

2 Die Hauptuntersuchung nach §29 StVZO

Der Umfang der HU liegt im pflichtgemäßen Ermessen des aaSoP/PI. Jedoch muss die Hauptuntersuchung mindestens die unter den Nummern 6.1 bis 6.10 der Anlage VIIIa StVZO beschriebenen Pflichtuntersuchungen umfassen. Ergänzungsprüfungen können erfolgen, wenn aufgrund des Zustandes oder des Alters des Fahrzeugs, Bauteils oder des Systems die Vermutung einer umwelt- oder sicherheitsrelevanten Verschlechterung besteht und diese nur über eine vertiefte Untersuchung festgestellt werden kann.

Zur Bewertung eines Mangels sind in der Anlage 2 zu Nr. 4 der HU-Richtlinie die Mängelbezeichnungen und die Zuordnung des festgestellten Mangels in Mängelklassen aufgeführt (HW – Hinweis, OM – Ohne Mangel, GM – Geringer Mangel, EM – Erheblicher Mangel, VU – Verkehrsunsicher). Beispielsweise wird bei der Mangelklasse „Erheblicher Mangel“ die Prüfplakette nicht zugeteilt, und eine Nachprüfung ist erforderlich.

Auf Grundlage eines Mangelkatalogs wird den aaSoP/PI die Zuordnung und Einstufung vorgegeben. Dieser Mangelkatalog wird ständig dem technischen Fortschritt angepasst und erweitert. Des Weiteren ist in der HU-Richtlinie unter Punkt 4.1.2 festgelegt, dass „der Ausdruck eines spezifizierten Mangels auf dem Untersuchungsbericht [...] eine wesentliche Erleichterung für den Fahrzeughalter bei der Behebung der Mängel“ darstellt.

2.1 Untersuchungskriterien

Jedes Fahrzeug ist im Rahmen der Hauptuntersuchung hinsichtlich Ausführung, Zustand, Funktion und Wirkung seiner Bauteile und Systeme zu untersuchen. In Tabelle 1 sind die vier Untersuchungskriterien dargestellt und definiert.

Tabelle 1: Untersuchungskriterien nach Anlage VIIIa StVZO

Untersuchungs-kriterien	Durchführung	Beispiele
Untersuchung der *Ausführung*	visuell und/oder elektronisch – auch über die elektronische Fahrzeugschnittstelle	auf Gestaltung, Identifizierungsprüfung etc.
Untersuchung des *Zustandes*	**visuell und/oder manuell und/oder elektronisch – auch über die elektronische Fahrzeugschnittstelle**	**auf Beschädigungen, Korrosion, Verschleiß, Befestigung, Freigängigkeit etc.**
Untersuchung der *Funktion*	visuell und/oder manuell und/oder elektronisch – auch über die elektronische Fahrzeugschnittstelle	ob Vorgang auslöst und korrekt abläuft nach Betätigung von Pedalen, Schaltern, Hebeln etc.
Untersuchung der *Wirkung*	Messtechnische Untersuchung (die auch Rechenvorgänge impliziert) eines Bauteils oder Systems auf Einhaltung oder Erreichen von vorgegebenen Grenzwerten; sie kann auch über die elektronische Fahrzeugschnittstelle erfolgen	zur Ermittlung der Abbremsung auf dem Bremsenprüfstand

Bei Fahrzeugen mit elektronisch geregelten Systemen ist zudem auf die Einhaltung der Vorgaben (Systemdaten) zu achten, welche ebenfalls den vier Untersuchungskriterien zuzuordnen sind. Diese Vorgaben (Systemdaten) werden dem aaSoP/PI in digitaler Form in Datenbanken zur Verfügung gestellt und beinhalten u. a. physikalische Größen, Algorithmen, Fehlercodes, Identifizierungsmerkmale und Prüfverfahren. [2]

2.2 Richtlinie 2014/45/EU

Die EU-Kommission hat in ihrer Mitteilung „Ein europäischer Raum der Straßenverkehrssicherheit: Leitlinien für die Politik im Bereich der Straßenverkehrssicherheit 2011–2020" die Halbierung der Anzahl der Verkehrstoten innerhalb von zehn Jahren als Ziel ausgegeben. Um dieses Ziel zu verwirklichen, soll die Hauptuntersuchung bei Wahrung des Subsidiaritätsprinzips durch gemeinsame Mindestanforderungen gestärkt werden. Den Mitgliedsstaaten wird dennoch die Möglichkeit eingeräumt, strengere als in der Richtlinie geforderte Prüfkriterien festzulegen.

Mit der Richtlinie 2014/45/EU wird eine Vielzahl an neuen Anforderungen an die periodisch-technische Fahrzeugüberwachung gestellt. Eine wichtige Neuerung ist die Ausweitung des Prüfumfangs auf moderne elektronische Systeme nach dem Vorbild der deutschen Gesetzgebung. Dabei soll für jeden Untersuchungspunkt eine empfohlene Prüfmethode geschaffen werden. Die Untersuchungspunkte sollen mit dem Fortschritt der Technik regelmäßig aktualisiert werden und eine nicht erschöpfende Mängelliste erhalten.

Zur Prüfung von elektronischen Bauteilen und Systemen muss erstmals auf die technischen Spezifikationen jedes einzelnen Fahrzeugs zurückgegriffen werden können. Die Daten sollten detaillierte Angaben enthalten, mit denen z. B. der Zustand oder die Funktion eines Bauteils oder Systems im Rahmen der regelmäßigen technischen Untersuchung über die elektronische Fahrzeugschnittstelle überprüft werden kann.

Eine Definition der Zustandsprüfung über die elektronische Fahrzeugschnittstelle ist in der Richtlinie 2014/45/EU noch nicht enthalten. Die notwendige technische Grundlage zur Erstellung, Bearbeitung und Überprüfung der entsprechenden Vorgaben wird durch die Gesamtheit der Schnittstellendaten gemäß (EG) Nr. 715/2007 und (EG) Nr. 692/2008, jeweils geändert durch die Verordnung (EG) Nr. 566/2011 sowie (EG) Nr. 595/2009, gebildet. [3]

3 Untersuchung von Fahrzeugen hinsichtlich des Zustandes ihrer Bauteile und Systeme über die elektronische Fahrzeugschnittstelle

Die Zustandsprüfung war nach Einführung der Hauptuntersuchung in der Bundesrepublik Deutschland das erste festgelegte Untersuchungskriterium. Mit der fortschreitenden Entwicklung der Fahrzeugtechnik musste auch die Zustandsprüfung kontinuierlich weiterentwickelt werden, um den neuen Anforderungen gerecht zu werden. Nachfolgend werden die Eckpunkte eines Zustandsprüfungs-Konzepts erläutert, welche auf bereits existierenden technischen Möglichkeiten basiert.

3.1 Anforderungen

In Übereinstimmung mit den Regelungen aus Richtlinie 2014/45/EU und §29 StVZO ergeben sich für die Untersuchung des Zustandes von elektronisch geregelten Fahrzeugsystemen und Fahrzeugbauteilen folgende Anforderungen und Rahmenbedingungen:

- Angemessene Prüfung auf Ausführung der Bauteile und Systeme ist Voraussetzung für die Überprüfung des Zustandes der Bauteile und Systeme
- Zerlegungs- und zerstörungsfreie Prüfung
- Abfrage/Feststellung der Prüfbereitschaft
- Nutzung der Eigendiagnose des Fahrzeugs zur Bewertung des Zustandes elektronischer Bauteile und Systeme
- Eindeutigkeit der Untersuchungsergebnisse → Formulierung spezifizierter Mängel
- Möglichkeit für ergänzende Untersuchungen

Im folgenden Kapitel wird auf die einzelnen Aspekte des Lösungsvorschlages eingegangen. Die genannten Anforderungen und Rahmenbedingungen sind dabei maßgebend.

3.2 Untersuchung des Zustandes über die elektronische Fahrzeugschnittstelle

Wie eingangs erwähnt, werden bei der bisherigen Untersuchung des Zustandes die elektronischen sicherheitsrelevanten Systeme häufig mittels der Kontrollleuchten untersucht. Darüber hinaus hat der aaSoP/PI die Möglichkeit, frei zugängliche Bauteile manuell oder visuell zu untersuchen. Jedoch ist dies bei hochintegrierten elektronischen Systemen überwiegend nicht ohne Demontage oder Zerstörung möglich. Aufgrund der unsicheren Aussage der Kontrollleuchte ist eine effizientere Nutzung der Fahrzeugeigenüberwachung unumgänglich. Über die Verwendung der bereits vorhandenen elektronischen Fahrzeugschnittstelle ist eine präzise Auskunft über den Zustand eines komplexen elektronischen Sicherheitssystems und seiner Bauteile möglich. In den nachfolgenden Ausführungen sollen die einzelnen Elemente der Zustandsprüfung über die elektronische Fahrzeugschnittstelle näher erläutert werden.

3.2.1 Untersuchung eines Bauteils als Bestandteil mehrerer Fahrzeugsysteme

In modernen Fahrzeugen sind einzelne Bauteile häufig Bestandteil von mehreren elektronisch geregelten Fahrzeugsystemen. Das in diesem Bericht vorgestellte Konzept sieht deshalb eine Untersuchung des Zustandes der Bauteile losgelöst von fixen Systemdefinitionen vor. Vorteil dabei ist, dass eine spezifiziertere Mangelaussage getroffen werden kann und dass im Zusammenhang mit der Ausführungsprüfung die korrekte Adresse der relevanten Steuergeräte bereits den Zugang zu den meisten benötigten Diagnosefunktionen bezüglich der Bauteile bietet. Dazu ist eine genaue Modellerkennung der Steuergeräte notwendig, da bestimmte Diagnosedienste nicht in jeder Variante unterstützt werden. [4]

3.2.2 Prüfbereitschaft

Ein essenzieller Punkt aus den gestellten Anforderungen ist die Feststellung der Prüfbereitschaft der elektronisch geregelten Systeme. Das heißt, dass die internen Testroutinen der Eigendiagnose zum Zeitpunkt der Hauptuntersuchung seit dem letzten Löschen des Ereignisspeichers abgeschlossen werden konnten. Damit wird sichergestellt, dass sich das Fahrzeug beispielsweise nach einer Instandsetzung mindestens einmal selbst überprüfen konnte. Auch kann damit vermieden werden, dass möglicherweise vorsätzlich vor der HU gelöschte Ereignisspeichereinträge übersehen werden. Das Prinzip ist nicht neu und bereits gängige Praxis bei der Abgasuntersuchung (Readiness-Code).

Bedingt durch die unterschiedlichen herstellerindividuellen Lösungen ist die technische Umsetzung eine Herausforderung. Beim mittlerweile überholten, aber immer noch in Anwendung befindlichen Diagnoseprotokoll KWP2000 kann nicht direkt ermittelt werden, ob Testzyklen abgeschlossen wurden. Hingegen bietet das modernere UDS-Protokoll eine nach ISO 14229 standardisierte Lösung. Das Status-Byte, das jedem abgefragten Fehlercode (DTC) angehängt ist, enthält acht verschiedene Status-Aussagen zum entsprechenden Fehlercode (s. Abbildung 1).

Für die Untersuchung des Zustandes der Bauteile elektronisch geregelter Fahrzeugsysteme sind jedoch nur die sicherheitsrelevanten Fehlercodes von Bedeutung. Von diesen Fehlercodes können mittels einer standardisierten Diagnoseabfrage alle diejenigen DTCs zurückgegeben werden, die eine bestimmte Belegung des Status-Bytes aufweisen.

Für die Aussage der Prüfbereitschaft ist das Bit4 (test not completed since last clear) entscheidend: Ist es gesetzt, konnten seit der letzten Löschung nicht alle für den Fehlercode relevanten Testroutinen abgeschlossen werden. Wenn für alle relevanten Ereignisspeichereinträge das Bit4 mit dem Wert „0“ gesetzt ist, wurden alle von der Eigendiagnose abgedeckten Fehlerszenarien überprüft. Ist dies nicht der Fall wie etwa bei einem gelöschtem Ereignisspeicher nach einer Reparatur in der Werkstatt, so muss nach Möglichkeit eine Konditionierung des Systems, beispielsweise im Rahmen der Prüfungsfahrt, erfolgen. [5], [6]

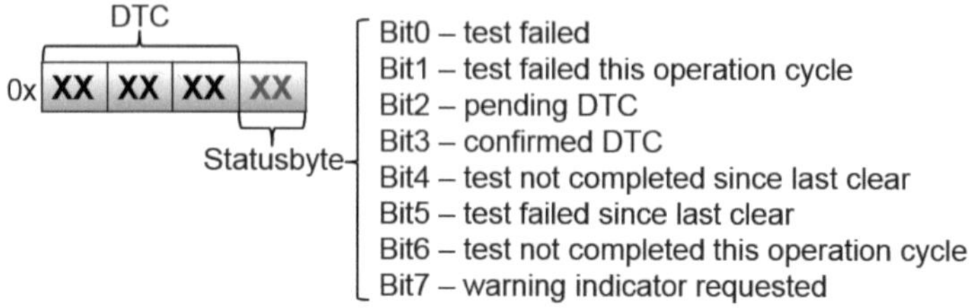

Abbildung 1: Aufbau eines abgefragten Fehlercodes mit zugehörigem Statusbyte gemäß UDS [6]

In vielen Fällen ist bereits mit der für die HU gemäß §29 StVZO und der Richtlinie 2014/45/EU vorgeschriebenen Prüfungsfahrt ein Großteil der relevanten Testroutinen der Eigendiagnose abgeschlossen. Im Falle einer unmittelbaren vor der Hauptuntersuchung durchgeführten Löschung des Ereignisspeichers kann dies aber nicht für alle relevanten DTCs gewährleistet werden. Zum einen sind die nötigen Rahmenbedingungen meist unbekannt, und zum anderen bietet eine Prüfungsfahrt auch nicht alle Voraussetzungen wie etwa eine Mindestgeschwindigkeit, eine Mindeststrecke oder andere notwendige Rahmenbedingungen. Da die Eigendiagnosesysteme, Fehlercodes und Diagnosealgorithmen meist herstellerspezifisch sind, ist eine allgemeine Formulierung der Konditionierungsbedingungen nicht möglich.

Im Falle einer fehlenden Prüfbereitschaft, die nicht mit einem verhältnismäßigen Aufwand mittels Konditionierung wieder hergestellt werden kann, liegt es im pflichtgemäßen Ermessen des Sachverständigen, entsprechende Ergänzungsuntersuchungen durchzuführen.

3.2.3 Auswertung der Eigendiagnoseergebnisse

Die Entscheidung über eine sicherheitsrelevante Auffälligkeit bilden die Einträge in den Ereignisspeichern (DTCs) der Steuergeräte. Um die Relevanz der DTCs festzustellen, werden zwei wesentliche Methoden angewandt:

1. Definierte Fehlerzustände am Fahrzeug wurden hervorgerufen und das Fehlerbild aufgenommen. Die festgestellten Ereignisspeichereinträge werden spezifischen sicherheitsrelevanten Auffälligkeiten zugeordnet.
2. Die im Steuergerät bekannte DTC Liste wurde anhand ihres Wortlautes analysiert und spezifischen sicherheitsrelevanten Auffälligkeiten zugeordnet.

Beide Methoden können sich gegenseitig ergänzen. Es liegt im pflichtgemäßen Ermessen des aaSoP/PI, entsprechende Ergänzungsuntersuchungen zur Verifikation eines Mangels durchzuführen. Ein Beispiel für relevante Ereignisspeichereinträge ist in Abbildung 2 dargestellt.

Eine Herausforderung ist das Zusammenführen der Vielzahl von relevanten herstellerspezifischen DTCs. Die Etablierung eines herstellerübergreifenden Standards für die Fehlerbilder ist mittelfristig anzustreben.

DTC	Fehlerbeschreibung
xxxxxx	Schlechtwettererkennung: Kein Raddrehzahlsignal erhalten
xxxxxx	Raddrehzahlsensor: Anfahrerkennung, vorn rechts
xxxxxx	Signal (Raddrehzahl, 46.0.1) ungültig, Sender DSC
xxxxxx	Signal (Anzahl Geberflanken Rad, 64.1.2) ungültig, Sender DSC
xxxxxx	Signal (Raddrehzahl, 46.0.1) ungültig, Sender DSC

Abbildung 2: Beispiel von DTC-Einträgen bei einem deplatzierten Raddrehzahlsensor

3.2.4 Liste harmonisierter Auffälligkeiten sicherheitsrelevanter Bauteile und Systeme

Die gespeicherten relevanten DTCs werden im Konzept harmonisierten Auffälligkeiten zugeordnet, die der aaSoP/PI zu verifizieren und gegebenenfalls bei der Mangelvergabe zu berücksichtigen hat. Das Ziel bei der Erstellung der Liste von harmonisierten Auffälligkeiten ist das praxistaugliche Gleichgewicht zwischen zwei gegensätzlichen Ausrichtungen: möglichst hoch detaillierte Mangelspezifizierung und möglichst einfache und fehlerfreie Zuordnung von DTCs. In Anbetracht der technischen Randbedingungen sind die Auffälligkeiten so formuliert, dass sie keinen ausschließlichen Bauteilbezug haben, sondern das zugehörige Signal beziehungsweise die zugehörige Funktion adressieren. Es wird also das Symptom spezifiziert, weswegen eine bestimmte Funktion nicht mehr ausgeführt werden kann. Auf diese Weise kann ein Mangel so genau wie möglich eingegrenzt werden, ohne das Risiko einer Fehlbemängelung von konkreten Bauteilen einzugehen. Gleichzeitig stört der aaSoP/PI nicht den Aufgabenbereich der Werkstätten, die für die genaue Fehlereingrenzung und -behebung verantwortlich sind. In der Liste der Auffälligkeiten sind alle Signale aufgenommen, die zuständig sind für Sensoren, Aktuatoren, Signalleitungen und Steuereinheiten der jeweiligen elektronisch geregelten Systeme. Ein Auszug der Auffälligkeitenliste ist beispielhaft in Abbildung 3 aufgeführt.

DTC	Kategorie	Auffälligkeiten	Zu
DTC-Paket Testfahrzeug		Bezug	Mar
m1092dtc0001	Signal	Hydroaggregat	010
m1092dtc0002	Funktion	Hydroaggregat	010
m1092dtc0003	Signal	Raddrehzahlsensor 1. Achse links	010
m1092dtc0004	Signal	Raddrehzahlsensor 1. Achse rechts	010
m1092dtc0005	Signal	Raddrehzahlsensor 2. Achse links	010
m1092dtc0006	Signal	Raddrehzahlsensor 2. Achse rechts	010
m1092dtc0007	Signal	Unterdrucksensor	011
m1092dtc0008	Signal	Vordrucksensor	011
m1092dtc0010	Signal	Bremslichtschalter	040
m1092dtc0011	Signal	Feststellbremse Schaltsensor	011
m1092dtc0014	Signal	Lenkunterstützung	021
m1092dtc0015	Funktion	Lenkunterstützung	021
m1092dtc0016	Signal	Lichtsensor	040
m1092dtc0017	Funktion	Leuchtweitenregulierung	040
m1092dtc0018	Signal	Niveaugeber vorn links	050
m1092dtc0019	Signal	Niveaugeber vorn rechts	050
m1092dtc0020	Signal	Niveaugeber hinten links	050
m1092dtc0021	Signal	Niveaugeber hinten rechts	050
m1092dtc0022	Signal	Gas- / Fahrpedalsensor	062
m1092dtc0023	Funktion	Gurtschloss vorn links	070

Abbildung 3: Auszug aus der Liste der harmonisierten Auffälligkeiten des FSD-Konzeptes

3.2.5 Ergänzungsuntersuchungen

Gemäß Nummer 2 der Anlage VIIIa StVZO obliegt es dem pflichtgemäßen Ermessen des aaSoP/PI, über die Pflichtuntersuchungen hinaus Ergänzungsuntersuchungen durchzuführen. Das bedeutet auch für die Untersuchung des Zustandes von elektronischen Bauteilen und Systemen, dass jede Aussage, die durch die Interpretation der Eigendiagnose eines Fahrzeuges getroffen wird, durch zusätzliche Untersuchungen untermauert oder widerlegt werden kann. Im Zusammenhang mit elektronisch geregelten Systemen können hierzu verschiedene Ansätze gewählt werden:

- Sichtbare und erreichbare Bauteile können einer zusätzlichen manuellen oder visuellen Überprüfung unterzogen werden
- Die Funktionalität einzelner elektronischer Wirkgruppen kann mittels geeigneter Diagnosedienste überprüft werden

Letzterer Punkt stellt eine effiziente Methode dar, mit der mehrere Bauteile im Systemverbund überprüft werden können. Beispielsweise könnte das Hydraulikaggregat angesteuert werden, das eine Erhöhung des Bremsdruckes auslöst. Diese Wertänderung könnte mittels ausgelesener Funktionswerte für den Bremsdruck qualitativ verifiziert werden. Somit lässt sich gleichzeitig die Grundfunktionalität des Hydraulikaggregates und Bremsdrucksensors überprüfen. Weitere Möglichkeiten wären das Auslesen von

Funktionswerten für die Raddrehzahlen während der Fahrt oder auf dem Rollenbremsprüfstand (siehe Abbildung 4) oder die Ansteuerung der Endlagenpunkte von adaptiven Kurvenlichtsystemen.

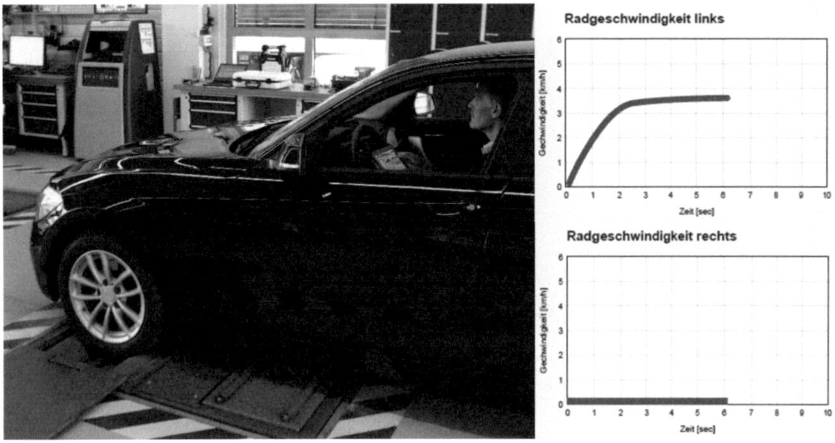

Abbildung 4: Überprüfung der Raddrehzahlsensorwerte auf dem Rollenbremsprüfstand mit auffälligem Raddrehzahlsignal vorne rechts

Da die entsprechenden Diagnosedienste ebenfalls nicht einheitlich verfügbar sind oder einheitliche Abfragebotschaften aufweisen, ist auch der Bereich der eigendiagnosegestützten Ergänzungsuntersuchungen als Objekt für eine zukünftige Standardisierung relevant.

3.2.6 Mangelvergabe aufgrund der Untersuchung des Zustandes von Bauteilen und Systemen über die elektronische Fahrzeugschnittstelle

Mit der 47. Verordnung zur Änderung straßenverkehrsrechtlicher Vorschriften vom 10. Mai 2012 wurde der bundesweit einheitliche so genannte „Mangelbaum“ eingeführt. Dieser wurde zwischen Verordnungsgeber, Überwachungsinstitutionen, Automobilindustrie und Handwerk abgestimmt und beinhaltet etwa 4000 verschiedene, als mangelhaft zu bewertende Fehlerszenarien am Fahrzeug und dient der einheitlichen Bewertung von Mängeln. Der Mangelbaum wird durch den „Arbeitskreis Erfahrungsaustausch in der technischen Fahrzeugüberwachung nach § 19 Absatz 3 und § 29 StVZO“ (AKE) gepflegt und fortgeführt. [7]

In der Regel weisen die Mängelbeschreibungen einen konkreten Bauteilbezug auf. Sollten die ermittelten Ergebnisse aus der Eigenüberwachung keinen eindeutigen Bauteilbezug aufweisen, wird im Rahmen der Untersuchung des Zustandes von elektronischen Bauteilen und Systemen eine Ergänzung bezüglich der elektronischen Signale empfohlen.

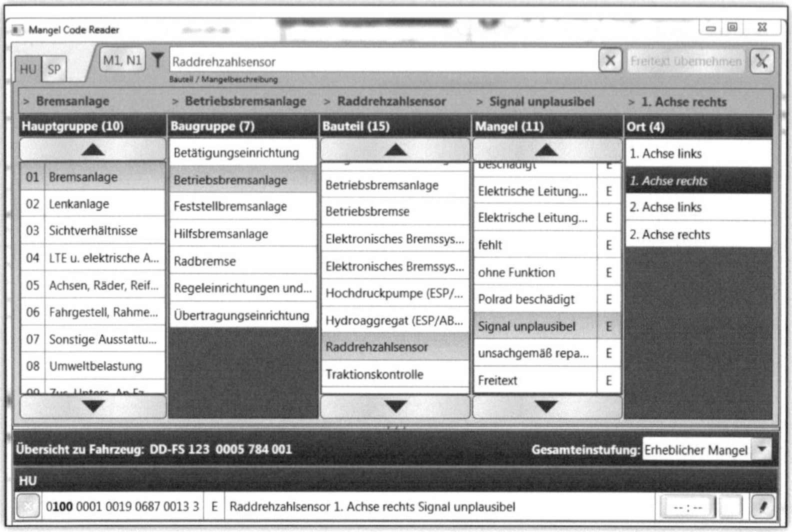

Abbildung 5: Der Mangelbaum dargestellt über den Mangel-Code-Reader der Zentralen Stelle mit ergänzter Mangelbeschreibung beim Raddrehzahlsensor

Da Funktionen im Fahrzeug meist durch konkrete Bauteile repräsentiert werden können, lässt sich auch der Signalbezug auf ein konkretes Bauteil herstellen, ohne dieses selbst als mangelhaft zu beschreiben. Am Beispiel in Abbildung 4 wird dies deutlich: Das Signal des Raddrehzahlsensors vorne rechts weist trotz angetriebener Vorderachse keine Wertänderung auf. Dieses Verhalten kann als unplausibel beschrieben werden und soll zukünftig in den Mangelbaum aufgenommen werden (s. Abbildung 5). Dabei kommen als Ursache für den Mangel sowohl der Sensor selbst als auch die Verkabelung, die Kontaktstellen, der Impulsgeber oder weitere Fehler in Frage. Die konkrete Fehlereingrenzung und -behebung obliegt – wie bei allen Mängeln – der Werkstatt im Auftrag des Fahrzeughalters.

3.3 Ablauf der Untersuchung des Zustandes von Bauteilen und Systemen über die elektronische Fahrzeugschnittstelle

Der aaSoP/PI ist in der Abfolge der einzelnen Untersuchungspunkte innerhalb der HU frei. Es etabliert sich jedoch je nach Erfahrungsstand und Fahrzeugmodell häufig eine effiziente Prüfschrittfolge. Im Prozess der Untersuchung des Zustandes elektronischer Bauteile und Systeme hat sich in der Konzeptentwicklung eine vorzuziehende Reihenfolge ergeben. Diese ist im Ablaufdiagramm in Abbildung 6 dargestellt.

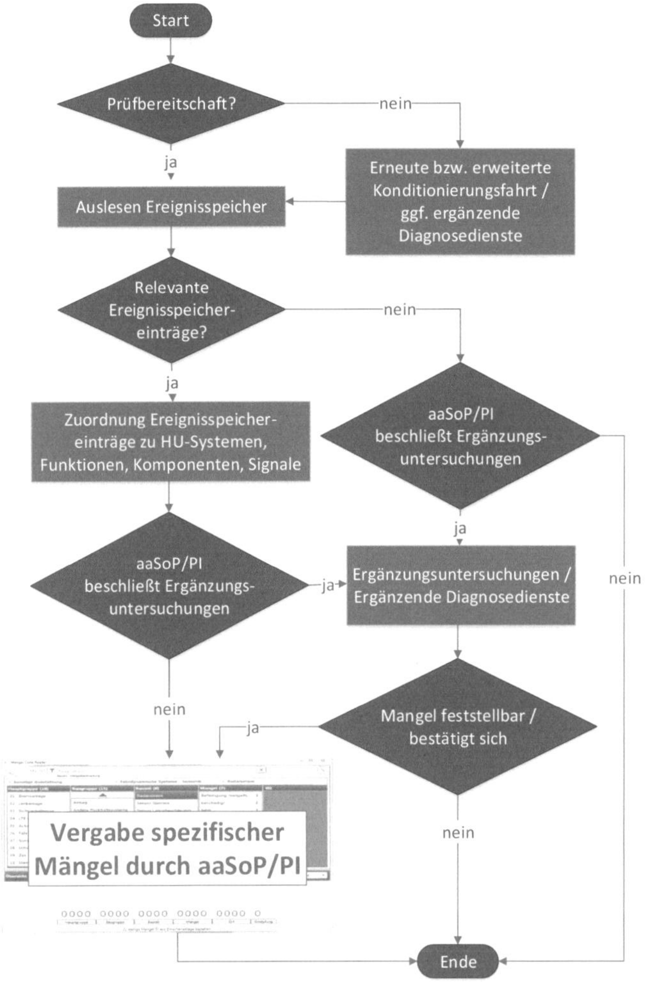

Abbildung 6: Ablaufdiagramm der elektronischen Zustandsprüfung

4 Normierung der Untersuchung des Zustandes von Bauteilen und Systemen über die elektronische Fahrzeugschnittstelle

Aus den vorangegangenen Kapiteln wurde ersichtlich, dass das vorgeschlagene Konzept der Untersuchung des Zustandes von Bauteilen und Systemen über die elektronische Fahrzeugschnittstelle Verbesserungspotenzial hat, wenn es um die Einbindung proprietärer Datenbearbeitungs- und Datenverarbeitungsmechanismen geht. Zu nennen wäre hier die Verwendung von Diagnosediensten oder Fehlercodes aber auch um allgemeine Beschreibungen von Prüfgrößen für sicherheitsrelevante Systeme, Bauteile und Funktionen. Daher scheint es mittelfristig sinnvoll, analog zur Abgasuntersuchung gemäß der Normen ISO 27145 i.v.m SAE J2012 Bereiche wie Readiness-Code und zu prüfende Komponenten und Funktionen mit normierten Diensten und Fehlerbezeichnungen zu versehen. Die SAE-Norm J2012 formuliert bereits standardisierte Fehler, welche sicherheitsrelevante Bauteile und deren Funktionen adressieren: beispielsweise Raddrehzahlsensoren, Bremsdrucksensoren oder Kommunikationsfehler. Diese Fehlerliste weist noch eine hohe Anzahl an nicht vergebenen Fehlercodes auf und könnte somit zweckdienlich und im Sinne einer Harmonisierung der Prüfung von sicherheitsrelevanten Bauteilen und Systemen erweitert werden. [8], [9]

5 Zusammenfassung

Im vorliegenden Beitrag wurde das Konzept der Untersuchung des Zustandes von sicherheitsrelevanten Bauteilen und Systemen über die elektronische Fahrzeugschnittstelle im Rahmen der Hauptuntersuchung vorgestellt. Der Fokus lag hierbei auf den aktuellen Herausforderungen und den damit verbundenen notwendigen Anpassungen. Dabei spielt die Eigenüberwachung der elektronischen Bauteile und Systeme eine entscheidende Rolle. Die Möglichkeiten einer effektiven Nutzung proprietärer Eigendiagnosetechnologien der verschiedenen Hersteller wurden herausgearbeitet. Es wurde dargelegt, dass sich mit einer einfachen Metrik Ergebnisse der Eigenüberwachung zu mangelspezifischen Hinweisen zusammenfassen lassen. Im Ergebnis bleibt festzustellen, dass das vorgestellte Konzept zur Untersuchung des Zustandes über die elektronische Fahrzeugschnittstelle eine effizientere Erkennung und eine genauere Aussage von Fehlern gegenüber der derzeitigen visuellen Auswertung der Kontrollleuchten im Kombiinstrument bietet.

Der technische Fortschritt im Zusammenhang mit der Entwicklung der Eigenüberwachung der Bauteile und Systeme stellt hier eine enorme Chance zur Erhöhung von Qualität und Prüftiefe in der Hauptuntersuchung dar. Dies kommt letztlich nicht nur der Verbesserung der Verkehrssicherheit zugute, sondern dient auch der transparenten Darstellung der Untersuchungsergebnisse gegenüber dem Fahrzeughalter.

Abkürzungen

aaSoP/PI	Amtlich anerkannter Sachverständiger oder Prüfer bzw. Prüfingenieur
AKE	Arbeitskreis Erfahrungsaustausch in der technischen Fahrzeugüberwachung nach § 19 Absatz 3 und § 29 StVZO
ÄndVStVR	Verordnung zur Änderung straßenverkehrsrechtlicher Vorschriften
DTC	Diagnostic trouble code, Fehlercode, Ereignisspeichereintrag
FSD	Fahrzeugsystemdaten GmbH, Zentrale Stelle nach StVG
HU	Hauptuntersuchung
OBD	On-Board-Diagnose
StVZO	Straßenverkehrs-Zulassungs-Ordnung

Literatur

[1] 41. Verordnung zur Änderung straßenverkehrsrechtlicher Vorschriften, BGB1. I S.470, VkBl. 2006, S. 249

[2] Richtlinie für die Durchführung von Hauptuntersuchungen (HU) und die Beurteilung der dabei festgestellten Mängel an Fahrzeugen nach §29, Anlagen VIII und VIIIa StVZO („HU-Richtlinie"), VkBl.2012, S.419

[3] Richtlinie 2014/45/EU des EP und des Rates vom 03.04.2014 über die regelmäßige technische Überwachung von Kraftfahrzeugen und Kraftfahrzeuganhängern und zur Aufhebung der Richtlinie 2009/40/EG, ABl. EU vom 29.4.2014, L 127/51

[4] FSD-HU-Spec – Für die PTI notwendige fahrzeugseitige Funktionalitäten, Zentrale Stelle nach StVG – FSD Fahrzeugsystemdaten GmbH, Dresden, 2012

[5] Norm ISO 14230-3, 1. Edition, 15.3.1999, Road vehicles – Diagnostic systems – Keyword Protocol 2000 – Part 3: Application Layer

[6] Norm ISO 14229-1, 2. Edition, 15.3.2013, Road vehicles - Unified diagnostic services (UDS) - Part 1: Specification and requirements

[7] 47. Verordnung zur Änderung straßenverkehrsrechtlicher Vorschriften, BGB1. I S.1086, VkBl. 2012, S. 375

[8] Norm ISO 27145-1, 1. Edition, 15.8.2012, Road vehicles – Implementation of World-Wide Harmonized On-Board Diagnostics (WWH-OBD) communication requirements - Part 1: General information and use case definition

[9] Norm SAE J2012, März 2013, Surface Vehicle Recommended practice – (R) Diagnostic Trouble Code Definitions

11 Automatisierter Diagnose-Protokoll-Test basierend auf ODX

Dipl.-Ing. Sven Mohnke, Dr. Roman Cunis, ServiceXpert GmbH, Hamburg

Abstract

The high efforts, occurring over the course of the EE diagnosis development of ECUs with regard to manual and semi-automatic tests of diagnostic protocols, often conflict low achieved test range and failure depth. This causes substantial quality and warranty costs concerning the downstream process chain of production and service testers increasing in the future. A structured and standardized description is a means to find a remedy, such as ODX in case of automatic test case preparation to diagnostic protocol testers. This concept is about how ODX content can be made interpretable for test case preparation and test automation specifically. Diagnostic protocol tests will be created automatically from ODX data, positive and negative test cases defined, ranges of value of test cases determined, and test scripts for the used test automation solution prepared. The method has been applied successfully at a number of OEMs.

This cutting edge procedure compensates for shortcomings of existing tools, shortens test periods and raises test depth. Thus more weaknesses and defects can be identified before passing on the ECU including the belonging ODX to downstream locations. In total a higher quality of diagnostic tester results are achieved, while the impact on quality and warranty costs gets reduced.

Kurzfassung

Der hohe Aufwand, der bei der EE-Diagnosefunktionsentwicklung von ECUs für manuelle oder halbautomatische Tests von Diagnoseprotokollen entsteht, kollidiert häufig mit der erzielten geringen Testbreite und relevanten Fehlertiefe. Die Auswirkungen auf Qualitäts- und Gewährleistungskosten in der nachgelagerten Prozesskette bei den Produktions- und den Service-Testern sind erheblich und werden in Zukunft weiter zunehmen. Abhilfe schafft die Nutzung einer strukturierten und standardisierten Beschreibung wie ODX für die automatisierte Testfallerstellung im Rahmen des Diagnoseprotokolltests. Es wird ein Konzept vorgestellt, um ODX-Inhalte gezielt für die Testfallerstellung und Testautomatisierung interpretierbar zu machen. Damit werden aus ODX-Daten automatisiert Diagnoseprotokolltests generiert, positive und negative Testfälle definiert, Werte-Bereiche für Testfälle bestimmt und Testskripte für die eingesetzte Testautomatisierungslösung erzeugt. Das Verfahren wurde bei mehreren OEMs erfolgreich eingesetzt.

Mit diesem innovativen Verfahren werden Mängel bestehender Tools ausgeglichen, Testzeiten verkürzt und die Testtiefe erhöht. Dadurch können deutlich mehr Schwächen und Fehler identifiziert werden, bevor das Steuergerät und das zugehörige ODX an nachgelagerte Stellen weitergegeben werden. Insgesamt steigt die Qualität der Diagnosetestergebnisse, und die Auswirkungen auf Qualitäts- und Gewährleistungskosten können verringert werden.

1 Herausforderungen und Ausgangslage

In einem Oberklasseautomobil der derzeitigen Generation sind etwa 80 bis 100 Steuergeräte verbaut. Viele dieser Steuergeräte kommen von verschiedenen Zulieferern und haben unterschiedliche Funktionalitäten. Generell müssen alle diese Funktionalitäten vom Hersteller der Steuergeräte und vom Erstausrüster getestet werden. Da die Software aber während des Entwicklungszyklus mehrfach verändert wird, müssen auch die Tests zur Funktionalität und zu den nicht-funktionalen Eigenschaften (z.B. Performance, Zuverlässigkeit) immer wieder neu durchgeführt werden. Eine dieser Funktionalitäten ist die Diagnosefunktion.

Derzeit verfasst ein Tester auf Basis der Spezifikationen des Steuergeräts zahlreiche Testfälle, um die Diagnosefunktionen vollständig zu überprüfen. Darin beschreibt der Testfallersteller bestimmte Szenarien, die im Anschluss vom Testdurchführenden (Tester) umgesetzt werden. Dies geschieht derzeit von Hand und nimmt viel Zeit in Anspruch. Für die eigentliche Durchführung der Diagnoseprotokolltests kommen spezielle Toollösungen zum Einsatz. Große Verbreitung haben hierbei die State-of-the-Art-Testumgebungen von Vector (CANoe®, CANalyzer®, etc.). Entsprechende Testtools erlauben es dem Tester, Diagnosebotschaften zu erstellen und zu simulieren und diese im Zuge der Testdurchführung an ein Steuergerät zu senden. Die Antworten des Steuergeräts werden aufgezeichnet und müssen anschließend mit den Spezifikationen manuell abgeglichen werden.

Aus dem beschriebenen Vorgehen wird deutlich, dass die Durchführung von Diagnoseprotokolltests immer auch einen hohen Arbeits- und Zeitaufwand erfordert, um eine ausreichende Testbreite und Testtiefe zu gewährleisten. Dem gegenüber steht die Herausforderung immer kürzer Entwicklungsphasen und zunehmender Komplexität der EE-Systeme und der Diagnosefunktionsentwicklung.

Ein Ansatz zur Optimierung der Diagnoseprotokolltests stellt eine Automatisierung bei der Erstellung von Testfällen und deren Durchführung dar. Dies soll es ermöglichen, Testaufwände zu reduzieren.

2 Konzept

Die ServiceXpert GmbH entwickelte ein Konzept zur automatisierten Generierung von Testfällen und Testskripten und setzte dieses durch das Tool *DiaMon-ADAPT* prototypisch um. Die generierten Testfälle und die daraus erzeugten Testskripte sollen die Grundlage für Durchführung von Diagnoseprotokolltests darstellen. Als Daten-Basis für die automatisierte Testfall-Erzeugung bietet sich das standardisierte Datenformat ODX (Open Diagnostic Data Exchange MCD-2D, ISO 22901-1) an.

Die **Abbildung 1** veranschaulicht konzeptionellen Ablauf bei der automatisierten Testdurchführung – ausgehend von den Steuergeräte-Beschreibungen in einem ODX-Dokument, über die Generierung von Testfällen, den daraus abgeleiteten Testskripten, bis hin zur Erzeugung von Testprotokollen.

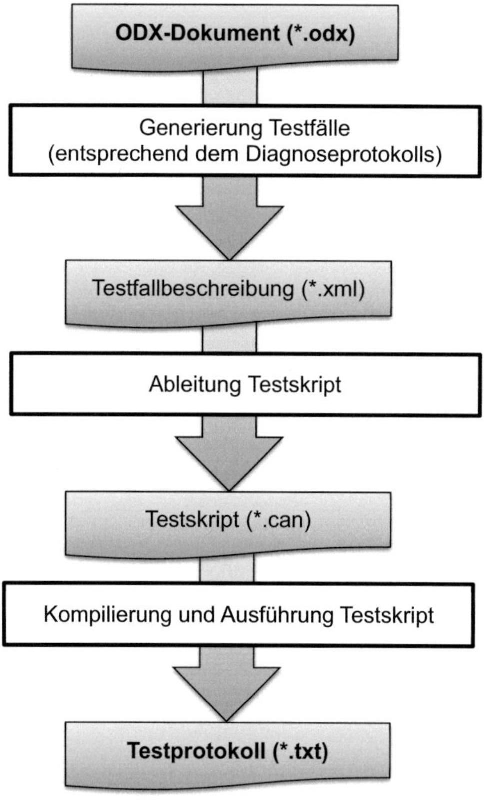

Abbildung 1: Ablauf automatisierte Testdurchführung

2.1 ODX-Dokumente

Der ODX-Standard (Open Diagnostic Data Exchange MCD-2D, ISO 22901-1) spezifiziert ein XML-basiertes Datenformat zur Beschreibung des Datenmodells der für die Fahrzeugdiagnose relevanten Daten. Das standardisierte ODX-Datenformat wurde als offenes Format zur erleichterten Zusammenarbeit und zum Austausch von Diagnosedaten, zwischen Fahrzeugherstellern und Zulieferern, genauso wie innerhalb herstellerübergreifender Entwicklungspartnerschaften, konzipiert. Die in einem ODX-Dokument spezifizierten Steuergeräte-Eigenschaften beinhalten die für die Diagnoseprotokolltests relevanten Beschreibungen implementierter Diagnoseservices und Diagnosevariablen sowie deren Adressinformationen, die für die spätere automatisierte Erzeugung von Testskripten zugrunde gelegt werden.

Die Herausforderung einer automatisierten Verwendung von ODX-Daten liegt zunächst darin, einen Basisumfang der in einem ODX-Dokument enthaltenen Informationen unmittelbar nutzbar zu machen.

2.2 DiaMon-ADAPT und Testtool

Die prototypische Umsetzung des DiaMon-ADAPT zum automatischen Generieren von Testfällen und Testskripten aus einem ODX-Dokument besteht im Wesentlichen aus drei Teilkomponenten (vgl. **Abbildung 1**).

1. Die Basis bildet eine Funktion, die das ODX-Dokument nach Diagnoseservices durchsucht, hierzu Testfälle nach einem konfigurierten Diagnoseprotokoll generiert und in einem XML-basierten Format ablegt.
2. Um diese Testfälle für die Testdurchführung verwendbar zu machen, werden sie von einer weiteren Komponente eingelesen und daraus ein Testskript abgeleitet. Dabei wird ein Testskript im Format eines CAPL-Scripts der gängigen Vector-Toollösungen CANoe® bzw. CANalyzer® ausgegeben.
3. Diese CAPL-Script-Datei kann anschließend durch die Komponente des Testtools (CANoe® bzw. CANalyzer®) kompiliert und anschließend ausgeführt werden. Das Testtool macht es möglich, die in einem Testskript beschriebenen Diagnosebotschaften (Request-Nachrichten) an ein zu testendes und angebundenes Steuergerät zu senden und die erhaltenen Protokollantworten auszuwerten und zu protokollieren.

3 Umsetzung

3.1 Testfall-Generierung

Um die Testfälle zu generieren, wird das ODX-Dokument im ersten Schritt nach vorhandenen Diagnoseservices geparst. Gemäß dem ODX-Standard sind die Diagnoseservices im Bereich <DIAG-COMMS> abgelegt. Nach der Auswahl des ODX-Dokuments startet DiaMon-ADAPT den Parsing-Vorgang automatisch. Es werden die Daten aus dem ODX-Dokument ausgelesen und für die weitere Verarbeitung vorbereitet. Der Parser sucht nach vorhandenen <DIAG-COMM>-Knoten und erzeugt aus diesen eine Liste. DiaMon-ADAPT bietet dem Tester die Liste der aus dem vorliegenden ODX-Dokument ermittelten Services zur Auswahl an, auf Basis derer die Generierung der Testfälle erfolgen soll.

Im nächsten Schritt werden die in den <DIAG-COMM>-Knoten enthaltenen Daten schrittweise abgefragt. Begonnen wird hier mit der Service-ID, um zu prüfen, zu welchem Diagnoseservice der Knoten gehört. Wenn die Service-ID mit einem Service übereinstimmt, für den Testfälle erzeugt werden sollen, wird der Knoten weiterverwendet. Nicht ausgewählte Services werden übersprungen.

Anschließend wird überprüft, welche Art von Parametern der Service enthält. Dazu werden die Diagnose-Request-Definitionen mit den positiven und negativen Antworten ausgewertet, die im ODX den Services zugeordnet sind und entsprechend extrahiert werden müssen.

Je nach Art des Parameters gibt es eine eigene Art der Umwandlung in die Werte, die für einen Testfall benötigt werden. Sofern ein Parameter eine Referenz auf einen DOP enthält, durchsucht der Parser das ODX-Dokument nach dem referenziertem DOP und extrahiert daraus die zusätzlich benötigten Daten.

Alle ermittelten Daten werden in ein temporäres XML-Format geschrieben, welches dazu dient, eine übersichtliche Struktur ohne Referenzen zu schaffen. Darin sind für jeden <DIAG-COMM>-Knoten die Request-Nachricht sowie die korrespondierenden positiven und negativen Antworten definiert, sowie alle benötigten Informationen, um die Testfälle zu generieren. Diese temporär erzeugte Struktur stellt noch keine verwendbaren Testfälle dar, da die Parameter zusätzlich noch aufbereitet und aufgeteilt werden müssen.

Im nachfolgenden Schritt wird für jeden im <DIAG-COMM> enthaltenen Parameter ein Testfall erzeugt. Dafür werden die dezimalen Werte in hexadezimale Werte umgerechnet, um diese auf jeweils ein Byte große Blöcke aufzuteilen. Das Beispiel im Abschnitt 3.5 veranschaulicht das Vorgehen genauer.

Um die korrekte Funktionsweise des Steuergeräts zu überprüfen, ist es erforderlich neben positiven auch negative Testfälle zu beschreiben. Da im ODX-Dokument zunächst einmal nur die Informationen enthalten sind, die die positiven Fälle beschreiben, ist es erforderlich, auch eine negative Testabdeckung bei der Testfall-Generierung zu berücksichtigen. Die negativen Testfälle betreffen unter anderem Tests, bei denen gezielt fehlerhafte Nachrichten gesendet werden, die durch das Steuergerät erkannt und entsprechend beantwortet werden müssen.

Ein typisches Beispiel ist es, einen Diagnose-Request zu senden, der ein Byte zu lang oder zu kurz ist oder der eine nicht implementierte Subfunktion über einen falschen Parameter anfordert. Diese negativen Tests sind abhängig vom jeweiligen Service und müssen daher separat für jeden Service in die Testfall-Erzeugung integriert werden. Die erwartete Antwort ist dann eine Nachricht mit dem entsprechenden Fehlercode (z.B. „12h –subFunctionNotSupported“). Für jeden Service gibt es vorgegebene Tests, die bei der automatischen Generierung den Testfällen hinzugefügt werden, sobald eine Service-ID erkannt wird.

Die generierten Testfälle werden anschließend in einer XML-formatierten Diagnose-Testfall-Beschreibung strukturiert abgelegt.

Neben dem beschriebenen Verfahren zur Extrahierung der in einem ODX-Dokument enthaltenen Basisinformationen besteht eine Herausforderung darin, dass der ODX-Standard gewisse Freiheiten bei der Bedatung und Strukturierung von ODX-Dokumenten erlaubt, woraus unterschiedlichste Ausprägungen von ODX-Dokumenten bei den verschiedenen OEMs und Zulieferer resultieren. Diese Freiheit macht es erforderlich, die ODX-basierte Testautomatisierung an eine vorliegende Ausprägung der ODX-Bedatung anzupassen, was einen zusätzlichen Implementierungsaufwand bedeutet. Damit ergibt sich für die Umsetzung die zusätzliche Anforderung, einen möglichst anpassbaren Algorithmus zur ODX-Datenverarbeitung zu konzipieren und bereitzustellen. Nach der erforderlichen Konfiguration des Algorithmus auf die vorliegende ODX-Ausprägung verringert sich der Zeitaufwand für die Durchführung der Tests jedoch deutlich.

3.2 Testeditor

Um dem Tester einen besseren Einblick in die generierten Testfälle zu geben und um diese komfortabel anpassbar zu machen, beinhaltet DiaMon-ADAPT einen Testeditor (siehe **Abbildung 2**) für deren interaktive Bearbeitung. Dieser erlaubt es dem Tester, die bei der Testfall-Generierung erzeugte Testfall-Beschreibung ohne Kenntnis der unterliegenden Formatierung zu ändern und ggf. Tests aus dem Testablauf zu entfernen, falls diese nicht benötigt werden. Dazu werden die erfassten Testfälle in einer Treeview angezeigt und können dort für eine Bearbeitung ausgewählt werden. Zu einem Testfall werden die enthaltenen Werte der Diagnosebotschaft eines Requests in Textfeldern dargestellt, die hierüber modifiziert werden können. Die dargestellten Werte repräsentieren die Bytes, die bei diesem Request gesendet werden. Analog werden auch die Byte-Werte des korrespondierenden Antwort angeboten. Über die Bearbeitung der Werte einzelner Testfälle hinaus lassen sich mit dem Testeditor auch neue Testfälle manuell erstellen sowie bestehende Testfälle ausschneiden, einfügen oder löschen.

Nach der Bearbeitung der Testfälle im Testeditor können diese wieder in der Testfall-Beschreibung gespeichert und zu einem späteren Zeitpunkt weiter bearbeitet werden.

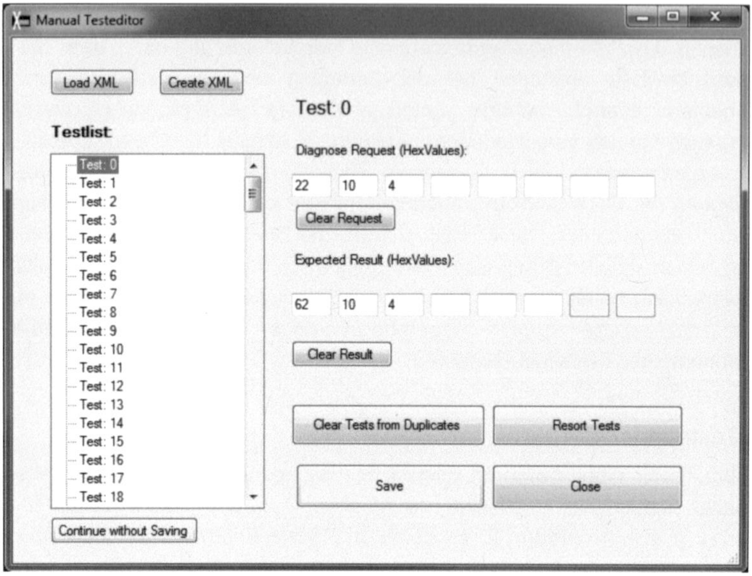

Abbildung 2: Testeditor

3.3 Testskript-Erzeugung

Die Erzeugung des Testskripts ist eine zentrale Funktion von DiaMon-ADAPT. Basis für ein abgeleitetes Testskript ist die von Vector entwickelte Skriptsprache CAPL.

Bei der Skripterzeugung werden aus einer zugrunde liegenden Testfall-Beschreibung (XML-Dokument) alle erfassten Diagnose-Request-Nachrichten für die Tests als durchnummerierte Message-Variablen angelegt und für diese die Byte-Belegungen mit den entsprechenden Werten im Skript erfasst (vgl. **Abbildung 5** im Abschnitt 3.5). Dafür werden im ersten Schritt Testlisten erzeugt, welche alle Testfälle enthalten. Aus dieser Listen werden die Knoten ermittelt, die die Request-Information enthalten. Für jeden dieser Knoten wird eine Zeile in das erzeugte CAPL-Skript geschrieben und eine Message-Variable definiert. Zusätzlich wird für jeden Request in der Testliste eine weitere Liste der Kind-Knoten mit dem Namen „BYTE" erstellt. Diese enthält die Bytes der zu sendenden Nachricht und wird im Anschluss dazu verwendet, die Nachricht zu definieren.

Durch dieses Vorgehen werden Daten aus dem Testfall-Beschreibungsdokument extrahiert und im Testskript (CAPL-Skript) abgebildet. Dabei erhält das Testskript einen vordefinierten Ablauf und eine komplette Event-Steuerung.

Das heißt es reagiert nur auf eintretende Ereignisse. Von diesen Ereignissen nutzt das von DiaMon-ADAPT generierte Testskript vier Typen: „OnStart"-Events, „OnKey"- Events, „OnTimer"-Events und „OnMessage"-Events. Es besitzt zudem einen eigenen Teil zur Definition von Variablen. Hier werden bei der Erstellung des CAPL-Scripts für jeden Test zwei „leere" Message-Variablen definiert, die beim „OnStart"-Event mit den spezifischen Bytes gefüllt werden.

Das als CAPL-Skript erzeugte Testskript wird als Textdokument im hierfür üblichen Dateiformat *.can gespeichert und somit für das Testtool nutzbar abgelegt.

3.4 Testtool

Für die eigentliche Diagnosekommunikation mit einem Steuergerät im Zuge der Testdurchführungen wird eine weitere Komponente benötigt, die als Schnittstelle zwischen Testumgebung und Steuergeräte fungiert. Als Plattform werden hierbei die von der Firma Vector angebotenen Testtools CANoe® oder CANalyzer® verwendet, die als vielseitige Werkzeuge für den Test und die Analyse von Steuergeräten bereits bei der Steuergeräte-Entwicklung etabliert sind.

Die Funktionen dieser Testtools sind sehr umfangreich und decken viele verschiedene Anforderungen in der Entwicklung von Steuergeräten und Netzwerken ab. Die wichtigsten Basisfunktionen sind die Analyse von Bussystemen, die Simulation kompletter Bussysteme und der Test von Systemen oder einzelnen Steuergeräten. Die Testtools ermöglichen eine komplette Einsicht in die Buskommunikation und bieten die Möglichkeit, manipulierend in die Kommunikation einzugreifen. Dabei lassen sich mit Hilfe der Skriptsprache CAPL (Communication Access Programming Language) Funktionen automatisiert ausführen, womit diese auch für das Konzept des DiaMon-ADAPT nutzbar werden.

Die durch DiaMon-ADAPT erzeugten Testskripte werden daher unmittelbar in für die Testtools von Vector ausführbaren CAPL-Skripten im entsprechenden Format (*.can) ausgegeben. Über das Testtool können anschließend die Kompilierung eines Testskripts, die Steuerung des darin erfassten Testablaufs sowie die Kommunikation mit einem Steuergerät und deren Protokollierung erfolgen. Das Testtool bildet damit die eigentliche Testumgebung für die Ausführung der durch DiaMon-ADAPT generierten Testfälle.

3.5 Beispiel

Aus der ISO 22901 ist es möglich, eine Grundstruktur zu bilden, der alle ODX-Dokumente folgen. In **Abbildung 3** wurde diese Struktur teilweise visualisiert. Dabei wurden nur die relevanten Unterstrukturen berücksichtigt, um die Komplexität zu reduzieren. Ein erfasster Diagnose-Service referenziert auf die Beschreibung des Diagnose-Requests sowie der korrespondierenden positiven und negativen Antworten.

Für deren Beschreibungen sind wiederum Parameter bedatet, die aus der weiteren Struktur des ODX-Dokuments ermittelt werden müssen. Hierbei erlaubt der ODX-Standard verschiedene Möglichkeiten, wie die benötigten Parameter hinsichtlich Referenzen und Strukturen bedatet werden können.

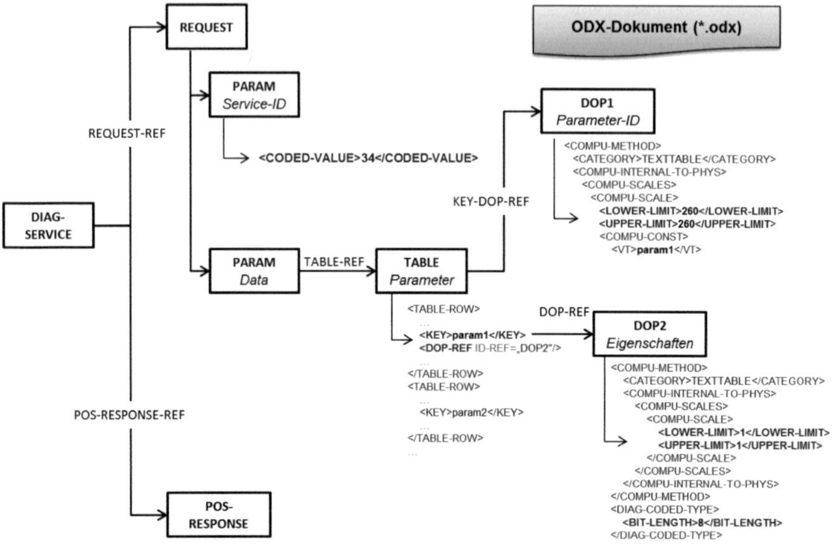

Abbildung 3: Bespielhafte ODX-Bedatung

Das abgebildete Beispiel bezieht sich nur auf einen Diagnose-Request. Korrespondierend hierzu lassen sich auch die Bedatungen für die positiven und negativen Antworten darstellen. In der Beispiel-ODX-Bedatung sind Parameter in einer TABLE strukturiert und werden über den Request eines jeweiligen Diagnose-Services referenziert (TABLE-REF). Die Zeilen der Tabelle (TABLE-ROW) erfassen die zur Verfügung stehenden Parameter. Eine jeweilige Zeile referenziert unter Verwendung eines Schlüssels auf eine DOP (KEY-DOP-REF). Diese DOP vom Typ TEXTTABLE enthält alle Parameter-IDs, die über das gebildete Key-Value-Bundle für den jeweiligen Parameter ermittelt werden können.

Zusätzlich enthalten die Zeilen der durch den Request referenzierten TABLE Referenzen auf Parameter-spezifische DOPs, die weitere Eigenschaften der Parameter erfassen und extrahiert werden müssen. Das Beispiel der ODX-Bedatung veranschaulicht trotz der Vereinfachung bereits die Komplexität und potentielle Vielfalt bei der Strukturierung und bei der Verwendung von Referenzen innerhalb eines ODX-Dokuments als Informationsquelle der automatisierten Testfall-Erstellung.

Bei der automatisierten Erzeugung der Testfälle (beschrieben in Abschnitt 3.1) werden alle Parameter für einen Diagnose Request aus der beispielhaft beschriebenen ODX-Bedatung extrahiert, aufbereitet und einer XML-formatierten Diagnose-Testfall-Beschreibung abgelegt. Dabei wird die Diagnosebotschaft für den Request eines Parameters Byte-weise unter dem Element <SEND-COMMAND> erfasst. Die Diagnosebotschaft der erwarteten Antwort wird unter dem Element <GET-COMMAND> erfasst. Bei der Aufbereitung der aus dem ODX-Dokument extrahierten Daten werden unter anderen die Parameter-IDs auf jeweils ein Byte große Blöcke aufgeteilt. Dafür werden die dezimalen Werte in hexadezimale Werte umgerechnet. So wird zum Beispiel eine die Parameter-ID mit dem dezimalen Wert 260_{dez} zunächst in den hexadezimalen Wert 104_{hex} umgerechnet und dieser anschließend auf zwei Byte-Blöcke mit den Werten 16_{dez} (10_{hex}) und 4_{dez} (4_{hex}) aufgeteilt.

Die nachfolgende **Abbildung 4** zeigte die generierte Testfall-Beschreibung (XML-formatiert) korrespondierend zur beispielhaften ODX-Bedatung in **Abbildung 3**.

Testfallbeschreibung (*.xml)

```
<TEST Testnumber="0" NodeName="Test: 0">
  <TEST-PRECONDITIONS />
  <TEST-STEPS>
    <SEND-COMMAND>
      <BYTE ByteNummer="1">34</BYTE><!--34dec == 22hex -> Request Service 22-->
      <BYTE ByteNummer="2">16</BYTE><!--16dec == 10hex-->
      <BYTE ByteNummer="3">4</BYTE><!--4dec == 4hex-->
    </SEND-COMMAND>
  </TEST-STEPS>
  <EXPECTED-RESULTS>
    <GET-COMMAND>
      <BYTE ByteNummer="1">98</BYTE><!--98dec == 62hex -> pos.Response Service 22-->
      <BYTE ByteNummer="2">16</BYTE><!--16dec == 10hex-->
      <BYTE ByteNummer="3">4</BYTE><!--4dec == 4hex-->
    </GET-COMMAND>
  </EXPECTED-RESULTS>
</TEST>
```

Abbildung 4: Beispiel einer generierten Testfall-Beschreibung

Über den manuellen Testeditor (Abschnitt 3.2) kann der erzeugte Testfall mit den Byte-Blöcken der Diagnosebotschaft analog betrachtet und bearbeitet werden (vgl. hierzu **Abbildung 2**).

Ausgehend von der aus den ODX-Daten generierten Testfall-Beschreibung (und einer ggf. nachfolgenden Bearbeitung über den Testeditor) kann ein Testskript abgeleitet und erzeugt werden (siehe Abschnitt 3.3). Analog zu den Beschreibungen der Testfälle werden mit den Mitteln der Skriptsprache CAPL die jeweiligen Diagnosebotschaften als ausführbares Skript erstellt. Die **Abbildung 5** zeigt den Auszug des generierten Testskripts korrespondierend zu dem Beispiel eines einzelnen Testfalls in **Abbildung 4**.

Testskript (*.can)

```
message 0x18DA4CF0x msg0= {DLC=8};

/*Test:0*/
msg0.byte(0)=3;
msg0.byte(1)=34;
msg0.byte(2)=16;
msg0.byte(3)=4;

/*@@timer: timer0:*/
on timer timer0
{
   if(DataReceived == 1)
   {
      write("%d Frames received.",Counter);
      DataReceived=0;
      Counter= 0;
   }
   output (msg0);
   if (msg0.byte(1) == 0x11)
   {
      WaitTime =  15; NoMessageTime = 9.9;
   }
   else
   {
      WaitTime = DefaultWaitTime;
      NoMessageTime = DefaultNoMessageTime;
   }
   i=0;
   settimer(NoMessage,NoMessageTime);
   settimer(timer1, WaitTime);
   canceltimer(timer0);
   write("TestNr. %d: Msg: %x %x %x @Time: %.4lfs Responsestatus: ",
         i,msg0.byte(1),msg0.byte(2),msg0.byte(3),Timenowfloat()/100000);
}
/*@@end*/
```

Abbildung 5: Beispiel eines generierten Testskripts

Das erzeugte Testskript kann nunmehr in einem entsprechenden Testtool geladen, kompiliert und ausgeführt werden, um die Tests durchzuführen (siehe hierzu Abschnitt 3.4).

4 Zusammenfassung

DiaMon-ADAPT stellt eine gesamtheitliche, effiziente Lösung zur automatisierten Erstellung und Durchführung einfacher Diagnoseprotokolltests und Testreihen dar, die sich durch die Adaptierbarkeit an individuellen Anforderungen auszeichnet.

Als Informationsbasis fungiert dabei eine Steuergeräte-Diagnose-Spezifikation im standardisierten Austauschformat ODX. Die zum Teil sehr unterschiedlichen Ausprägungen bei der ODX-Bedatung werden dabei durch die Anpassbarkeit des verwendeten Algorithmus unterstützt. Gleichzeitig wird durch einen Testeditor eine erleichterte Erzeugung von variablen CAPL-Skripten bereitgestellt. Dieser erlaubt es, Anpassungen an erzeugte Testreihen komfortabel vorzunehmen, auch ohne Vorkenntnisse in der Skriptsprache CAPL.

Die schnelle und effiziente Durchführung der Diagnoseprotokolltests durch den hohen Automatisierungsgrad haben unmittelbar eine Verkürzung von Testzeiten und die Erhöhung der Testabdeckung hinsichtlich Testtiefe und Testbreite zur Folge. Dabei betreffen die Möglichkeiten einer Verifikation nicht nur die Implementierungen eines Steuergeräts, sondern im Umkehrschluss auch die zugrunde liegenden ODX-Bedatungen.

Durch die Verfolgung automatisierter Tests wird es möglich, deutlich mehr Schwächen und Fehler zu identifizieren, bevor ein Steuergerät und die zugehörige ODX-Bedatung an nachgelagerte Stellen weitergegeben werden. Darüber hinaus führt eine höhere Testabdeckung zu einer verbesserten Qualität der Diagnosetestergebnisse und hat positive die Auswirkungen auf Qualitäts- und Gewährleistungskosten.

Literatur

[1] S. Pfenninger, “Konzipierung und Entwicklung von DiaMon-ADAPT, einem Tool zur automatisierten Erzeugung und Durchführung von Diagnoseprotokoll Tests”, Bachelorarbeit, HS Landshut, 2014.

[2] Vektor Informatik GmbH, Produktinformation CANoe®, 2013.

[3] ServiceXpert GmbH, Benutzerhandbuch DiaMon-ADAPT, 2015.

[4] ISO 22901-1, Road Vehicles - Open diagnostic data exchange (ODX), 2008.

12 OTX in der Produktion – Ein Erfahrungsbericht

Dr.-Ing. Jörg Supke, emotive GmbH & Co. KG, Ostfildern-Stuttgart

Abstract

The presentation gives an insight into the latest developments for establishing a continuous development process for OTX based diagnostic sequences. The high potential of OTX as an integrator of test tasks should be demonstrated by the use of OTX inside the EOL diagnostics of a German car manufacturer.

Kurzfassung

Der Vortrag gibt einen Einblick in aktuelle Entwicklungen zum Aufsetzen eines durchgängigen Entwicklungsprozesses für OTX basierte Diagnosesequenzen. Er möchte insbesondere anhand des produktiven Einsatzes von OTX in der Banden-de-Diagnose bei einem deutschen Fahrzeughersteller das hohe Potential von OTX als Integrator von Testaufgaben verdeutlichen.

1 Was ist OTX?

In der Vergangenheit wurden Testabläufe oft prosaisch beschrieben oder als Flow-Chart Diagramme in „Visio" gezeichnet. Diese Spezifikation wurde dann für ver-schiedene Zielsysteme meist immer wieder neu „von Hand" programmiert. Es ist leicht nachzuvollziehen, dass dies weder effizient noch prozesssicher ist.

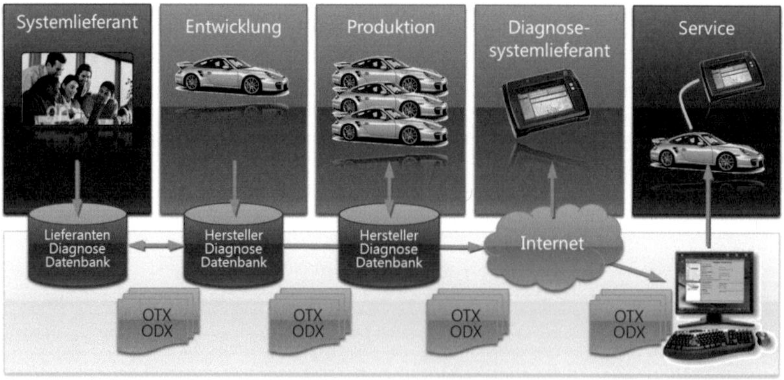

Abbildung 1: Austausch von standardisierten Diagnosedaten über alle Phasen des Fahrzeuglebenszyklus (Single Source)

In der Automobilindustrie wurde daher der neue OTX Standard (Open Test sequence eXchange) entwickelt. OTX ist ein in der ISO 13209 standardisiertes Platt-form und Tester unabhängiges Beschreibungsformat für ausführbare Prüfsequenzen. Die XML basierte Testablaufsprache bietet die vielversprechende Möglichkeit, Prüfabläufe über Abteilungs-, Tool- und Prozessgrenzen hinweg auszutauschen, ***siehe Bild 1***. Das in den Abläufen gespeicherte Know-how geht nicht verloren, sondern kann selbst nach vielen Jahren wiederverwendet werden.

OTX enthält die im Umfeld der Automobilindustrie notwendigen Elemente, wie beispielsweise für die Spezifikation, Ablaufsteuerung und Fehlerbehandlung oder für die Interaktion mit dem Benutzer, die Diagnosekommunikation sowie das Messen, Steuern und Regeln. Es kann aber auch einfach über standardisierte Erweiterungsmechanismen um neue Funktionen erweitert werden.

Weiterhin bildet OTX verschiedene Konzepte bezüglich Prozess- und Varianten-management ab, welche die praktischen Erfahrungen bei der Erstellung, Pflege und dem Ausführen von Testsequenzen widerspiegeln. OTX integriert sich nahtlos in bestehende Standards wie ISO 22900 (Diagnoselaufzeitsystem MVCI) und ISO 22901 (ODX), siehe ***Bild 2***. Ziel von OTX ist letztlich der Austausch und die Archivierung von verifizierten, praxiserprobten Prüfsequenzen.

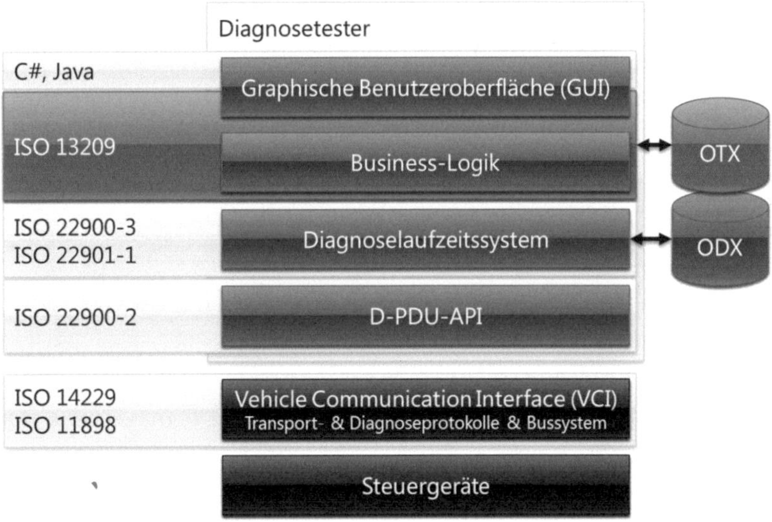

Abbildung 2: Einbindung von OTX in bestehende Standards

Zusammenfassend kann man sagen, dass mit OTX und ODX eine vollständige, datengetriebene Lösung für die gesamte Diagnoseprozesskette vorliegt. Mit der Unterstützung durch geeignete graphische Softwarewerkzeuge wird dadurch der Diagnoseentwicklungsprozess prozesssicherer, einfacher und produktiver.

Vorteile:

- OTX ist eine vollwertige domänenspezifische Programmiersprache im Bereich Fahrzeugdiagnose und Testautomatisierung
- Zielgruppen sind Entwicklung, Produktion und After Sales von OEMs sowie Zulieferern
- Standard zur prozesssicheren Ablage von Prüfwissen
- Deutliche Vereinfachung zum Lösen Diagnose spezifischer Aufgaben
- Tester und Plattform unabhängiges Austauschformat
- Strikte Trennung zwischen Testlogik und Laufzeitimplementierung
- Automotive spezifische Konzepte für Prozess- und Varianten-Management
- Standardkonform erweiterbar
- Herstellerunabhängig und wiederverwendbar
- Zur Entwurfszeit Diagnose spezifisch validierbar
- Kann als verbindendes Glied verschiedene, bisher getrennte Standards zusammenführen

1.1 Bibliotheken

Ein Prüfablauf besteht aus einer oder mehreren Aktivitäten. Alle Aktivitäten sind in OTX-Bibliotheken thematisch gruppiert. Die OTX-Basisbibliothek (Core) enthält alle Aktivitäten für die allgemeine Prüflogik, wie beispielsweise Prozeduraufrufe, Zuweisungen, Verzweigungen, Schleifen, Aktivitäten für die parallele Ausführung und Fehlerbehandlung. Alle anderen, nachfolgend gelisteten Erweiterungsbibliotheken erweitern den auch stand-alone lauffähigen Core um spezifische Funktionen, siehe ***Bild 3***.

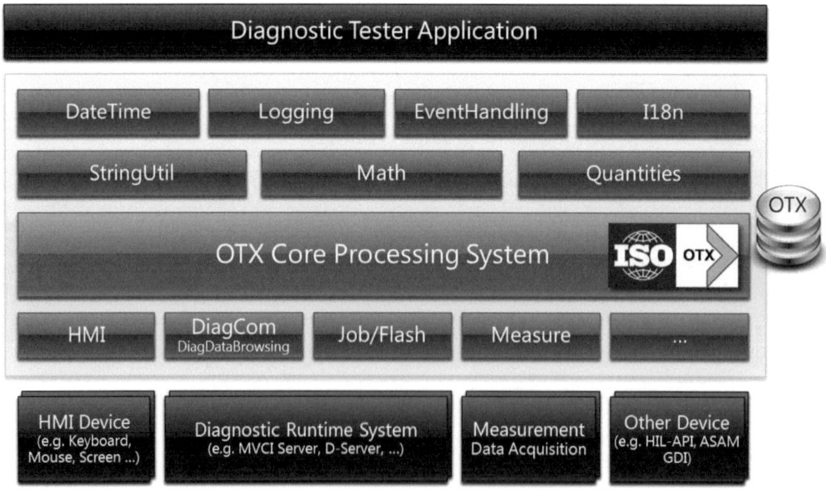

Abbildung 3: OTX-Bibliotheken (Extensions)

- **DiagCom**
  Die DiagCom-Bibliothek erlaubt den Zugriff auf ein standardisiertes Diagnoselaufzeitsystem nach ISO 22900 (MVCI-Server) für die Off-Board Diagnose-Kommunikation mit dem Fahrzeug.
- **DiagDataBrowsing**
  Die DiagDataBrowsing-Bibliothek baut auf der DiagCom-Bibliothek auf und liefert zur Laufzeit Informationen über die Diagnosedaten.
- **Flash**
  Flash erweitert die DiagCom-Bibliothek um Aktivitäten für den Zugriff auf die Flash-Daten eines ODX Containers. Es können Flashsequenzen erzeugt und somit Steuergeräte neu programmiert werden.
- **Job**
  Die Job-Bibliothek erweitert die DiagCom um den Zugriff auf die Job-API eines MVCI-Servers.
- **HMI**
  Die HMI Bibliothek enthält Aktivitäten für die Interaktion mit dem Anwender über eine grafische Benutzerschnittstelle (GUI). Das OTF ist dabei in der Lage, sich an bestehende Windows-Forms oder WPF-Anwendungen zu binden. Die in den Anwendungen gefundenen Steuerelemente werden dabei über das so genannte Screen-Mapping an OTX-Variablen eines Ablaufs gemappt, siehe Abbildung.
- **EventHandling**
  Die EventHandling-Bibliothek bietet Aktivitäten für das Arbeiten mit Ereignissen, z. B. Mausklick des Benutzers, Änderung einer Variablen oder Ablauf eines Timers.
- **i18n**
  Zur sprachlichen Anpassung des Ablaufsystems enthält die I18n-Bibliothek Aktivitäten für den Zugriff auf eine mehrsprachige Textbaustein-Bibliothek.
- **DateTime**
  DateTime stellt Elemente für die Arbeit mit Datum und Uhrzeit zur Verfügung.
- **Logging**
  Über die Logging-Bibliothek können Nachrichten in eine Log-Datei geschrieben werden.
- **Math**
  Die Math-Bibliothek enthält eine Sammlung mathematischer Funktionen, die nicht durch den OTX Core abgedeckt werden, z. B. Power, Log, Ln, Sin, Cos, Tan.
- **Measure**
  Mit der Measure Bibliothek stellt OTX Aktivitäten für grundlegende Mess- und Steueraufgaben bereit.
- **Quantities**

Die Quantities-Bibliothek erweitert den Core um Aktivitäten zum Rechnen mit physikalischen Einheiten.

- **StringUtil**
  Die StringUtil-Bibliothek enthält Aktivitäten für das Arbeiten mit Strings.

2 OTX in der Bandende-Diagnose

Bandende-Diagnose (oder End-of-Line Diagnose) bezeichnet beim Automobilhersteller einen Prozess am Ende des Fertigungsprozesses zur Prüfung, Inbetriebnahme, Codierung und Programmierung von Steuergeräten. Da er sich meist am räumlichen Ende der Montage- oder Fertigungslinien befindet, wird er oft auch als End-of-Line oder kurz EOL-Diagnose bezeichnet.

Die wesentliche Motivation zur Verwendung von OTX bei der Bandende-Diagnose ist neben dem Schließen von Medienbrüchen die einfache Tatsache, dass mit OTX die Prüfsequenzerstellung mit sehr geringen Programmierkenntnissen möglich ist. Zuvor wurde die Programmierung der Prüfsequenzen komplett an externe Zulieferer vergeben. Dies bedingt durch den notwendigen Planungs- und Zeitaufwand eine Konzentration des Arbeitsaufwandes zu einem ungünstigen Zeitpunkt der Entwicklung. Mit OTX ist man jedoch in der Lage, innerhalb der Produktion Prüfsequenzen selbständig und ohne nahezu externe Hilfe zu bearbeiten. Dadurch verteilt sich der Arbeitsaufwand besser auf die frühen Phasen der Serienentwicklung. ***Bild 4*** soll dies veranschaulichen.

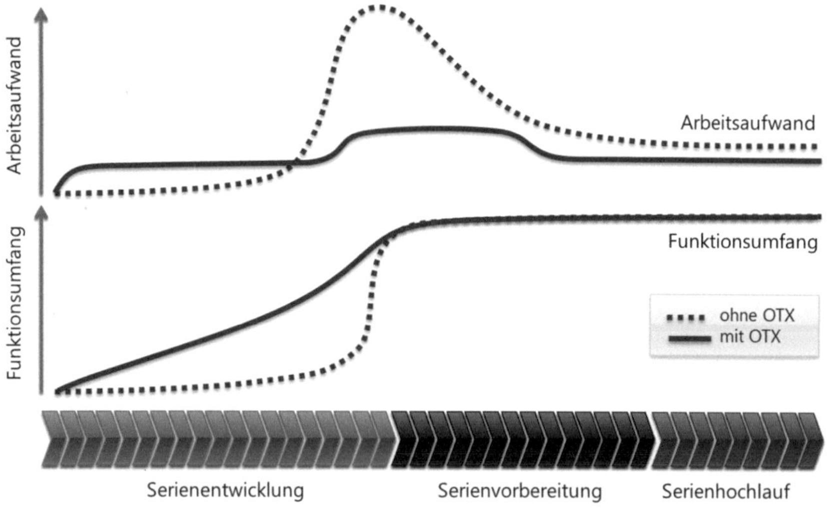

Abbildung 4: Optimierung des Arbeitsaufwandes durch OTX

Aufgrund der durchgängigen Verwendung von OTX in Entwicklung, Produktion und Vertrieb sowie die damit einhergehenden Synergieeffekte verringert sich zusätzlich der Aufwand zum Erstellen, Bearbeiten und Testen der Sequenzen. Es wird Abhängigkeit von Zulieferern reduziert und es erfolgt automatisch eine einheitliche, standardisierte Dokumentation ohne zusätzlichen Aufwand.

Leider kann aus Freigabegründen hier nur kurz und sehr allgemein auf die Problematik eingegangen werden. Für eine detaillierte Darstellung wird auf die Präsentation verwiesen.

3 Praktische Anwendung am Beispiel einer OTX-Entwicklungsumgebung

Im Zuge des Standardisierungsprozesses und der sich daraus ergebenden Möglichkeiten wurde durch emotive das Open Test Framework (OTF) entwickelt. Das OTF ist eine komplette neu implementierte Entwicklungsumgebung für OTX basierte Anwendungen im Bereich der Fahrzeugdiagnose mit den Hauptaufgaben:

- Spezifikation,
- Realisierung,
- Dokumentation,
- Test und Ausführen von OTX Sequenzen.

Aufgrund der in der Praxis teilweise heterogenen Landschaften in den verschiedenen Bereichen (z.B. in Entwicklung und Service oder bei OEM 1 und OEM 2) und den daraus resultierenden unterschiedlichen Sichtweisen und Anforderungen an eine Autorenumgebung wurde bereits bei der Konzeptionierung des OTF besonderer Wert auf

- Offenheit,
- Adaptierbarkeit und
- Erweiterbarkeit

gelegt. Es soll so sichergestellt werden, dass benutzerspezifische Anpassungen oder Erweiterungen einfach und schnell umgesetzt werden können.

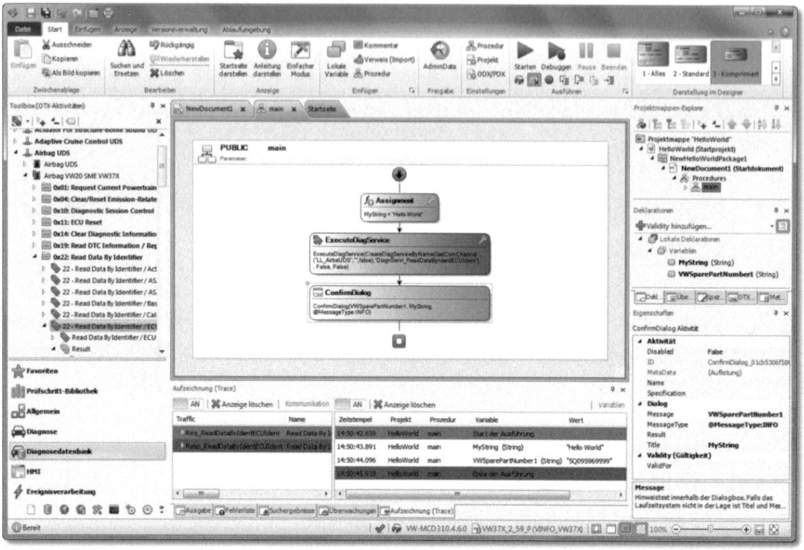

Abbildung 5: emotive Open Test Framework

3.1 Open Test Framework – Hauptfunktionen

Das Open Test Framework unterstützt den Anwender mit folgenden Hauptfunktionen:

Entwicklungsumgebung

- Komplette und native Unterstützung von OTX 1.0 nach ISO 13209
- Unterstützung von ODX 2.01, 2.1 und 2.2 nach ISO 22901-1
- Graphisches Erstellen von Testsequenzen durch einfaches *Drag & Drop von* Aktivitäten ohne Programmierkenntnisse
- Bearbeiten von OTX-Abläufen mit OTL – *Open Test sequence Language*. 100 % OTX kompatible Java/C# ähnliche Programmiersprache im Code-Editor
- Selbstdefinierbare *OTX-Vorlagen* (Template inkl. Platzhalter) für die schnelle und einfache Erstellung anwendungsspezifisch strukturierter OTX Dokumente inkl. das *Darstellen von Instruktionen*
- Umfangreiches *Projektmanagement* (Dateiablage); Export und Import von *PTX nach ISO 22901-1*
- *Bibliothekskonzept* inkl. Easy-Mode für die Erstellung und Bearbeitung von Sequenzen aus der fachlichen Sicht eines Technikers
- *Extension-Manager* zum Ein- und Ausschalten von OTX-Extensions
- *Meta-Daten Manager* zur strukturierten, Template gestützten Eingabe von OTX-Meta-Informationen
- Generierung von *einfachen generischen Testern* (Ausführbare Dateien *.exe)
- Undo, Redo beliebiger Tiefe

- Suche und Ersetzen auf Objektebene
- Referenzenanpassung mit Vorschau über die gesamte Projektmappe
- Native und direkte Verarbeitung der OTX-Daten (kein Im- oder Export)
- *Industriegeprüft* (Volkswagen, Porsche, Audi etc.)

Unabhängigkeit

- *Unabhängig vom Ablaufsystem.* Neue Laufzeitimplementierungen (z.B. Logging oder Textbaustein-Datenbank) können einfach hinzugefügt werden.
- *Unabhängig vom Diagnoselaufzeitsystem* (Aktuelle Implementierungen für DSA, VW, RAC und SIEMENS)

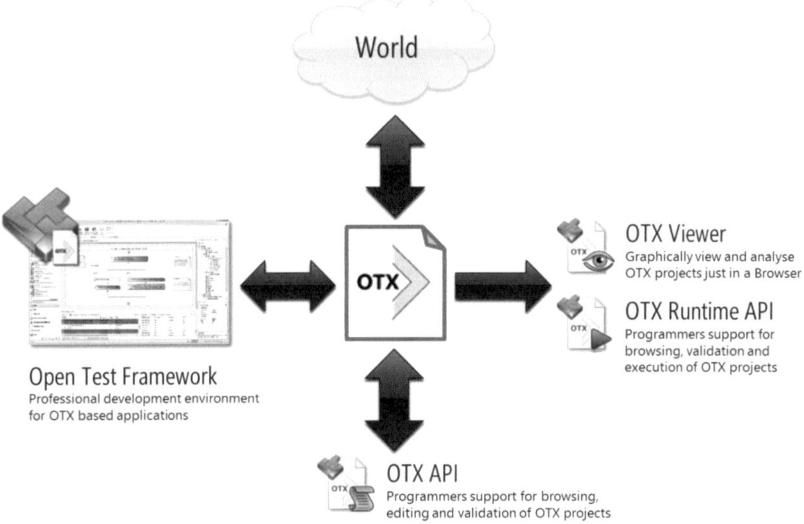

Abbildung 6: emotive Produktfamilie

Zusammenarbeit im Team

- Vollintegrierte *SVN Versionsverwaltung* (TortoiseSVN)
- Differ, Merger, Annotate etc.

Ausführen, Debuggen & Testen

- On-the-fly Erzeugung und Kompilierung von ablauffähigen Programm-Code (C#, kann um beliebige andere Sprachen erweitert werden)
- Integrierter visueller Debugger mit Überwachungsfenster zur Darstellung und Ändern von Deklarationen während der Ausführung
- Setzen von Haltepunkten, Optimieren der Abläufe und Lösen von Fehlern
- Offline-Betrieb zur Entwicklung von Abläufen ohne Zugang zum Fahrzeug
- Generic-Screen – Generische Erstellung von Fenstern zur Ausgabe (HMI)
- Screen-Mapping – Mapping von OTX-Variablen an Windows-Forms Anwendungen zur Ausgabe (HMI)

- Device-Mapping – Mapping von Device-Signaturen (Measure) an DLL's für die Interaktion mit beliebigen externen Geräten.
- Context-Mapping – Mapping von Context-Variablen an Identifikationsroutinen (Statische Methode in einer DLL)
- Integrierte Textbausteinbibliothek inkl. Editor (I18N)
- Komfortable Konfiguration und Erzeugung von Log-Dateien (Logging)
- Unterstützung von in ODX definierten Einheiten (UNIT-SPEC) für Quantity

Sicherstellung von Qualität

- *On-the-fly Überprüfung der Datenkonsistenz* und Anzeige von Fehlern und Warnungen
- *OTX-Checker* zur Entwurfszeitvalidierung der OTX-Abläufe

Release-Verwaltung

- Management von Freigabeinformationen (In ODX definierte ADMIN-DATA) im eingebauten Editor
- Erzeugung von *Setup-Installationsprojekten* (MSI) für die Verteilung lauffähiger OTX-Anwendungen (optional auch mit integrierter OTX-Laufzeitumgebung)
- *OTX-Viewer* zur graphischen Darstellung und Analyse von OTX Projekten im Internet-Browser (Firefox)

Erweiterbarkeit

- Unterstützung verschiedener neuer *OTX-Extensions* wie File, XML, DiagDataBrowsing+, Core+, EventHandling+, DataBase
- Erweiterung der standardisierten *Checker-Regeln* (z.B. zur Sicherstellung der ODX/OTX Datenkonsistenz)
- Stand-alone *OTX-API* und *OTX-Runtime-API* (beide inkl. OTX-Checker) für die Integration in eigene Umgebungen

Systemvoraussetzungen

- PC mit Windows XP SP2 oder höher (auch 64-Bit)
- .NET Framework 4.0

13 Vorteile und Grenzen des Einsatzes von OTX in der Servicediagnose

Dipl.-Ing. Marjan Hanc, Dipl.-Ing. (FH) Markus Steffelbauer, Softing Automotive Electronics GmbH, Haar

Abstract

ODX and OTX as diagnostic data formats have established themselves in the automobile industry as de-facto standards. Especially OTX, which was pushed from the service departments of OEMs, found its way into the service testers. As it was expected, this has many advantages. However, in the real use cases, a standardized programming language hits its capability boundaries too often. In this article, the advantages and disadvantages of the OTX language in the service area are discussed on the example of the Softing TDX, a Softing tool for the service diagnostic system. The discussion is aimed towards current and future challenges for the diagnostic architecture, especially in relation to the new application areas for diagnostic systems.

Kurzfassung

ODX und OTX haben sich als Diagnosebeschreibungsformate in der Automobilindustrie weitgehend durchgesetzt. Insbesondere OTX, das ursprünglich für die Belange der Servicebereiche bei den OEMs entwickelt wurde, wird inzwischen auch verbreitet in Servicetestern eingesetzt. Dies hat wie erwartet einige Vorteile. Allerdings stößt eine standardisierte Beschreibungssprache hierbei in realen Anwendungsfällen aber auch immer wieder an ihre Grenzen. Der Vortrag diskutiert diese Vor- und Nachteile am Beispiel von Softing TDX, dem Softing-Werkzeug für die Werkstattdiagnose. Er geht dabei insbesondere auf Herausforderungen, die sich aus neuen Ansätzen für die Diagnosearchitektur ergeben ein.

1 Einleitung

Mit steigender Komplexität von heutigen Fahrzeugen und breitflächiger Einführung von Fahrerassistenzsystemen (FAS) steigt auch der Funktionsumfang der Diagnosesysteme, die einem Techniker in der Werkstatt sowie bei Abnahme-, Fahrzeugvalidierungs- und Produktion-Tests zur Verfügung stehen müssen.

Auch in der erweiterten Automobilindustrie, wie z. B. bei Landwirtschaftsmaschinen, steigt durch die erhöhte Komplexität der Bedarf nach geeigneten Service-Diagnosesystemen weiterhin.

Im Vergleich zu den klassischen proprietären Service-Diagnosesystemen bieten die OTX-basierten Service-Diagnosesysteme wegen des modularen Aufbaus und ihrer Skalierbarkeit viele Vorteile. OTX fördert die Wiederverwendung von in unterschiedlichen Lebensphasen eines Fahrzeugs, erzeugten OTX-Abläufen. Dies spart Kosten und Zeit bei der Umsetzung eines modernen Werkstatttesters. Weiterhin bringt OTX zusätzliche Intelligenz in Service-Diagnosesysteme. Diese können jetzt von Fahrzeugkonfiguration oder ECU-Varianten abhängige oder unabhängige Diagnoseabläufe automatisch und parallel ausführen. Auch Lokalisierungsaspekte, wie z. B. Textausgaben in der Landessprache oder automatische Umrechnung der Messwerte in lokale Einheiten, sind mit OTX standardisiert gelöst worden. Weil der OTX-Standard speziell für die langfristige Anwendung in der Automobilindustrie entwickelt wurde, ist damit gewährleistet, dass trotz schnellen Technologieänderungen in der IT-Branche die Anwendungen nicht betroffen sind.

Gelegentlich stößt man bei der Umsetzung eines Service-Diagnosesystems mit OTX an inhärente Einschränkungen und muss dann wieder auf proprietäre Lösungsansätze zurückgreifen.

2 Grundarchitektur des OTX-fähigen Service-Diagnosesystems

Ausgehend von den ISO–Standards ISO13209 für OTX, ISO22901 für ODX und ISO22900 für das MCD-3D Diagnose-Basissystem sowie weiteren notwendigen Systemkomponenten, könnte ein standardisiertes OTX-fähiges Service-Diagnosesystem beispielhaft so aufgebaut werden, wie in folgender Abbildung dargestellt.

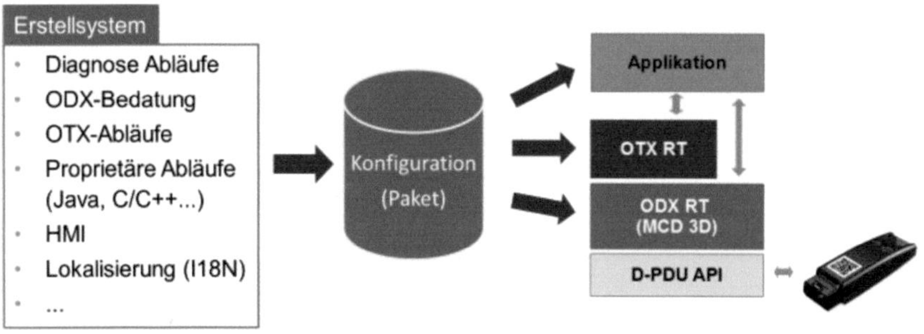

Abbildung 1: Beispiel Grundarchitektur des OTX-fähigen Service-Diagnosesystems

Mittels eines Autorensystems wird die Konfiguration des Service-Diagnosesystems erstellt. Diese Konfiguration umfasst die notwendigen ODX-Bedatungen, OTX-Abläufe sowie proprietäre Abläufe, grafische Darstellungen für HMI, Lokalisierungen und sonstige Daten, die im Service-Diagnosesystem benötigt werden. Hauptbestandteil des Konfigurationspakets ist die Darstellung der Diagnose-Abläufe für den Werkstattmitarbeiter und dazugehörige Dokumente, wie z. B. Reparaturanleitungen, Beschreibungen der untersuchten Komponenten, elektrische Schaltpläne, Kontrollpunkte, Pin-Belegungen, Explosionszeichnungen, usw.

Das Konfigurationspaket wird entweder über das Internet oder ein Speichermedium auf das Service-Diagnosesystem übertragen und dort angewendet. Die Hauptapplikation, die auf dem Service-Diagnosesystem läuft, dient der Ausführung der in der Konfiguration definierten Diagnose-Abläufe und zur Interaktion mit dem Anwender über die HMI-Schnittstelle.

Auf einem ISO-konformen Service-Diagnosesystem, wie z. B. Softing TDX (Abbildung 2) werden Diagnosesequenzen bzw. einzelne Diagnose-Dienste mittels OTX-Laufzeitumgebung (OTX RT) und den Diagnose-Server (MCD-3D) ausgeführt. Das Fahrzeug ist über die Fahrzeugschnittstelle (VCI) mit dem Diagnose-Server auf Basis der standardisiert D-PDU API Schnittstelle verbunden.

Dabei greift die Hauptapplikation des Service-Diagnosesystems während der Ausführung der Diagnose-Abläufe auf die einzelnen Schnittstellen, wie z. B. Diagnose, HMI oder I/O über die OTX-Laufzeitumgebung zu. Damit ist gewährleistet, dass auch bei Verwendung einer anderen OTX-Laufzeitumgebung oder HMI-Bibliothek das Servicediagnosesystem noch immer konsistent und von der Basistechnologie unabhängig bleibt.

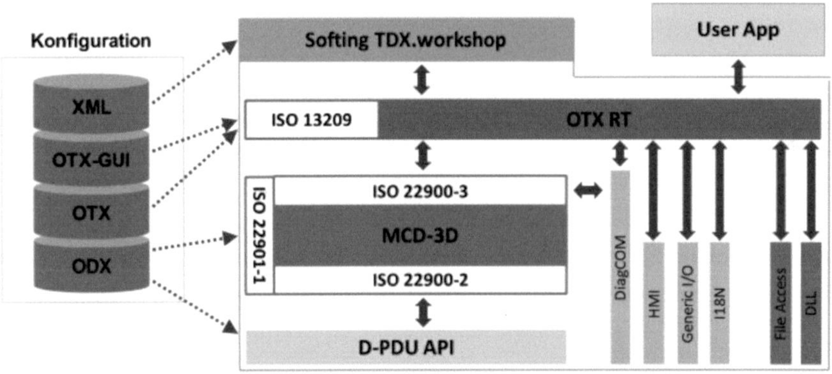

Abbildung 2: Beispiel eines ISO-konformen, modularen Werkstatttesters

Auch den kundenspezifischen Anwenderapplikationen (User Apps), die auf einem Service-Diagnosesystem eventuell gebraucht werden, stehen die implementierten Abläufe und somit die standardisierten Erweiterungen über die API-Programmierschnittstelle der OTX-Laufzeitumgebung zur Verfügung.

Mit dieser Grundarchitektur eines OTX-fähigen Service-Diagnosesystems sind die Wartbarkeit und die Unabhängigkeit von Grundtechnologie und Betriebssystem sowie die Flexibilität des Systems langfristig gewährleistet.

3 Heutige Anforderungen an Service-Diagnosesysteme

Wie eingangs erwähnt, fordert die steigende Komplexität von heutigen Fahrzeugen vor allem aufgrund der breitflächigen Einführung von Fahrerassistenzsystemen und der Umsetzung von vielen Komfortfunktionen in der ECU-Software unterschiedliche Diagnosestrategien.

Zu Zeiten, in denen die Anzahl der Steuergeräte im Fahrzeug überschaubarer war, war eine ECU-orientierte Diagnose für die Fehlerfindung und Ursachenbehebung ausreichend. Ein Techniker in der Werkstatt konzentrierte sich bei der Diagnose vorwiegend auf Fehlerspeicherlesen, Messwertekontrolle, Kalibrierung, Parametrierung und Steuergeräteprogrammierung.

Heutzutage ist eine ECU-orientierte Diagnosestrategie für eine effiziente Fehlersuche und schnelle Fehlerbehebung in komplexen Fahrzeugen nicht mehr ausreichend. Ein modernes Service-Diagnosesystem muss deswegen unterschiedliche Diagnosestrategien anbieten.

3.1 Unterstützung der funktionsorientierten Diagnosestrategie

Bei der funktionsorientierten Diagnosestrategie werden die einzelnen fehlerhaften Fahrzeugfunktionen untersucht. In diesem Anwendungsfall sind die für die Fahrzeugfunktion zuständigen ECUs dem Service-Diagnosesystem bekannt und werden gezielt mittels Diagnose-Abläufen in bestimmter Reihenfolge oder parallel diagnostiziert.

Die Ergebnisse von OTX-Abläufen werden anschließend ausgewertet. Darauf aufbauend werden die nächsten Schritte entweder automatisch oder mittels Interaktion mit dem Techniker initiiert. Wie in Abbildung 3 gezeigt, kann ein Techniker interaktiv unterstützt durch Handlungsanweisungen vom Service-Diagnosesystem geführt werden.

Bei der ECU-orientierten Diagnose muss der Techniker wissen, welche Funktion in welcher ECU umgesetzt ist und mit welchen anderen ECUs diese funktional verbunden ist. Durch die funktionsorientierte Diagnosestrategie muss der Techniker nicht mehr alle Details der Fahrzeugarchitektur kennen, um seine Arbeit mit Erfolg zu erledigen.

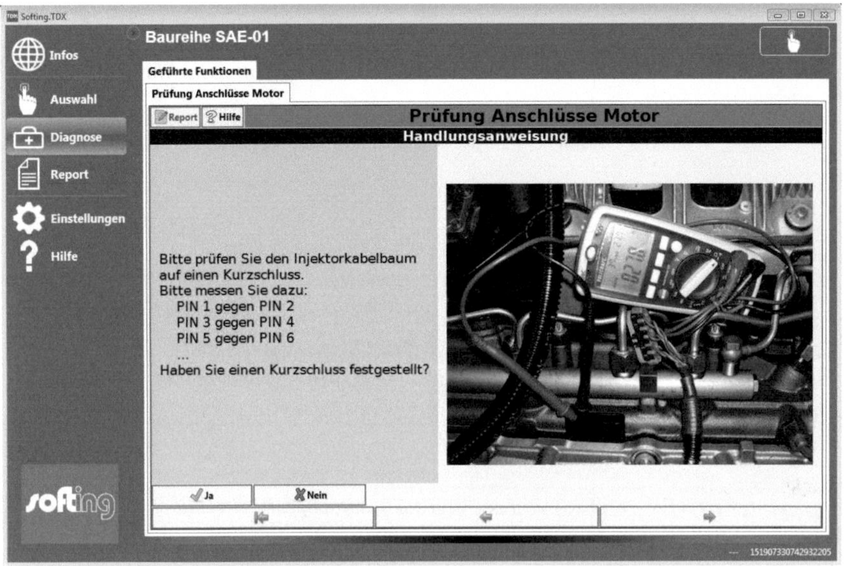

Abbildung 3: Funktionsorientierte Diagnose

3.2 Unterstützung der fehlerorientierten Diagnosestrategie

Bei der fehlerorientierten Diagnosestrategie geht es darum, einem (mehreren) im Fehlerspeicher registrierten Fehler(n) effizient und schnell nachzugehen. Ähnlich der funktionsorientierten Diagnose, ist ein detailliertes Wissen über die Fahrzeugarchitektur für die Fehlerbeseitigung nicht mehr erforderlich.

Wie in der Abbildung 4 gezeigt, führt das Service-Diagnosesystem den Techniker durch unterschiedliche, mögliche Zusammenhänge, die eventuell den untersuchten Fehlerspeichereintrag auslösen konnten. Der Techniker wird mit grafischen Abbildungen und textuellen Anweisungen bei der Fehlersuche unterstützt und interaktiv durch unterschiedliche Arbeitsschritte geführt.

Als besonderer Vorteil stehen dem Techniker die bei einzelnen Arbeitsschritten notwendigen Ausschnitte aus dem Service-Manual in elektronischer Form sowie die notwendigen Teilenummern zur Verfügung.

Das mühsame Blättern durch hunderte Seiten eines Service-Manuals und Teilekataloge ist nicht mehr notwendig.

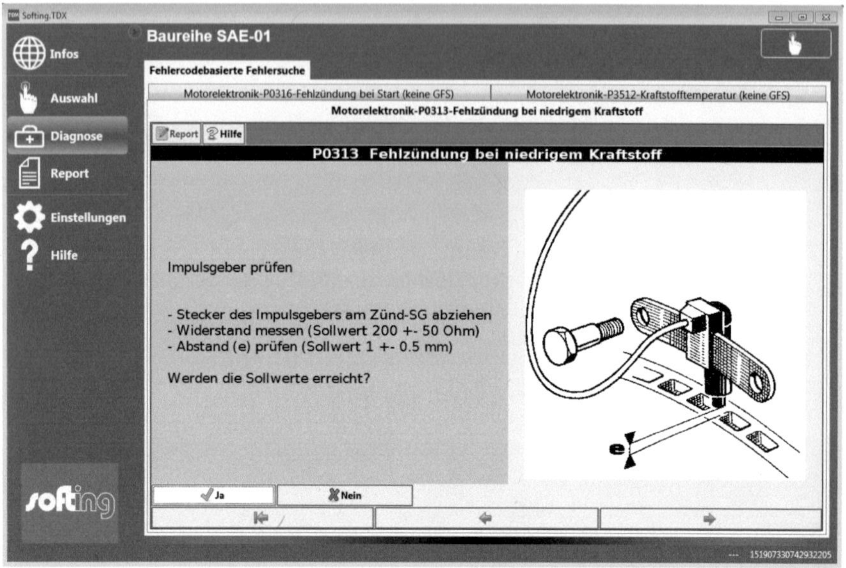

Abbildung 4: Geführte fehlerorientierte Diagnose

3.3 Unterstützung der symptombasierten Diagnosestrategie

Die symptombasierte Diagnosestrategie ist hilfreich, wenn ein Fehler im Fahrzeug nicht eindeutig einem Fehlerspeichereintrag zugewiesen werden kann oder kein Fehlerspeichereintrag vorhanden ist.

In diesem Fall kann sich der Techniker mit geführter Diagnose systematisch in mehreren Diagnose-Schritten der Problemursache annähern.

Vorteilhaft ist nicht nur, dass der Techniker bei dem Vorgang das Fahrzeug nicht im Detail kennen muss, sondern auch dass er sich bei der systematischen Arbeit und Fehlersuche mit dem Fahrzeug und den Fahrzeugkomponenten vertraut macht.

Man könnte die symptombasierte Diagnose auch als ein didaktisches Mittel betrachten. Mechaniker und Techniker müssen nicht mehr wie früher auf ein bestimmtes Fahrzeug ins Detail geschult werden, sondern es reichen ihnen Grundkenntnisse. Das Service-Diagnosesystem unterstützt sie bei der Arbeit mit allen notwendigen Details.

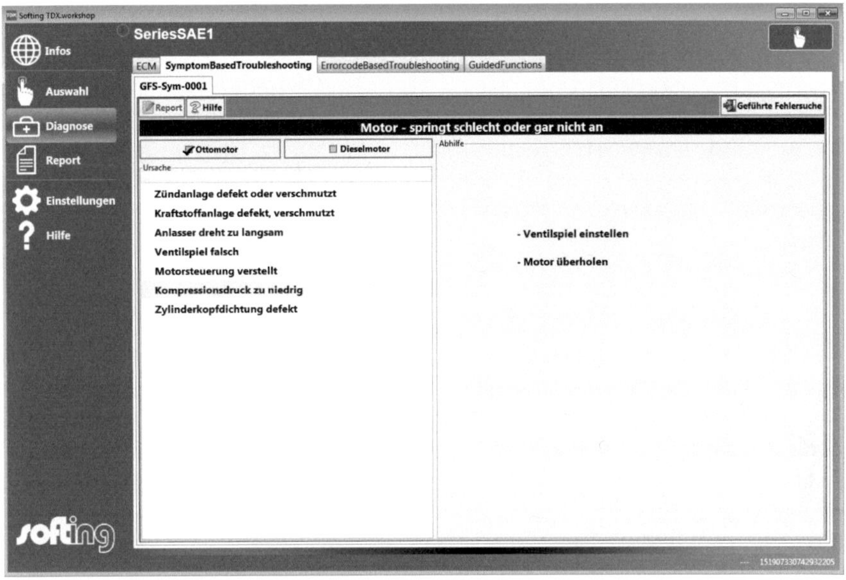

Abbildung 5: Geführte symptombasierte Diagnose

3.4 Variantenhandling

Varianten sind nach wie vor eine der größten Herausforderungen, für die Automobilindustrie: Varianten in der Fahrzeugausstattung, Varianten in der Steuergerätesoftware, aber auch Varianten durch Second-Source-Konzepte mit mehreren Steuergeräteherstellern parallel.

All diese Varianten muss der Werkstatttester beherrschen und sich damit de facto dynamisch an die erkannte Variante anpassen. Er muss aber auch im Rahmen der Steuergeräteprogrammierung zu erkannten Varianten im Fahrzeug die kompatiblen Update-Daten vorbereiten. Und schließlich muss er ermöglichen, dass neue Varianten einfach und mit geringem Freigabeaufwand ins Werkzeug integriert werden können.

OTX bietet durch die entsprechenden Sprachelemente eine einfache Möglichkeit diese Herausforderungen zu beherrschen.

3.5 Austausch einer ECU

Moderne ECUs bieten neben der flexiblen Softwarekonfigurierung und funktionalen Parametrierung auch die Datensammlung und dynamisches Erlernen von bestimmten Parametern an. Schon aufgrund der Anzahl der Parameter ist es für einen Werkstatttechniker praktisch unmöglich, alle Parameter nach dem Austausch einer ECU manuell zu konfigurieren.

Im geführten Austauschprozess müssen die erlernten Parameter daher aus der alten ECU ausgelesen, zwischengespeichert und nach dem mechanischen Austausch in die neue ECU programmiert werden. Um sicher zu stellen, dass auch bei zerstörter ECU die Parametrierung und die erlernten Daten gesichert sind, könnten diese bei jedem Werkstattbesuch ausgelesen und in einer zentralen Datenbank gespeichert werden.

3.6 Aktuatoren- und Sensorik-Tests

Zahlreiche in einem modernen Fahrzeug verbauten Aktuatoren und Sensoren verlangen, dass der Service-Diagnosetester spezielle Funktionen für die Prüfung zur Verfügung stellt. Dies können sowohl Selbsttests als auch Tests mit Sichtkontrolle durch den Mechaniker sein. Zusätzlich werden Funktionen zur (Re-) Kalibrierung benötigt. Diese speziellen Funktionen können mit OTX leicht programmiert und geprüft werden.

3.7 Software Aktualisierung

Der Umfang eines Software-Updates ist in den letzten Jahren enorm gestiegen. Er liegt heutzutage für ein FPGA bzw. SoC-basiertes Fahrerassistenzsystem bereits im Gigabyte Bereich.

Der Zeitaufwand für ein Update solcher Systeme ist immer beträchtlich, wenn auch abhängig von der Bandbreite der verfügbaren Diagnoseschnittstelle (CAN, CAN/FD oder Ethernet). Daneben ist ein solcher Updatemechanismus generell sicherheitskritisch und muss speziell abgesichert sein – zumindest gegen unberechtigte Benutzung und Veränderung der Inhalte. Ein OTX-Laufzeitsystem ermöglicht die parallele Ausführung von mehreren Flash-Vorgängen und trägt damit wesentlich zur Beschleunigung der Steuergeräteprogrammierung bei. Zusätzlich können auch unterschiedlichste Sicherheitsmechanismen integriert werden, dies allerdings proprietär.

4 Kommende Anforderungen an Servicediagnosesystemen

4.1 Fahrzeug-Ferndiagnose

Fahrzeug-Ferndiagnose (Remote Vehicle Diagnostics - RVD) bietet ein hohes Potential bezüglich der Kostensenkung für Garantieleistungen und verbesserten Service.

Darüber hinaus können die Hersteller anhand der über die Fahrzeugdiagnose gesammelten Daten bestehende Produkte verbessern und proaktiv frühzeitig die Problemstellen erkennen.

Die aus dem Fahrzeugbetrieb gesammelten Daten können auch für die Optimierung neuer Produkte, sowie Verbesserungen bei der Komponentenauslegung und in der Fertigung genutzt werden.

Besonders die frühzeitige Problemerkennung und eine eventuelle Minimierung der Folgeschäden sparen sowohl den Kunden als auch den Fuhrparkbesitzern die Reparaturkosten und steigern dadurch die Kundenzufriedenheit. Im Problemfall können die mobilen Serviceeinheiten den Kunden schneller unterstützen und schon im Vorfeld das Problem eingrenzen.

4.2 Remote Software-Aktualisierung

Steigende Softwarekomplexität und kontinuierliche Verbesserungen verlangen einen schnellen Zugriff auf das Fahrzeug. Statt eines längeren Besuchs in der Werkstatt kann mittels Remote Software-Update (Software Update Over-the-Air - SOTA) ein stehendes Fahrzeug, z. B. über Nacht, automatisch auf den neuesten Softwarestand gebracht werden.

Mit diesem Verfahren ist eine verbesserte Wartbarkeit der Fahrzeugfunktionen, eventuelle Software-Fehlerbehebung oder sogar die Schließung von Sicherheitslücken durch aktuelle Software gewährleistet. Aufgrund der Zeitersparnis bedeutet dies für den (End-) Kunden eine wesentliche Kostenreduzierung und Vertrauen in den jederzeit aktuellen technischen Stand des Fahrzeugs.

Besonders Flottenbetreiber, z.B. Logistikdienstleister oder große Taxiunternehmen, können mit der Remote Software-Aktualisierung ihren Fahrzeugwartungsprozess optimieren. Frühzeitige Problemerkennung und proaktive Handlung tragen dazu bei, dass die Fahrzeug-Ausfallszeiten minimiert werden.

Die größte Herausforderung und auch die wichtigste Anforderung ist die Sicherheit des Remote-Update Prozesses. Der gesamte Vorgang muss besonders zuverlässig verlaufen, um die Verfügbarkeit des Fahrzeugs zu gewährleisten, aber auch um mögliche Hacker-Angriffe zu verhindern.

4.3 Unterstützung unterschiedlicher Plattformen

Ein modernes Service-Diagnosesystem sollte nicht auf eine Hardware- oder Softwareplattform eingeschränkt sein, sondern muss dem Anwender die Freiheit bei der Plattformauswahl anbieten.

Zum Beispiel ist ein stationäres PC-basiertes Service-Diagnosesystem, welches in der Werkstatt angewendet wird, für den mobilen Einsatz ungeeignet. Beim mobilen Einsatz wünschen sich die Techniker ein kompaktes, auf Digitaltablett oder Smartphone basierendes Service-Diagnosesystem. Dabei erwarten die Anwender auch die Freiheit bei der Betriebssystemauswahl. Android, iOS, Linux oder Windows Betriebssystemunterstützung sollen dem Anwender zur freien Wahl zur Verfügung stehen.

4.4 Eingebettetes (On-Board) Diagnosesystemen

Aufgrund der Menge an Sensorik-Daten und damit verbundenen Diagnose-Services ist es in einem modernen Fahrzeug - besonders bei Diagnose-Sitzungen über Ferndiagnose - praktisch oft unmöglich, die Menge der verfügbaren Daten vollständig und in Echtzeit zu übertragen. Deswegen kann ein ins Fahrzeug eingebettetes Diagnosesystem wesentlich zur Datenreduzierung beitragen. Ein „On-Board“ Diagnosesystem könnte mit Hilfe von unterschiedlichen OTX-Abläufen das Fahrzeug aktiv überwachen und bestimmte diagnostische Fernabfragen auf die minimale Menge der zu übertragenden Daten reduzieren. Hier ist vor allem gemeint, dass die Diagnose-Sitzungen, die normalerweise über einen Fernzugriff mit deutlichen Latenzen arbeiten, ergebnisorientiert lokal ausgeführt werden. Damit ist die Menge der zu übertragenen Daten auf Start der Diagnose-Sitzung, Lesen der Ergebnisse und Schließen der Diagnose-Sitzung reduziert. Mit OTX und Fernzugriff könnten mehrere Diagnose-Sitzungen gleichzeitig ausgeführt und die Ergebnisse in einem Bericht (Diagnose-Log) zusammengefasst werden.

4.5 Fuhrparkmanagementsysteme

Ferndiagose ist ein wichtiger Bestandteil moderner Fuhrparksystemen. Sie bietet den Fuhrparkinhaber, Leasing- und Versicherung-Unternehmen effiziente und schnelle Datensammlung für die Fuhrparkmanagementsysteme. Diagnosedaten haben besonders großen Wert für die Kostenoptimierung, z. B. bei frühzeitiger Fahrzeug-Problemerkennung und Minimierung der Folgeschäden. Frühzeitige und proaktive Problemerkennung sowie schnelle Fehlerbeseitigung steigern die Kundenzufriedenheit und minimiert die Fahrzeug-Ausfallzeiten.

On-Board OTX-Abläufe können anhand verfügbarer Diagnose-Daten und Beobachtung der Fahrzeugmesswerten während der Nutzung die notwendige Intelligenz für eine effiziente Unterstützung der Fuhrparkmanagementsysteme anbieten.

5 Vor- und Nachteile von OTX in Servicediagnose

5.1 Vorteile von OTX in Servicediagnose

Ohne Zweifel bringt OTX viele Vorteile für die Servicediagnose. In erster Reihe ist das sicherlich die Langzeitorientierung und Standardisierung. Letztere ist insbesondere für die zunehmende Anzahl an Kooperationsprojekten zwischen Fahrzeugherstellern ein wichtiger Baustein für ein erfolgreiches Projekt. Durch die Standardisierung bleibt OTX darüber hinaus eine Domäne der Automobilindustrie und ist unabhängig von der IT-Industrie. Dies ist besonders wichtig, da die Technologieänderungszyklen in der Automobilindustrie nicht so schnell sind wie in der IT-Industrie. Die Langzeitstabilität war die Hauptanforderung für OTX, um Unabhängigkeit von Software- und Hardware-Technologie zu erlauben. Gewährleistet ist das damit, dass

OTX eine maschinenlesbare, plattformunabhängige, formal verifizierbare, strukturierte und erweiterbare Programmiersprache für Erstellung der Diagnose-Abläufe ist.

5.2 Nachteile und Grenzen von OTX in Servicediagnose

Trotz aller Vorteile ist einer der größten Nachteile, dass der Standard noch nicht vollständig ausgereift ist. Aus diesem Grund sind für reale Anwendungen im Servicebereich einige herstellerspezifische Erweiterungen notwendig. Damit kann OTX, ursprünglich als einfache Lösung für die Automobilindustrie angedacht, aktuell aus Sicht der Portabilität und Kompatibilität nur mit einigen Einschränkungen eingesetzt werden. Allerdings sind einige dieser Einschränkungen in der Standardisierung adressiert und werden zurzeit beseitigt.

Diagnose-Systeme basierten bisher vorwiegend auf für den Anwendungsfall zugeschnittenen und proprietären Lösungen. Diese wurden in Programmiersprachen wie C und Java entwickelt. Die Erstellung und vor allem Wartung von solchen proprietären Systemen ist sehr aufwändig und teuer. Besonders bei der Wartung über längere Zeit, haben die Entwickler das Problem, dass die Werkzeuge, mit welchen die Lösungen entwickelt worden waren, schnell veralten. Es muss sich noch erweisen, ob genau dieses Problem wegen der Unreife des Standards und den vorhandenen proprietären Erweiterungen durch OTX langfristig gelöst werden kann.

Deswegen ist eine Migration aus Altsystemen hin zu OTX-basierten Service-Diagnosesystemen schwierig und fordert in den meisten Fällen die Entwicklung eines komplett neuen Service-Diagnosesystems.

Des Weiteren stellt sich die Frage nach der Wiederverwendung und Freigabe von OTX-Abläufen. OTX sollte die Wiederverwendung der OTX-Abläufe durch den gesamten Fahrzeug-Lebenszyklus fördern. Die Praxis zeigt, dass dies nur bedingt möglich ist, weil für jede neue ECU-Variante der OTX-Ablauf angepasst und freigegeben werden muss.

Weiterhin sind die in dem Fahrzeugvalidierungsprozess verwendeten OTX-Abläufe nicht unbedingt auch für die Anwendung in Werkstätten geeignet. Mit Rollenmodellen (Authorites) kann die Ausführung der OTX-Abläufe eingeschränkt werden. Dies kann einen potentiellen Hacker aber nicht davon abhalten, dass er mit Umänderung des OTX-Ablaufs zu Fahrzeugfunktionen Zugang erhält, die normalerweise nur einem eingeschränkten Nutzerkreis zur Verfügung stehen.

Aus diesem Grund müssen die OTX-Abläufe entsprechend für die Distribution OEM-spezifisch verschlüsselt und vor der Ausführung entschlüsselt werden. Auf einem leistungsfähigen PC-Rechner geschieht dies für den Nutzer unbemerkt, aber auf einer mobilen Plattform oder in einem eingebetteten OTX-Laufzeitsystem kann es je nach verfügbarer CPU-Leistung zu Performanz-Einschränkungen kommen.

Bei der Verwendung von OTX-Abläufen auf On-Board-Diagnosesystemen stellt sich die Frage, ob eine Trennung der reinen OTX-Abläufe von solchen mit Anwenderinteraktion möglich wäre.

Praktisch ist das mit Verwendung von OTX-Bibliotheken und damit Verlagerung der Haupt-Diagnosefunktionen und der graphischen Inhalten in separate OTX-Dateien möglich. Der zentrale OTX-Ablauf kann dann systemabhängig, also mit oder ohne HMI und Anwenderinteraktion, die Diagnosedienste ausführen. Dieses Verfahren ist aber nur dann einsetzbar, wenn vor der Implementierung das Anwendungsszenario berücksichtigt wird.

Anders gesagt: die OTX-Abläufe können nur dann wiederverwendet werden, wenn sie gezielt für die Wiederverwendung entwickelt worden sind.

6 Fazit

Die Verwendung des Standards OTX in realen Servicetester-Projekten zeigt, dass einige der erwarteten Vorteile auch in der Praxis zu erreichen sind. Anderseits sind durchaus noch Klippen zu umschiffen, die sich aus Lücken im Standard ergeben oder den geringen Erfahrungswerten beim Einsatz von OTX geschuldet sind. Hier werden sich in der Zusammenarbeit von Anwendern und Toolherstellern zeitnah Erfolge einstellen.

Neue Trends in der Diagnose, wie etwa die Ferndiagnose sowie Verlagerung des Diagnose-Kernsystems näher zum Fahrzeug, werden weitere Anforderungen stellen, die eventuell auch den Standard selbst betreffen. Hier wird eine konsequente Weiterentwicklung, ohne Beeinflussung des existierenden Standards – schließlich sind bereits tausende von OTX-Abläufen bei den OEM erstellt worden – von zentraler Bedeutung sein.

14 BMW Group Engine Quick Test – ein wegweisender Entwicklungsbaukasten für die Offboard-Diagnose von Motoren

Dr.-Ing. Sebastian Grasreiner, BMW Group, München, **Dipl.-Ing. Marco Römer**, AVL Deutschland GmbH, München

Abstract

Service quality in maintenance and repair procedures have a major impact on customer satisfaction in the automotive industry. These days current power train systems involve very complex diagnostic processes in case of a defect. Moreover future developments will intensify this conflicting situation. The application of regular diagnostic fault trees is limited to more or less simpler symptoms. Automatic test environments for systems and components have the potential to make power train diagnostics more reliable, robust and controllable. The triggering of actuator units, the reading of system behavior data and the interpretation of results therefore follows an auto sequence and enables the repair or replacement of only damaged parts. *BMW Group "Engine Quick Test" (EQT)* does detailed service procedure analysis and derives innovative test runs, special tools and software solutions. In consequence an improvement of service quality and customer satisfaction as well as a control loop of warranty costs can be achieved.

Kurzfassung

Die Servicequalität bei Wartung und Reparatur hat großen Einfluss auf die Kundenzufriedenheit von Premiumautomobilherstellern. Die aktuell im Markt befindlichen Antriebskonzepte sind bei Beanstandungen sehr komplex zu diagnostizieren und die Zukunft verspricht eine weitere Verschärfung dieses Konflikts. Reine Testbaumabfragen stoßen schon jetzt bei verketteten Symptombildern an ihre Grenzen. Hier können automatisierte System- und Komponententests die Diagnose von Antrieben robuster, reproduzierbarer und steuerbar gestalten. Selbstablaufende Testprozeduren mit Aktoransteuerung, Messdaten-Erhebung und anschließender automatisierter Ergebnisauswertung ermöglichen das gezielte und alleinige Instandstetzen oder Tauschen von defekten Teilen. Der *„Engine Quick Test" der BMW Group (EQT)* erstellt detaillierte Serviceanalysen und leitet daraus innovative Testabläufe, Sonderwerkzeuge und Softwarelösungen ab. Damit werden eine Verbesserung der Servicequalität, Erhöhung der Kundenzufriedenheit und Steuerung von Gewährleistungskosten ermöglicht.

1 Projektmanagement

1.1 Zielstellung

Das Projekt „Engine Quick Test" (EQT) hat zum Ziel, die Qualität bei Reparaturen und Wartungsfällen in den Händlerbetrieben nachhaltig zu verbessern.

Detaillierte Service-Analysen haben Einfluss auf die Entwicklung von automatisierten Testabläufen. Hintergrund dieses Ansatzes ist die Reduzierung von manueller und dadurch fehleranfälliger Diagnosearbeit im Werkstattbetrieb durch die Erhöhung des Automatisierungsgrads bei der Fehlersuche. Das heißt im Einzelnen, dass ein Fehlerbild (bspw. Verbrennungsaussetzer) durch die Ansteuerung von Aktuatoren und das Rückvermessen der Systemantwort bestmöglich nachgestellt werden soll. Die Ablauflogik wird im Service-Testgerät für den Mechaniker zur Verfügung gestellt, so dass die gleichen Schritte für jeden Diagnosefall einfach wiederholt und automatisch ausgewertet werden. Weiterhin ist eine Einbindung der EQTs in die manuellen Testpläne (Fehlerbäume) der regulären Diagnoseumgebung notwendig.

Für den Fall, dass bei bestimmten Werkstattvorgängen eine Erweiterung des Werkzeug-Inventars notwendig ist, kann der Engine Quick Test auch die Konzeption von Sonderwerkzeugen darstellen. Diese sind dann für die Handelsbetriebe nach Industrialisierung direkt bestellbar.

Die Entwicklung von neueren Antriebskonzepten bedingt zunehmend die Berücksichtigung von Service-Belangen bzgl. der späteren Wartungsfähigkeit. Hier beteiligt sich der Engine Quick Test bei der Darstellung von Softwarewerkzeugen für die Diagnose in Entwicklung und Fertigung.

1.2 Team

Das EQT Team versteht sich als „atmendes Gebilde". Je nach aktueller Aufgabenstellung werden weitere Fachexperten oder teamübergreifende Hilfestellungen hinzugezogen. Die Kernbesatzung besteht aus vier bis fünf Mitarbeitern mit dem in **Abbildung 1** gezeigten Qualifikationsprofil.

Es ist notwendig neben den „Soft Skill" Anteilen wie generelles Projektmanagement, Führung und Kommunikation auch bestimmte Fachkenntnisse abzubilden. Insbesondere die gezielte Analysefähigkeit, die Programmierung von Software- und die Fertigung von prototypischen Hardwarelösungen bilden das Fundament der Leistungsseite im Projekt.

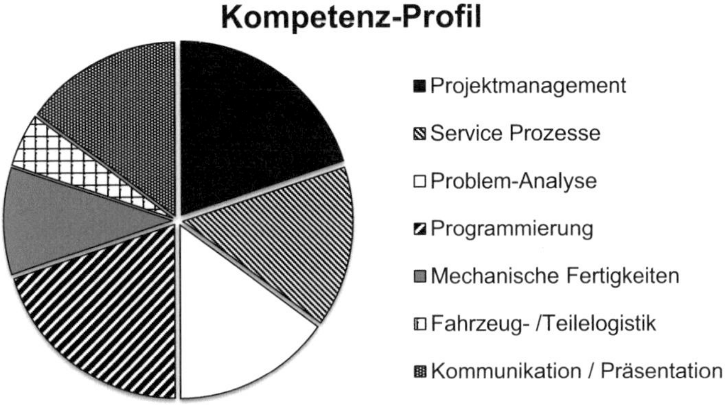

Abbildung 1: Fähigkeitenprofil der Kernbesatzung im Team EQT

Da das Qualifikationsspektrum sehr weit gefächert ist, bietet sich das Projekt auch für die Ausbildung von Studenten als eigenständige Teilprojekt-Mitarbeiter an. Eine schnelle Einarbeitung, engmaschige Betreuung und durchgehende Zielverfolgung haben den Einsatz von 13 studentischen Mitarbeitern und Abschlussarbeitern innerhalb der Jahre von 2011-2015 geebnet.

1.3 Zeitplan

Der generische Projektablauf in **Abbildung 2** zeigt anhand von sieben Meilensteinen M1-M7 auf wie zügig ein typisches Engine Quick Test Softwareprojekt zur Erstellung automatischer Prüfungen voranschreitet und in zumeist fünf Monaten von der Idee zum internationalen Release reift. Innerhalb des ersten Monats nach Problemstellung erfolgen die klare Problemeingrenzung und damit die Themenannahme im Falle einer Eignung (Milestone M1). Es werden zeitgleich die Analyse der Qualitätssystemdaten, der Schadteile und eine Nachstellung des Phänomens an Entwicklungsfahrzeugen vorangetrieben. Alle Anstrengungen dieser frühen Projektphase münden dann in einer Erstdefinition eines Testablaufs (Milestone M2), welcher in den folgenden Projektphasen umgesetzt und implementiert werden soll.

Im zweiten Monat des Projekts startet die Programmierung des Prüfungskonzepts. Ziel dieses Zeitblocks ist eine erste automatisch laufende Laptopvariante (Entwicklungsrechner) der Prüfung mit noch manueller Auswertung der Ergebnisse darzustellen (Milestone M3). Zu Beginn werden dazu ein Programmlayout und eine Grobdarstellung als „Schreibtischprogrammierung" angestrebt, welche im Folgenden am Fahrzeug validiert und dann anhand spezifischer Benutzeranforderungen verfeinert wird.

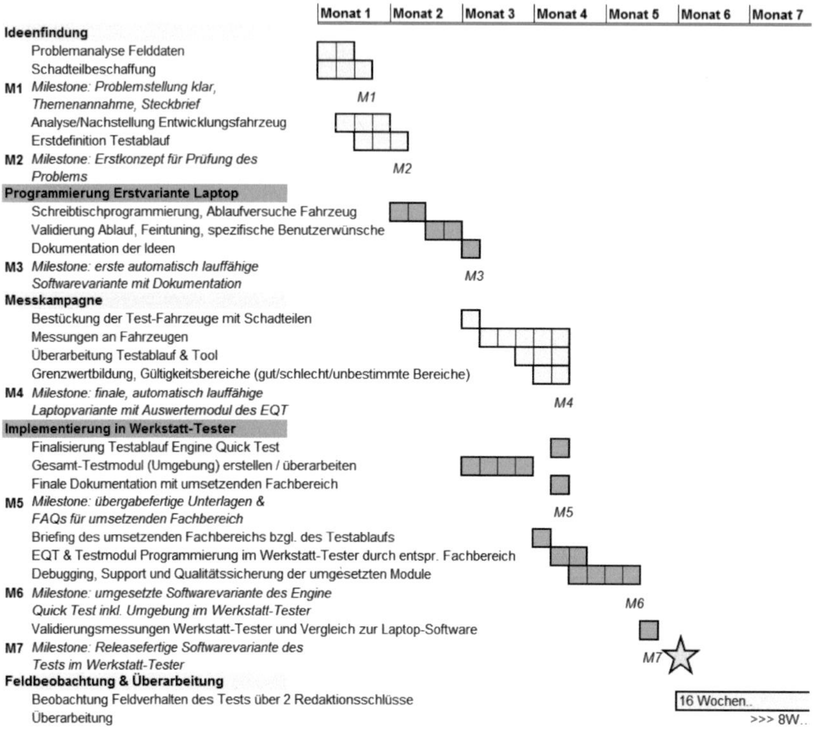

Abbildung 2: generischer Zeitplan für ein EQT Projekt

Mit Hilfe der Laptopvariante der Software kann nun in breiten Messkampagnen das gegebene Problem nachgestellt und abgeprüft werden. Verschiedene Fahrzeuge werden dazu mit Schadteilen bestückt (oder alternativ applikativ verändert) und vermessen. Falls notwendig wird die Programmierung anhand neuer Erkenntnisse weiter iteriert. Folglich ist dann eine fertig gestaltete Laptopvariante des EQT Ablaufs mit automatischem Auswertemodul verfügbar (Milestone M4). Um eine Unterscheidung zwischen guten/ schlechten/ nicht definierten Schadteil-Zuständen zu treffen, wurde vorher eine detaillierte Analyse der erzeugten Messdaten durchgeführt.

Einer der wichtigsten und fachbereichsübergreifenden Projektblöcke startet nachfolgend. Es werden zusammen mit der für die Werkstatt-Tester Implementierung zuständigen Fachstelle die bisherigen Ergebnisse gesichtet und übergabegerecht aufbereitet (Milestone M5). Insbesondere die umgebenden Testpläne rund um den automatischen Ablauf müssen meist massiv angepasst werden. Für den Servicemitarbeiter soll das Konstrukt am Ende einfach bedienbar sein und das gleiche „look and feel" wie bei regulären Testplänen bieten. Daher müssen alle den automatischen Ablauf umgebenden Schnittstellen neu definiert, Ergebnisse sinnvoll übergeben und weiterverarbeitet werden.

Im Folgenden startet die Umsetzung aller notwendigen Teilmodule im Werkstatt-Tester. Dabei bietet das Team des Engine Quick Test den zuständigen Fachbereiche stetigen Support als auch Hilfe beim Debugging und der Qualitätssicherung der häufig neuen Ideen. Zu Beginn des fünften Monats ist damit bereits die Implementierung des Ablaufs auf den Werkstatt-Tester verfügbar und lauffähig (Milestone 6).

Als abschließender Baustein vor dem Release dienen die Validierung des Ablaufs am Tester und der Quervergleich des Testverhaltens gegenüber der bekannten und breit vermessenen Laptopvariante. Zum gleichen Zeitpunkt wird eine automatische Übersetzung der Software-Bildschirmausgaben zur Verfügung gestellt (Milestone 7).

Nach internationalem Release aller Umfänge in die Serviceunternehmen werden die Performance der Testmodule und die Entwicklung der Qualitätsdaten kontinuierlich verfolgt. Stichprobenartig werden durch den EQT identifizierte Schadteile beschafft und rückvermessen, um die Aussagequalität der Tests zu verifizieren. Im Falle von Änderungsnotwendigkeiten können dann relativ einfach die Testmodule, Grenzwerte und Testabläufe für einen Folgerelease angepasst werden.

1.4 Schnittstellen / Zusammenarbeiten

Die Arbeiten des Engine Quick Test beinhalten verschiedene Ausprägungen. Die Analyse von Problemfällen im Feld, die Erstellung von automatischen Prüfabläufen, die Konzeption von Sonderwerkzeugen und die Programmierung von Softwaretools benötigen allesamt eine breite Wissensbasis zur Berücksichtigung aller notwendigen Randbedingungen. Dem gegenüber steht eine vergleichsweise kleine Teamstärke zur Bearbeitung der Themen. Ausweg ist hier die Verbreiterung der Basiskompetenzen durch stark vernetztes Zusammenarbeiten mit außenstehenden Fachbereichen, vgl. **Tabelle 1**. Durch engmaschige Kommunikationswege und die Erzeugung einer „Win-win"-Situation sind diese Kooperationen äußerst stabil.

Fachstelle	Aufgabenprofil	Schnittstelle mit EQT
Center of Competence (CoC) Entwicklung Antrieb	Entwicklung/ Betreuung von Serienkomponenten u. Systemen	Wissensspeicher für Komponenten und Systemverhalten
Fachbereich Aftersales Werkstatt-Tester	Implementierung und Wartung von Tester-Software; Reparaturanleitungen	Dokumentation Abläufe/ Anleitungen; Rückmeldung zum Verhalten im Feld

Technischer Support, Gewährleistungsprozesse, Märkte – technische Verwaltung	Informations- und Teiledistribution aus dem Feld; Kommunikation Serviceunternehmen / Entwicklung	Bidirektionaler Austausch zu Schadteilen/ Infos und Kundenwissen; Begleitung der „Flying Analysts" Einsätze
Fachstelle Werkstattausrüstung	Industrialisierung und Bereitstellung von Sonderwerkzeugen	Dokumentationen und Bedienungsanleitungen für neue Werkzeuge

Tabelle 1: Schnittstellen des Engine Quick Test Gesamtprojekts

2 Methodik

2.1 Internationale Detail-Analyse

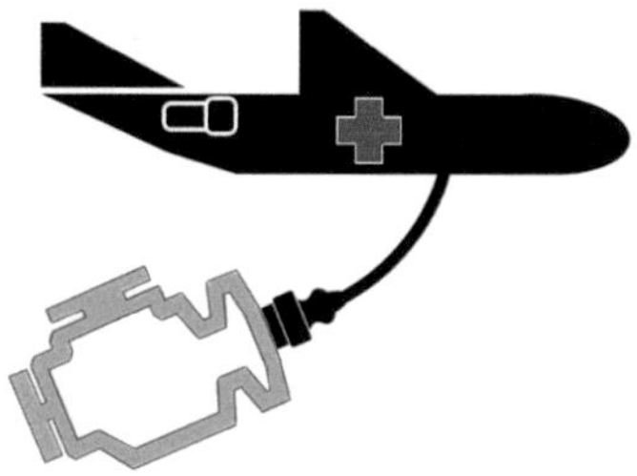

Abbildung 3: Logo der „Flying Analysts"

Der typische Vorgang der Problemanalyse für Werkstatt-Prozesse wurde im generischen Zeitplan behandelt. Üblicherweise reichen datengetriebene Verarbeitungen der Qualitätssysteme und die Sichtung von Schadteilen aus dem Feld aus, um das Problem verstehen und an Entwicklungsfahrzeugen nachstellen zu können. In seltenen Fällen stößt diese Vorgehensweise allerdings an ihre Grenzen bspw.:

- Stark lokal abhängige Phänomene (Kraftstoff, Wetter, Umgebungsschmutz, Fahrverhalten, „Reparaturverhalten"...) können nicht durch alleinige Sichtung von Qualitätsdaten abgebildet werden.
- Verschiedene Aussagen der Qualitätssysteme sind widersprüchlich und können nicht einer einzelnen Ursache zugeordnet werden (Komponente, Bauteil-Systemverbund, Software, Applikation, etc.).
- Ein starker Fallanstieg (Anzahl Reparaturen) in kurzer Zeit bei zeitgleicher Inkonsistenz der Lösungsansätze (jede Reparatur ist anders) resultiert in einer erhöhten Anzahl an Wiederholreparaturen.
- Ohne sofortiges Lösungsangebot für eine Beanstandung wird eine breite Basis von Kundenzufriedenheit riskiert.
- Es passiert eine überproportionale Erhöhung von ungerechtfertigten Gewährleistungskosten im Falle von langen Lösungsfindungsprozessen.

- Strikte gesetzliche Randbedingungen (bspw. USA, China) lassen keine Möglichkeit einer Lösungsiteration bei hochkomplexen Problemen im Antrieb zu.

Es wird deutlich, dass für diese Problemstellungen ein schneller, pragmatischer Ansatz gefunden werden muss, der es ermöglicht international vor Ort an den betroffenen Kundenfahrzeugen Detailanalysen vorzunehmen und die Ergebnisse in die Entwicklung zu spiegeln.

Die „Flying Analysts“ kommen diesem Anspruch nach, vgl. **Abbildung 3**. Es wird eine kleine Arbeitsgruppe aus Experten zusammengestellt, welche sich der Problemstellung innerhalb kürzester Zeit annehmen. Das EQT Team koordiniert die Einsätze der „Flying Analysts“ in verschiedenen Regionen (bspw. USA, Kanada, Brasilien, Südafrika) und verantwortet damit auch die Qualität der Dokumentation und Ergebnisse aus den Vor-Ort-Besuchen. Im Rahmen dieser Arbeiten werden verschiedene Zeitpunkte unterschieden.

Aktivitäten *vor dem Einsatz* der „Flying Analysts“:

- Zusammenstellung des Arbeitsteams (zwei bis vier Spezialisten)
- Sichtung der üblichen Qualitätssysteme, Schadteilbegutachtung, Anfordern von Kundenaussagen
- Bereitstellung von beanstandeten Fahrzeugen zur Analyse vor Ort
- Konsolidierung eines „Workflows“ für die Prüfung und Dokumentation der Antriebsprobleme sowie Zusammenstellung aller notwendigen Werkzeuge und Tools (Hardware, Software)
- Briefing aller Teilnehmer; Koffer packen

Aktivitäten *während des Einsatzes* der „Flying Analysts“ vor Ort:

- Prüfung der Werkstattabläufe (Service- und Gewährleistungsarbeiten, Umgang mit Werkzeug/ Fahrzeugen/ Kundenaussagen/ Schad-/ Ersatzteilen, etc.)
- Prüfung der beanstandeten Antriebe (Mechanik, Software, Testfahrten)
- Identifikation von Problempotentialen, Erarbeitung von Lösungsansätzen
- Erst-Implementierung von Lösungsansätzen (Prozesse, Mechanik, Applikation, Software)
- Prüfung der Wirksamkeit erarbeiteter Lösungsansätze (Testfahrten)
- Dokumentation der Ergebnisse
- Abstimmung und Feedback an die Marktvertreter vor Ort; Rückreise

Aktivitäten *nach dem Einsatz* der „Flying Analysts“:

- Industrialisierung von Lösungsansätzen mit der Fachstelle
- Knowhow Sicherung und Überführung in den Problemmanagementprozess

Die Effizienz der „Flying Analysts“ gründet sich auf den engen Schulterschluss mit den entsprechenden Antriebs-Fachstellen und der Zusammenarbeit mit dem jeweiligen Technischen Support. In manchen Fällen kann auch ein „Teile Clearing“ Prozess genutzt werden, um die genannten Analysen zu vollziehen. Mit Hilfe dieses Prozesses, wird jeweils vor dem nächsten Reparaturschritt ein Kontakt mit dem betreffenden Händler aufgenommen, um die Notwendigkeit der Reparatur zu bestätigen und eventuell wertvolle Daten für die Entwicklung zu erhalten.

2.2 Tooling

Im Folgenden werden ein paar Beispiele zum methodischen Tooling im Rahmen des Engine Quick Test Projekt vorgestellt. Alle genannten Tools sind Eigenentwicklungen.

Tool 1: NOODLE – New Online OBD Data Logging Environment

Auszug aus dem Parallelvortrag „NOODLE – Eine Datenlogger-Umgebung zur Erfassung mobiler Messdaten.“ von Bernhard Schlegel, BMW Group, München:

Abbildung 4: Verwendung des NOODLE Datenloggers

Oft werden zur Problemdiagnose oder Weiterentwicklung detaillierte Messdaten von Kunden- und/ oder örtlich entfernten Fahrzeugen benötigt. Das Entsenden von qualifizierten Mitarbeitern zur Aufzeichnung der benötigten Daten vor Ort ist mit hohen Kosten und Wartezeiten verbunden. Hier setzt das „New Online OBD Data Logging Environment“ (kurz „NOODLE“) an, vgl. **Abbildung 4**:

NOODLE ist ein eigenständiger Logger der sich trotz leistungsfähiger und zuverlässiger Komponenten auf Stückkosten von nur 200€ beläuft. Sobald mehrere Logger weltweit verteilt sind, entfaltet sich das volle Potential des Konzepts. Zur Erhebung hochdetaillierter Messdaten durch einen Messtechnik-Laien ist dann nur der digitale Versand einer Konfigurationsdatei notwendig. Diese ist verschlüsselt und damit ist vertrauliches OEM-Steuergeräte-Wissen nicht gefährdet. Die Konfiguration wird dabei mit einem speziellen Windows-Experten-Tool erzeugt, das später auch zum Einlesen der Log-Daten zur Verfügung steht.

Was den Umfang der verfügbaren Messgrößen angeht, kann der Ingenieur aus dem Vollen schöpfen: Neben „read data by identifier“ (RBDI) steht auch „read data by address“ (RBDA) in vollem Umfang an der OBD Dose zur Verfügung. Jede beliebige

Größe kann dadurch abgefragt werden. Je nach Anzahl der abgefragten Größen geschieht dies mit mittleren 3-10Hz oder schneller.

Tool 2: SDR – Simple Data Recorder

Das Softwaretool SDR für den Laptopbetrieb ermöglicht Expertenanwendern in der Entwicklung den direkten Zugang zu Steuergerätedaten, deren Aufzeichnung und Visualisierung über die OBD-Buchse. Intuitives Bedienen, intelligente Algorithmen bei Datenmanagement und Fehlerbehandlung und damit Kosten- und Zeitersparnis bei Problemanalysen zeichnen diesen Software-Recorder aus. Eine Messkonfiguration ist in wenigen Minuten erstellt und einsatzbereit. Die Daten können grafisch und tabellarisch in Echtzeit dargestellt werden, vgl. **Abbildung 5**. Messdaten sind anschließend zur sofortigen Analyse in gebräuchlichen Formaten verfügbar.

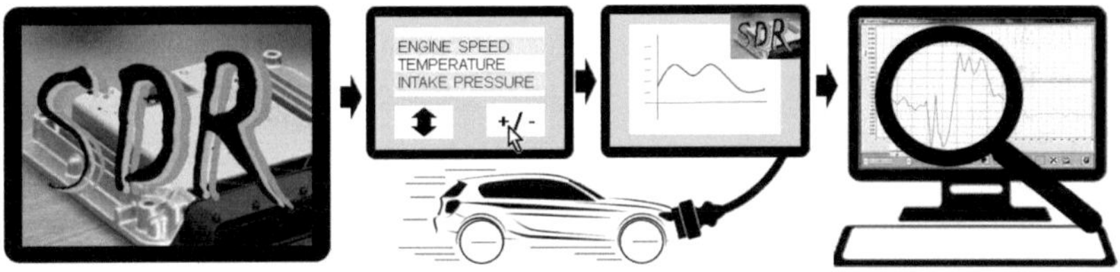

Abbildung 5: Verwendung des Simple Data Recorder SDR

Das SDR Tool bietet außerdem zusätzliche Optionen an: zahlreiche Parameter wie bspw. Leerlaufdrehzahl, Steuerzeiten, Einspritzmengen können im laufenden Betrieb konfiguriert werden.

Tool 3: SGBD Tester.

RDBI Anfragen („read data by identifier“) an der OBD Buchse werden mittels der sogenannten Steuergeräte-Beschreibungsdatei (SGBD) kanalisiert. Diese Datei enthält unter anderem Informationen zur korrekten Ansprache des Steuergeräts und zur Adressierung der abfragbaren Messgrößen sowie deren physikalischen Umrechnung. Typischerweise wird eine SGBD aus einer Vorläufer-Version abgeleitet und die Überprüfung ihrer Korrektheit ist mit hohem manuellem Aufwand verbunden. Da sich aber verschiedene BMW Diagnosetools auf die volle Funktionsfähig der SGBD stützen, ist ein Tool zur automatischen Vermessung aller SGBD RDBI Größen sinnvoll.

Das Softwarewerkzeug SGBD Tester prüft die Kommunikation zwischen Steuergeräten und weiteren Expertentools. Dabei wird kontrolliert, ob Übertragungsfehler auftreten, alle verfügbaren Kanäle lesbar sind und plausible Daten liefern können. Die direkt und automatisch am Fahrzeug gewonnenen Messdaten werden optisch aufbereitet und können den Fachstellen maßgeblich bei der Gestaltung von Diagnoseabläufen helfen.

2.3 Diagnose Entwicklung

Softwarebaukasten

Alle EQT Softwaretools greifen auf einen übergreifenden Softwarebaukasten zurück. Die Vorteile dieser Vorgehensweise bestehen in einer Kosten-, Aufwands- und Fehlerreduktion (Wiederverwenden von vorhandenen Software-Bausteinen, verringerte Neuprogrammierung). Es wird eine modulare Entwicklung der Bausteine möglich, solange ihre Schnittstellen und Interaktionen vorab ausreichend detailliert beschrieben werden. Die Übersichtlichkeit und Ablaufkontrolle eines Programms können insbesondere bei notwendigen Fehleranalysen erhöht werden. Außerdem ist die Änderungsfähigkeit erleichtert bzgl. der Erweiterung und Optimierung von ganzen Funktionsarchitekturen.

Letztendlich führt der Softwarebaukasten damit zur schnelleren Verfügbarkeit von Erstlösungen bei Diagnoseabläufen innerhalb von nur wenigen Tagen. Die Einarbeitung von neuen Programmierern wird aufgrund eines Baukasten-Null-Projekts (Musterausgangspunkt) mit allen wichtigen Funktionen deutlich verschlankt und der Übertrag einer Laptop-Variante zum Werkstatt-Tester wird mit immer gleichen Codebausteinen einfacher und fehlerunanfällig.

Zur nachhaltigen Nutzung eines Softwarebaukastens muss der „Teile und Herrsche" Vorgehensweise gefolgt werden. Hierbei werden komplexe Gesamtaufgaben solange in Teilaufgaben aufgesplittet, bis die einzelnen Teile hierarchisch und leicht verständlich sind und sich nicht überschneiden bzw. mit anderen Teilaufgaben wiederholen. Diese Aufgabenunterteilung wird dann in der Programmstruktur mittels einer Klassendefinition gespiegelt, welche die Schnittstellen und Eigenschaften vorhält. Die objektorientierte Programmierung ermöglicht die stetige Erweiterung / Änderung von Einzelbausteinen (bspw. OBD Verbindungsaufbau) ohne Einschränkung des Gesamtcodes (bspw. übergeordneter automatischer Testablauf).

Zusätzlich wird durch die Festlegung und das Monitoring von teamweiten Programmiervorschriften die Softwarequalität gesichert. Robustheitstest der entstandenen Abläufe und die Übernahme von Ablaufschritten in Folgeprojekte sind regelmäßig vorgesehen. Alle Codebestandteile und kompilierten Programme werden auf einem synchronisierten Projektserver mit einem Versionsverwaltungssystem abgelegt. Von dort aus hat jedes Teammitglied gleichzeitig Zugriff und Editionsmöglichkeiten sowie eine Backupfunktion zur Hand.

Konfigurierbarkeit automatischer Testabläufe

Im Verlauf des EQT Gesamtprojekts hat sich eine hohe Flexibilität der Softwareabläufe als äußerst zweckmäßig erwiesen. Damit hat der Nutzer die Möglichkeit, die Programme an seine eigenen Bedürfnisse anzupassen und die Anwendungsbreite deutlich zu steigern.

- Im Verlauf der Messkampagne kann es notwendig sein, die entscheidenden Parameter einer Sensitivitätsanalyse zu unterziehen oder den gesamten Messablauf bzgl. Teststabilität und –dauer zu optimieren. Entsprechende Parameter (bspw. Bestromungsprofile, Einschwingzeiten, Variationsreihenfolgen, Temperaturschwellen etc.) werden deswegen in einem externen Konfigurationsfile für den Nutzer direkt zugänglich abgelegt. Zur Abänderung der Messungsabläufe muss deswegen keine neue Kompilierung des Codes erfolgen.
- Die aus dem Softwaretool entstandenen Ergebnisse werden häufig in verschiedenen Formen beim Post Processing weiterverwendet. Manchmal werden nur Screenshots von Linienzügen benötigt, manchmal ASCII Files oder auch andere Fileformate für verschiedene Anwendungsfälle. Die Optionen zur Ergebnisdarstellung in den Softwaretools erlauben nicht nur die genaue Anpassung der Ergebnisse sondern auch die Zusammenführung selbiger mit weiteren Metadaten zur Messung (Fahrzeugdaten, Umweltdaten, andere Messsysteme).

Die Konfigurationsoptionen werden mit Hilfe von übergreifenden Softwaremodulen in allen vom Engine Quick Test entwickelten Tools dargestellt und entspringen dem bereits erläuterten Softwarebaukasten.

3 Projektbeispiele

3.1 Verkokungsprüfung im Service

Nachfolgendes Verfahren wird in mehreren Patentschriften beschrieben [1, 2].

Verbrennungsmotoren, welche den Kraftstoff direkt in den Brennraum einspritzen (Direkteinspritzung) haben generell einen Nachteil gegenüber der indirekten Beimengung über das Saugrohr oder die Einlasskanäle: die Einlasskanäle werden „trocken" betrieben, es ist demnach außerhalb des Brennraums kein reinigender Kraftstofffilm vorhanden. Fremdstoffe oder Verunreinigungen können im Betrieb dann nicht unmittelbar verdünnt und abgewaschen werden. Insbesondere wenn ein nicht freigegebenes Motoröl verwendet wird (Crackverhalten), die Kraftstoffqualität großen Schwankungen unterliegt (Rußneigung) und der Niederlastbetrieb dominiert (Restgasmenge), kann es zu Ablagerungen sowohl in den Einlasskanälen als auch zum Teil in den Brennkammern kommen. Typischerweise wird das Öl bei Überschreiten einer gewissen Temperaturschwelle in seine Bestandteile „gecrackt" und begünstigt das Verkleben und Ansammeln von eventuell vorhandenen Rußteilchen. Im heißen Niederlastbetrieb werden teils gummiweiche bis hin zu steinfesten koksartigen Ablagerungen „angebacken" – es handelt sich dann hierbei um einen Verkokungsprozess.

Je nach Größe und Ort der Verkokung kann es zu unterschiedlichen Phänomenen im Motorbetrieb kommen. Ablagerungen im Einlasskanal und im Brennraum stören die für den Ottomotor wichtige Ladungsbewegung der Frischgasmasse, verhindern die vollständige Gemischhomogenisierung, können Glühzündungen begünstigen und verschlechtern die Stöchiometrie in verschiedenen Betriebszuständen. Insbesondere reagieren Brennverfahren häufig mit einer verringerten Restgastoleranz auf Verkokungen. Für den Fahrer äußert sich eine beginnende Ablagerung zumeist in einer schlechteren Laufunruhe des Motors welche mit steigendem Grad bis hin zu Ruckeln und Verbrennungsaussetzern sowie teilweise zu klopfendem Volllast-Betrieb führen kann.

Es wird deutlich, dass in Fällen steigender Verkokung eine Reinigung unerlässlich ist, um die Fahrbarkeit des Fahrzeugs weiter zu gewährleisten. Im Service wird ein beanstandeter Motor zumeist optisch analysiert, mit einem Schaublatt verglichen und bzgl. Verkokungsgrad bewertet und danach falls notwendig gereinigt. Dieses Beurteilungsverfahren beinhaltet gleich mehrere Nachteile: die Zugänglichkeit zu den optisch zu bewertenden Bauteilen (bspw. dem Einlasskanal) muss durch die teilweise Demontage des Motors gewährleistet werden. Zur Endoskopie muss eine entsprechend hochqualitative Optik eingeführt werden und das Ergebnis der Bewertung wird jeweils relativ subjektiv ausfallen entsprechend dem vorliegenden Erfahrungsschatz des Servicemechanikers. Sowohl der Arbeits- und Kostenaufwand vor der finalen Bewertung, die notwendige teure Hardware als auch die mangelnde Objektivierbarkeit des Verfahrens erfordern eine Überarbeitung.

Die Grundidee eines Testverfahrens zur Verkokungsdetektion ist die Nachstellung des Symptoms „unrunder Motorlauf“ bei erhöhtem internem Restgas. In Abhängigkeit der nicht-reaktiven Gasmenge (Restgas) im Brennraum reagiert ein verkokter Motor mit einer deutlichen Erhöhung der Laufunruhe im Vergleich zu einem sauberen Aggregat. Dies hängt insbesondere mit der mangelnden Restgashomogenisierung durch eine verschlechterte einlasskanalinduzierte Ladungsbewegung bei Verkokung zusammen.

Nachdem der Servicemechaniker im Rahmen der neuen Engine Quick Test Verkokungsprüfung alle Grundlagenchecks durchgeführt hat, um die Querdiagnose von anderen Schlechtkomponenten zu vermeiden (bspw. alte Zündkerzen oder Kraftstoffansammlungen im Motoröl), wird ein automatischer Testablauf angestoßen. Dazu wird der Motor in den Leerlaufzustand gebracht und der angeschlossene Werkstatt-Tester erhöht stabilitätsfördernd die Leerlaufdrehzahl. Anschließend werden die Ventilsteuerzeiten der Einlass- und Auslassseite wechselseitig so verändert, dass sich nacheinander Zustände mit geringer Ventilüberschneidung bis hin zur Maximalüberschneidung einstellen. Zeitgleich müssen die Laufunruhewerte des Motors mit Hilfe üblicher Verfahren (bspw. mittels Drehzahlungleichförmigkeiten) ausgelesen und gespeichert werden. Mit Hilfe der innerhalb von 2-3 Minuten erzeugten Laufunruhedaten dieses Aggregats können im Nachhinein Kennzahlen gebildet werden, welche den Motorlauf bei verschiedenen Ventilüberschneidungen klassifizieren, vgl. **Abbildung 6**.

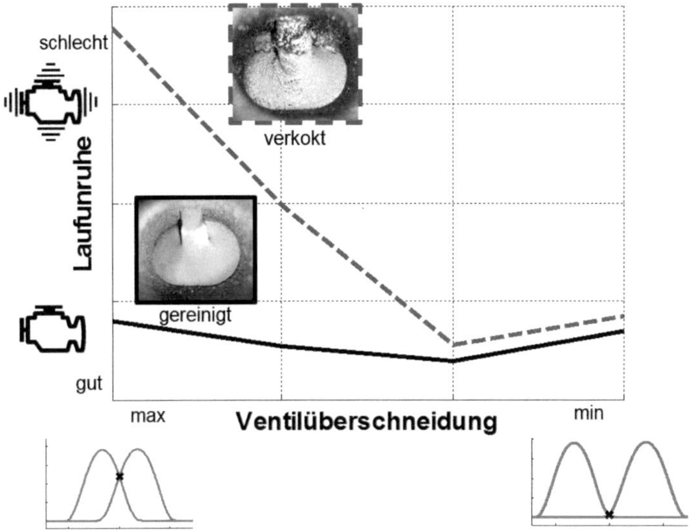

Abbildung 6: Verkokungsdetektion mittels Steuerzeitenverstellung

Überschreiten diese Kennzahlen ein gewisses vorher mit Hilfe von sauberen Motoren definiertes Grenzmaß, so ist von einer Verkokung im Einlasskanal bzw. im Brennraum des vermessenen Aggregats auszugehen. Es kann im Anschluss eine Reinigung des betreffenden Bauteils erfolgen.

Vorteil der Verkokungsprüfung ist neben der Objektivierbarkeit der nicht-invasiven Diagnose (reale Messwerte ohne Demontage vorhanden), die Wiederholfähigkeit des Verfahrens und die Zeit- und Kostenersparnis. Es müssen demnach keine Demontagen erfolgen, um eine „Gut"-Prüfung zu erzielen.

Sollte nach der Verkokungsprüfung eine Reinigung erforderlich sein, so sind eventuell verbliebene Reinigungsmittel (Walnussschalen, Kunststoffgranulat, chemische Reinigungslösungen, etc.) zuerst vollständig zu entfernen, um eine evtl. nachfolgende Laufunruheprüfung nicht negativ zu beeinflussen.

3.2 Leckagetest der Ansaugluftführung im Fahrzeugwerk

Nachfolgende Methodik entstand im Rahmen einer studentischen Abschlussarbeit bei der BMW Group [3].

Die Ansaugluftführung ist ein komplexes Gebilde aus verschiedenen Einzelteilen, vielen Steck-/Schlauchverbindungen und Dichtflächen, welches der Zuführung von gefilterter Frischluft zur Brennkammer im Verbrennungsmotor dient. Insbesondere bei aufgeladenen Motoren ist die Luftführung einem weiten Druckbereich ausgesetzt: dieser reicht von Umgebungsdruckbedingungen (nach Luftfilter bis zur Ladeeinheit) zu Unterdruck im saugmotorischen Betrieb (hinter der Drosselklappe) oder Überdruck im aufgeladenen Motorbetrieb (stromabwärts nach der Ladeeinheit). Eine unzureichende Montage der Luftführung riskiert eine potentielle Undichtigkeit. Diese Leckage kann je nach Druckgefälle verschiedene Richtungen aufweisen: „Falschluft" tritt ein und vermehrt die Luftmasse in der Luftführung, „Leckluft" tritt aus und verringert die Luftmasse in der Luftführung. Beide Massenflüsse generieren eine Abweichung vom gewünschten Verbrennungsluftverhältnis mit entsprechenden negativen Auswirkungen.

Der komplexe Zusammenbau einer typischen Ansaugluftführung macht detaillierte Prüfungen ihrer Dichtheit im Fahrzeugwerk unerlässlich. Die rein optische Begutachtung führt bei kleinen Lecks auch mit Lecksuchspray selten zum Erfolg und ist außerdem höchst zeitaufwendig und fehleranfällig. Eine weitere Möglichkeit stellt das statische „Abdrücken" der Luftführung mit Hilfe von Überdruck in der Verrohrung und das Rückvermessen des Druckabfalls im Volumen dar. Hier wird nur der „Zustand Überdruck" abgeprüft, nicht allerdings der Fall, dass Falschluft eingesaugt werden kann.

Es zeigt sich somit, dass eine automatische Prüfung der Luftführungsdichtigkeit mit einem Engine Quick Test anzustreben ist, um die Robustheit und die Aussagekraft der Diagnose zu verbessern. Ebenfalls werden dadurch sowohl „Gut"- als auch „Schlecht"-Prüfungen ermöglicht.

Bei der Konzeption eines EQT im *Fahrzeugwerk* sind gegenüber den Servicebereichen folgende wichtige Unterschiede zu beachten:

- *Prüfdauer:* eine Diagnose der Dichtigkeit darf unter keinen Umständen zur Verlängerung der einzelnen Taktzeiten am Fahrzeugband führen. Alle Prüfungen müssen sich in den bereits bestehenden Gesamtablauf integrieren lassen.
- *Adaptionen:* als Adaptionen werden dauerhaft anliegende Reglerausgänge bezeichnet, welche aus Dynamikgründen in einem Speicher abgelegt und weiter für die Regelungsaufgabe verwendet werden. Häufig werden Adaptionen auch zur Diagnose von Verbrennungsmotoren im Service genutzt. Im Montagewerk sind nicht notwendigerweise alle Adaptionen bereits vollständig eingelernt, da diese häufig einen ausreichend langen Fahr- oder Leerlaufbetrieb voraussetzen. Eine EQT Diagnose kann diese also nicht als gegeben ansehen.
- *Robustheit:* während im Händlerbetrieb eine Diagnose etwas „breiter parametriert" werden kann, um im Falle von unklaren Ergebnissen mit Hilfe der gewonnenen Messdaten eine bessere Kenntnis über das Feldverhalten zu gewinnen, so ist dies im Montagewerk nicht möglich. Jegliche Prüfung mit negativem Ergebnis führt automatisch zur manuellen Nacharbeit der beanstandeten Komponente, was im Laufe eines Fertigungstags zu immensen Aufwänden führen könnte.

Die Analyse des Gesamtablaufs hat die Fahrt auf dem Rollenprüfstand und den anschließenden Leerlauftest (MoTest) als für die Prüfung geeignet erwiesen, vgl. **Abbildung 7**.

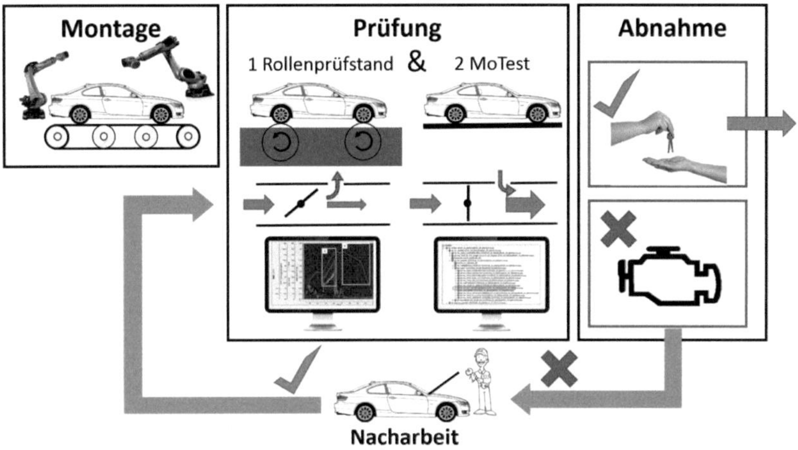

Abbildung 7: Prüfung der Dichtigkeit von Ansaugluftführungen im Montagewerk

Während der Rollenprüfstandsfahrt eignen sich sowohl Beschleunigungsphasen als auch Schubphasen dazu, eine Erstindikation für Lecks zu erhalten. Dazu wird die im Steuergerät modellierte Luftmasse mit der parallel vermessenen Luftmenge (Heißfilm-Luftmassenmesser) verglichen. Im aufgeladenen Betrieb der Beschleunigung würde bei einem Leck Luft entweichen und die gemessene Luftmasse die erwartete entsprechend unterschreiten. In der Schubphase am Rollenprüfstand ist bei einem Leck zu erwarten, dass der Gemischregler bereits auf Abweichungen aus der Beschleunigungsphase reagiert und das Gemisch vorab angefettet hat. Auch dieser Effekt kann für eine Grobindikation genutzt werden.

Im Leerlauf beim MoTest sind deutlich genauere Aussagen für den saugmotorischen Betrieb möglich. Durch das Einfügen einer zusätzlichen Saugrohrdruckabsenkung (mittels Schließen der Drosselklappe und Erhöhung des VVT Einlass-Ventilhubs) wird ein positives Druckgefälle von der Umgebung zum Saugrohr hin geschaffen. Dies führt im Falle einer Leckage zur Erhöhung der Luftmasse im Sammler. Die gleichzeitige Bewertung aus langsamem und schnellem Gemischreglerausgang erlaubt eine Abgrenzung von Gut- und Schlechtzuständen in der Luftführung nach der Drosselklappe. Dieser zusätzliche Schritt wird am Ende des MoTest platziert und dauert inklusive Messung etwa 15 Sekunden. Da zeitgleich Fahrwerkseinstellungen mit deutlich längeren Taktfenster geschehen, wird die Durchlaufzeit nicht negativ beeinflusst.

Zusammenfassend kann eine EQT Prüfung am Bandende die Dichtheit der Ansaugluftführung zufriedenstellend und einfach verifizieren. Mit Hilfe der Analyse von aufgeladenem und saugmotorischem Betrieb kann der Leckageort für die Nacharbeit genau spezifiziert werden. Je nach Leckageort können Leckgrößen ab 2mm sicher erkannt werden. Somit erhöht der Einsatz einer Engine Quick Test Prüfung im Montagewerk die Auslieferungsqualität für den Kunden.

3.3 Sonderwerkzeug „Rapid Cool Down"

Das folgende Verfahren wird in einer Patentschrift detailliert beschrieben [4].

Verschiedene Diagnose- und Reparaturtätigkeiten im Service erfordern zu deren Beginn, dass der Verbrennungsmotor kalt ist (Nachstellung von Kaltstart- oder Warmlauf-Phänomenen sowie Montagearbeiten an heiß laufenden Bauteilen). Typischerweise kommt der Kunde mit dem Fahrzeug in die Werkstatt gefahren oder in großen Werkstätten bringt ein Dispatcher das Fahrzeug vom Parkplatz zum Mechaniker. In beiden Fällen ist der Motor mindestens warm, wenn nicht sogar schon heiß gelaufen (>90°C Kühlwassertemperatur). Das Abkühlen eines Verbrennungsmotors auf Umgebungstemperatur dauert je nach Aggregat bis zu acht Stunden. Diese lange und inaktive Zeitspanne ist für den Servicebetrieb ohne Wertschöpfung und bedingt verlängerte Wartezeiten für den Kunden. Verschiedene Absatzmärkte sind zudem kritisch bzgl. der Aufenthaltsdauer von Fahrzeugen in den Werkstätten zu sehen (u.a. Monitoring von *DAVIS* bzw. *„Days A Vehicle In Service"* in den USA). Die dargelegte Problemstellung legt nahe, dass eine schnelle Abkühlung von Verbrennungsmotoren für den Service notwendig wird.

Das Stand-alone Sonderwerkzeug „Rapid Cool Down" (RCD) ermöglicht die Ansteuerung des fahrzeuginternen Elektrolüfters zur schnellen Konditionierung des Antriebsmotors in der Werkstatt, vgl. **Abbildung 8**. Dazu muss das Fahrzeug nicht nach draußen gefahren werden und zeitgleich werden keine wertvollen Ressourcen am Werkstatt-Tester belegt. Das RCD Werkzeug besteht aus einer elektronischen Einheit zum Anschluss an das Stromnetz. Die Einheit verantwortet nach Verbindung mit dem fahrzeuginternen Elektrolüfter direkt dessen Ansteuerung von niedrigen bis zu hohen Durchsätzen. Dazu saugt der Lüfter vergleichsweise kühle Umgebungsluft an und schiebt diese durch den heißen Motorraum. Die erhöhte Konvektion ermöglicht damit eine Abkühlung auf Umgebungstemperatur innerhalb von weniger als zwei Stunden. Das Fahrzeug wird damit schnell wiederverfügbar – Diagnosen und Reparaturarbeiten können deutlich früher begonnen werden.

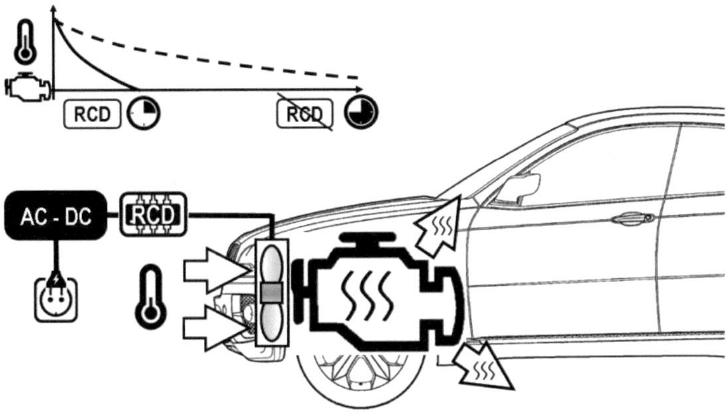

Abbildung 8: Verwendung „Rapid Cool Down“ Verfahren

Die Konzeption und Industrialisierungsbegleitung der Methode erfolgte durchgehend im EQT Team. Die Verfügbarkeit des RCD Sonderwerkzeugs in der Handelsorganisation ist mittels Bestellbarkeit über die regulären Distributionswege gewährleistet.

4 Zusammenfassung und Ausblick

Das Projekt Engine Quick Test stellt einen Entwicklungsbaukasten für die Offboard-Diagnose von Motoren in Servicebetrieben zur Verfügung. In diesem Rahmen werden automatische Diagnoseabläufe komplexer Problemstellungen für den Werkstatt-Tester implementiert als auch Sonderwerkzeuge für den Service und Softwaretools für die Antriebsentwicklung und –betreuung zur Verfügung gestellt.

Im Rahmen der Projektlaufzeit konnte der Engine Quick Test die Anzahl ungerechtfertigter „Verlegenheits“-Reparaturen und damit verbundene Gewährleistungskosten massiv reduzieren. Je nach Themenstellung ist dabei ein Kosten-Nutzen-Verhältnis von 1:5 bis 1:15 auszuweisen. Die Optimierung von Diagnoseabläufen trägt zur Robustheit im Sinne von *„first time right“* Reparaturen, zu schnelleren Wiederverfügbarkeit von Fahrzeugen und damit unmittelbar zur Kundenzufriedenheit bei. Die verschiedenartigen Arbeiten des EQT Teams haben auch deshalb in den Jahren 2011-2015 insgesamt sieben Patente und acht Studien(abschluss)arbeiten hervorgebracht.

Zukünftig lässt eine stärkere Vernetzung einen weiteren deutlichen Hub für die Diagnose erwarten. Dabei gelten verschiedene Schritte als zielführend:

- *Universeller Datenaustausch:* insbesondere der Integrations-aufwand eines Tests von der Konzeption (EQT Team) zur Implementierung (Fachbereich Aftersales Werkstatt-Tester) lässt sich mit einem allseitig nutzbarem Dateiformat deutlich verschlanken.
- *Breite Nutzung der EQT Tooling-Kette:* die verstärkte Verbreitung von Softwaretools aus der Engine Quick Test Schmiede wird anderen Fachbereichen den

Zugriff zu erweiterter Diagnose gewähren (Vorentwicklung, Werke, Märkte, Aftersales) und den Feedback-Loop in die Antriebsentwicklung stärken.

- *Internationalisierung:* insbesondere in wachstumsorientierten Premiumfahrzeug-Märkten sind die Werkzeuge des Engine Quick Test von besonderer Bedeutung für den Aufbau und die Stabilisierung robuster Servicediagnosen. Eine direkte, lokale Verortung der Methodik im Markt ist höchst gewinnbringend – sozusagen *„EQT goes BRIC“*.

Danksagung

Die Autoren bedanken sich für textuelle und grafische Inputs bei Peter Benker und Vitaly Shevchenko der AVL Deutschland GmbH sowie Michail Palman und Bernhard Schlegel der BMW Group München.

Ein besonderer Dank geht an Bernhard Staar der BMW Group München und an Dr. Markus Jetzinger der AVL Deutschland GmbH für die konstruktive Beratung bei Gesamtprojektstart des Engine Quick Test.

Literatur

[1] S. Grasreiner, BMW AG, Detection of Coking in the Intake Tract of an Internal Combustion Engine, US 20150136079, Mai 2015.

[2] S. Grasreiner, BMW AG, Erkennung einer Verkokung im Einlasstrakt eines Verbrennungsmotors, DE 102012213241 A1, Juli 2012.

[3] M. Palman, Integration einer automatischen Offboard-Diagnose für Verbrennungsmotoren in den Prüfablauf des Finishbandes, Bachelorthesis, Wilhelm Büchner Hochschule Darmstadt/ BMW Group München, Mai 2015.

[4] S. Grasreiner, M. Römer, P. Benkner, BMW AG, Abkühlen eines Antriebsmotors eines Kraftfahrzeugs mittels einer separaten Vorrichtung zum temporären Ansteuern des Motorlüfters und Versorgen des Motorlüfters mit elektrischer Energie, DE 201310202529 A1, August 2014.

15 Hochautomatisierte Absicherung der Diagnosefunktionalität während der Softwareentwicklung

Dipl.-Ing. Randy Döring, **M.Sc. Michael Gebauer**, TraceTronic GmbH, Dresden, **Dipl.-Ing. David Rotter**, Robert Bosch AG, Wien

Abstract

When testing the Unified Diagnostic Services (UDS) functionality of engine control units at one of the biggest automotive suppliers worldwide, the challenge arises to check the correct functionality of a very high amount of diagnostic services. Especially for services that provide many identifiers (DID/IOI/RI), a large number of similar test cases, which still differ in details, have to be executed.

In order to meet this challenge, a generic solution that clearly separates the test sequence from the test data has been developed. The input format of the test data can be exchanged with reasonable expense. In a practical example, an Excel format and a proprietary XML format were used.

In contrast to other solutions, there are a number of advantages: (a) It is easy to adapt the test sequence, (b) it is simple to execute negative tests and (c) it is possible to establish preconditions by calibration, model or bus access before sending a diagnostic request. This results in a high test coverage with little effort.

Kurzfassung

Bei der Absicherung der UDS-Funktionalität (Unified Diagnostic Services) von Motorsteuergeräten bei einem der weltweit größten Automobilzulieferer ergibt sich die Herausforderung, dass die korrekte Funktionalität einer sehr großen Anzahl von Diagnose-Diensten überprüft werden muss. Insbesondere bei Diensten, die eine Vielzahl von Identifiers (DID/IOI/RI) anbieten, steht man vor der Herausforderung, dass viele gleichartige Testfälle auszuführen sind, die sich dennoch in Details unterscheiden.

Um dieser Herausforderung zu begegnen, wurde eine generische Lösung entwickelt, bei welcher der Testablauf von den Testdaten klar getrennt ist. Das Eingangsformat der Testdaten kann dabei mit vertretbarem Aufwand ausgetauscht werden. In einem Praxisbeispiel wurden Excel und ein proprietäres XML-Format verwendet.

Im Gegensatz zu anderen verfügbaren Lösungen bieten sich die Vorteile, dass (a) der Testablauf leicht anpassbar ist, (b) auch Negativtests ausgeführt werden können und (c) es möglich ist, notwendige Vorbedingungen vor einer Diagnoseanfrage durch Kalibrier-, Modell- oder Buszugriffe herzustellen. Das Ergebnis ist eine hohe Testabdeckung mit geringem Aufwand.

1 Einführung und Motivation

Mit der zunehmenden Komplexität der Software von Motorsteuergeräten steigt auch die Anzahl der unterstützten Diagnose-Nachrichten. Des Weiteren gibt es in der Modellpalette eines OEMs zahlreiche Varianten eines Steuergerätes, die sich zu einem großen Teil gleichen, in einigen Details jedoch unterscheiden. Um die Steuergeräte-Software möglichst effizient zu testen und dabei eine hohe Abdeckung zu erreichen, sind fortgeschrittene Testmethoden erforderlich. In diesem Beitrag soll aufgezeigt werden, wie eine generische Lösung für diese Aufgabe aussehen kann und auf welche Herausforderungen man beim Einsatz in der Praxis stößt.

Zunächst soll an dieser Stelle eingegrenzt werden, welcher Teil des Diagnoseprotokolls im Rahmen des entwickelten Tests betrachtet wird. Wenn man das ISO OSI-Modell für Diagnoseanwendungen betrachtet (siehe Abbildung 1), beziehen wir uns auf die Ebenen 5 bis 7; d. h. auf den Bereich oberhalb des Transportprotokolls. Es wird also bspw. davon ausgegangen, dass Nachrichten im Falle eines CAN-Busses korrekt in 8 Byte große Botschaften zerlegt werden. Schnittstelle für die Tests sind die UDS-Botschaften.

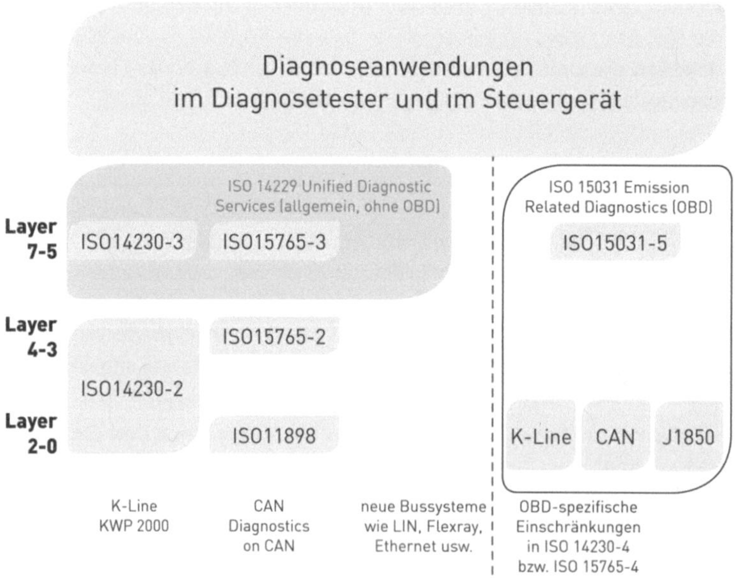

Abbildung 1: Diagnoseprotokolle im OSI-Schichten-Modell (nach [1])

Im vorliegenden Fall wurden dabei die folgenden Dienste des UDS-Standards [2] betrachtet: ReadDataByIdentifier (RDBI, 0x22), WriteDataByIdentifier (WDBI, 0x2E), InputOutputControlByIdentifier (IOCBI, 0x2F) und RoutineControl (RC, 0x31). Die Gemeinsamkeit dieser Dienste besteht darin, dass deren Diagnoseanfragen (Service Requests) und -antworten (Responses) einen ähnlichen Aufbau besitzen. Dieser ist in Abbildung 2 dargestellt. Die Anfrage beginnt dabei mit einem 1 Byte langen Service Identifier (SID). Lediglich bei RC folgt darauf eine 1 Byte lange Unterfunktion (Subfunction), bevor sich bei allen genannten Diensten ein 2 Byte langer Identifier anschließt. In Abhängigkeit vom Dienst hat dieser Identifier verschiedene Bezeichnungen: Data Identifier (DID) für RDBI und WDBI, Data Identifier (IOI) für IOCBI und Routine Identifier (RI) für RC. Der Einfachheit halber wird im Folgenden die Abkürzung ID verwendet, wenn allgemein von diesen Identifiern gesprochen wird. Am Ende kann noch eine von SID und Identifier (und Unterfunktion) abhängige Anzahl an Datenbytes folgen. Der Aufbau einer positiven Antwort kann analog dazu beschrieben werden; mit der Ausnahme, dass auf die SID 0x40 addiert wird.

Abbildung 2: Allgemeiner Aufbau einer Diagnose-Anfrage der betrachteten Dienste

Für RDBI besteht eine Anfrage bspw. nur aus SID und DID; in der Antwort befinden sich außerdem noch Daten. Bei WDBI ist es genau umgekehrt: Es befinden sich Daten in der Anfrage und die Antwort besteht nur aus SID und DID. Der Aufbau von IOCBI und RC ist etwas komplexer. An dieser Stelle soll nicht näher darauf eingegangen werden. In [2] kann der exakte Aufbau nachgeschlagen werden.

Während der Entwicklung der Steuergerätesoftware genügt es nun in der Regel nicht, beispielhaft einige Identifier für einen bestimmten Diagnosedienst zu testen; sondern es muss die korrekte Funktionalität aller Identifier nachgewiesen werden. Wie in Abbildung 3 dargestellt ist, sendet im Test ECU-TEST statt des Diagnosetesters die Diagnoseanfragen an das Steuergerät. Weiterhin ist zu sehen, dass auch auf Modell- und Messgrößen zugegriffen werden kann. Die Drehzahl dient hier lediglich als Beispiel. Wie man erkennen kann, liegt der Schwerpunkt des Tests nicht darin zu prüfen, dass das Steuergerät die Daten richtig ermittelt; daher erfolgt kein Vergleich der vom Prüfstand vorgegebenen Drehzahl mit der Drehzahl des Steuergerätes. Ausgangspunkt sind die vom Steuergerät ermittelten Daten. Diese werden zum einen per Messzugriff über ein Applikationswerkzeug, wie z. B. INCA, und zum anderen per UDS-Diagnose-Dienst ermittelt und verglichen.

Die Anzahl zu testender Identifier kann bei modernen Motorsteuergeräten bspw. für RDBI in der Größenordnung von 1.000 bis 10.000 liegen. Weiterhin besteht die Anforderung eine Aussage über die Testabdeckung vorzunehmen und sicherzustellen, dass alle Identifier eines Dienstes auf die gleiche Art und Weise getestet werden.

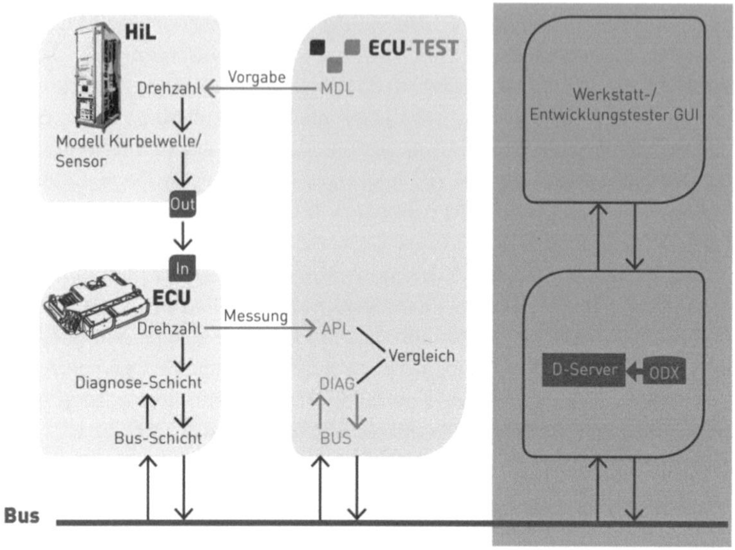

Abbildung 3: Aufbau der Testumgebung

In den folgenden Abschnitten soll zunächst das Konzept, das zur Lösung der genannten Herausforderungen umgesetzt wurde, vorgestellt werden. Anschließend soll auf die Herausforderungen, die beim Einsatz der Lösung in der Praxis aufgetreten sind, eingegangen und dargestellt werden, wie diese gelöst wurden. Abschließend wird eine kurze Zusammenfassung der Ergebnisse dieser Arbeit und ein Ausblick auf mögliche weitere Schritte gegeben.

2 Konzept

Um die im vorhergehenden Abschnitt genannten Anforderungen zu erfüllen, bietet sich die Verwendung eines Testfallgenerators an. Dabei wird ein sogenannter abstrakter Testfall (vgl. [3]), also eine Art Template, welches den Testablauf beschreibt, entwickelt. Zusammen mit den Testdaten werden daraus konkrete Testfälle generiert. In Abbildung 4 ist das allgemeine Konzept des Testfallgenerators dargestellt. Ein abstrakter Testfall beschreibt dabei den Testablauf für einen bestimmten Dienst, also z. B. RDBI. Die Testdaten befinden sich im Beispiel in einer Excel-Tabelle bzw. einem proprietären XML-Format. Der Generator liest nun die Testdaten ein und generiert Parametersätze für die abstrakten Testfälle, sodass sich die konkreten Testfälle ergeben.

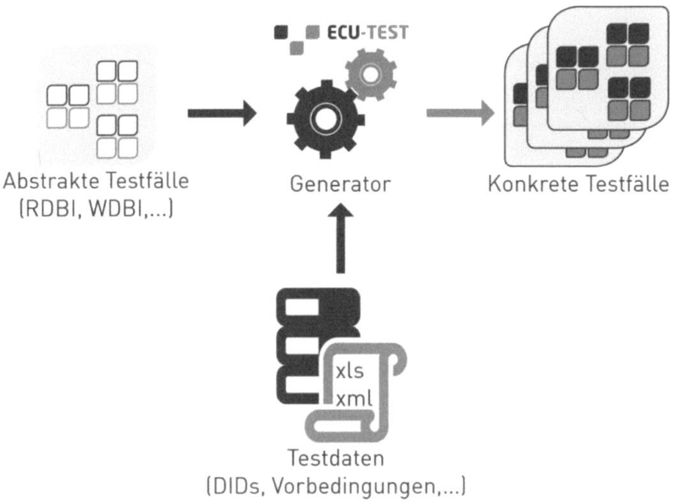

Abbildung 4: Übersicht zum Testfallgenerator

Die abstrakten Testfälle sind dabei in ECU-TEST implementiert. Durch die graphische Benutzeroberfläche kann der Testablauf einfach nachvollzogen und angepasst werden. Der Generator ist in Python geschrieben und kann in ECU-TEST als Plug-in eingebunden werden. Testabläufe und Generator liegen in einem offenen Format vor und können dadurch vom Anwender flexibel angepasst werden.

Da zu Projektbeginn kein geeignetes Format zur Beschreibung der Diagnosedienste vorlag, die Testdaten also vorwiegend manuell zusammengetragen werden mussten, wurde zunächst Excel gewählt um die Testdaten zu spezifizieren. Die weite Verbreitung von Excel sorgte für eine hohe Akzeptanz beim Anwender. Später wurde zusätzlich noch ein proprietäres XML-Format, das im Rahmen des Software-Entwicklungsprozesses entsteht, eingebunden.

In Abbildung 5 ist die interne Struktur des Generators noch weiter aufgegliedert. Wie man sehen kann, wurde dabei besonderes Augenmerk auf die Erweiterbarkeit gelegt. Im Zentrum steht eine interne Datenstruktur; ein Parser liest die Testdaten aus einem vorliegenden Format in die interne Datenstruktur ein und ein Generator erstellt aus dieser dann die Parametersätze für die abstrakten Testfälle. Wie in der Abbildung dargestellt, wurden bereits Parser für ein Excel-Format und ein proprietäres XML-Format entwickelt, sowie ein Default-Generator für jeden Dienst implementiert. Weiterhin existiert ein Range-Test-Generator. Bei den Default-Generatoren liegt das Hauptaugenmerk darauf die korrekte Funktionalität jeder ID zu prüfen. Beim Range-Test wird lediglich das Vorhandensein bzw. Nicht-Vorhandensein von IDs in einem bestimmten Intervall getestet; d. h., es wird auf eine positive Antwort bzw. negative Antwort (RequestOutOfRange, 0x31) geprüft.

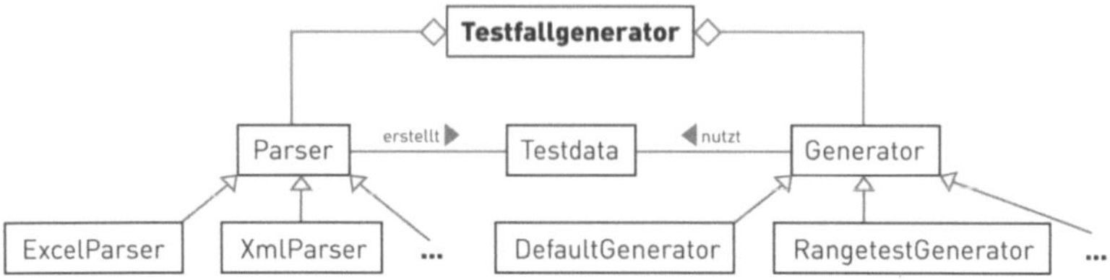

Abbildung 5: Interner Aufbau des Testfallgenerators

Weiterhin muss berücksichtigt werden, dass möglicherweise nicht für jede ID die gleiche Testtiefe erreicht werden kann. Das kann zum einen an fehlenden Informationen liegen, zum anderen kann es aber auch sein, dass die Prüfung einer bestimmten Testtiefe für eine bestimmte ID so komplex ist, dass es sich aus Effizienzgründen nicht lohnt diesen Fall in den abstrakten Testfall einfließen zu lassen. Für RDBI wurden bspw. drei mögliche Testtiefen festgelegt:

- Prüfung auf positive/negative Antwort
- Prüfung auf korrekte Länge der Antwort
- Prüfung der Daten (Vergleich mit Steuergerätegrößen)

Des Weiteren wird die korrekte Fehlerbehandlung, also das Empfangen negativer Antworten geprüft. Dabei werden aktiv Bedingungen hergestellt, sodass ein spezieller Error Code erwartet wird. Es steht also bereits vor dem Empfangen der Diagnoseantwort fest, ob eine positive oder eine negative Antwort (und in diesem Fall welcher Error Code) erwartet wird. Die Bedingungen für bestimmte Error Codes sind für verschiedene IDs nicht immer gleich. Im Rahmen des RC-Tests wurden bisher auf Kundenwunsch von den sieben im Standard definierten Error Codes Tests für folgende implementiert:

- requestOutOfRange (ROOR, 0x31), wenn die getestete ID für den aktuellen Softwarestand nicht definiert ist
- subfunctionNotSupported (SFNS, 0x12), wenn die jeweilige Subfunktion von der getesteten ID nicht unterstützt wird
- incorrectMessageLengthOrInvalidFormat (IMLOIF, 0x13), wenn eine Diagnoseanfrage eine nicht unterstützte Anzahl an Daten enthält (unterschiedlich für verschiedene ID)
- requestSequenceError (RSE, 0x24), wenn die Subfunktionen in der falschen Reihenfolge aufgerufen werden
- conditionsNotCorrect (CNC, 0x22), wenn Vorbedingungen zur Ausführung des Diagnose-Dienstes nicht erfüllt sind (unterschiedlich für verschiedene ID)

3 Herausforderungen und Lösungen

Bei der Entwicklung der abstrakten Testfälle und des Testfallgenerators und deren Einsatz in der Praxis ergaben sich zahlreiche Herausforderungen, die es zu lösen galt. Im Folgenden sollen einige dieser Herausforderungen erläutert und deren Lösungen skizziert werden.

3.1 Variantenhandling

Da das komplette Spektrum der Motorsteuergeräte eines OEMs getestet werden soll, besteht eine Herausforderung im Variantenhandling. Dies trifft insbesondere zu, da im vorliegenden Anwendungsfall sogenannte Einheitsprogrammstände verwendet werden. So gibt es z. B. einen gemeinsamen Programmstand für 3-Zylinder-, 4-Zylinder- und 6-Zylinder-Motoren. Die Zylinderzahl und andere Eigenschaften, die Einfluss auf die Diagnosedienste haben können, werden über Systemkonstanten und Applikationsgrößen in der a2l-Datei bestimmt. Das heißt, die Unterstützung bestimmter IDs bzw. die Anzahl und Bedeutung der Datenbytes einer Diagnose-Nachricht kann von Systemkonstanten und Applikationsgrößen abhängig sein.

Wenn bereits während der Entwicklung der Steuergeräte-Software getestet wird, kommt es außerdem vor, dass bestimmte IDs in frühen Softwareständen (Entwicklungsstufen) noch gar nicht verfügbar sind und erst später hinzugefügt werden.

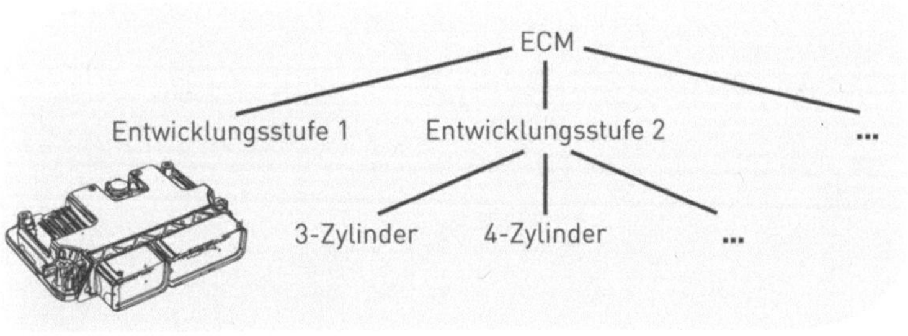

Abbildung 6: Variantenreichtum bei Motorsteuergeräten

Um Redundanzen zu vermeiden wurde deshalb festgelegt, dass die zu testenden Dienste aller Motortypen, die in einem Programmstand zusammengefasst werden, in einer Tabelle definiert werden können. Für jede ID kann dort angegeben werden, für welche Entwicklungsstufe sie definiert ist und ob es Abhängigkeiten von Systemkonstanten gibt.

Des Weiteren erfolgt in ECU-TEST eine klare Trennung von Testfall und Testobjekt. Die Informationen zum Testobjekt, wie a2l- und hex-Datei des Steuergerätes oder das verwendete Modell werden in einer sogenannten Testkonfiguration gekapselt.

3.2 Prüfen bzw. Herstellen von Vorbedingungen

Bei einigen Diagnose-Diensten müssen zunächst bestimmte Vorbedingungen hergestellt werden, damit sie eine positive Antwort liefern. Solche Vorbedingungen können verschiedenster Art sein. Im einfachsten Fall wird nur eine bestimmte Diagnose-Session vorausgesetzt. Diese Voraussetzung kann relativ einfach erfüllt werden, indem vor dem eigentlichen Test der Diagnosedienst DiagnosticSessionControl (0x10) mit den entsprechenden Parametern ausgeführt wird. Weitere Bedingungen können jedoch auch bestimmte Systemzustände, wie z. B. einen laufenden Motor voraussetzen. Um solche Zustände herzustellen und zu prüfen ist es oft nötig auf Modell- und Steuergerätegrößen zugreifen zu können.

Hier zeigt sich eine Stärke von ECU-TEST, womit dies problemlos möglich ist. Es können Anbindungen verschiedenster Tools genutzt werden. Im vorliegenden Fall werden sogar verschiedene HiL-Systeme eingesetzt, sodass Modellzugriffe (austauschbar per ETAS LabCar, dSpace ControlDesk und Micronova NovaSim), Mess- und Kalibrierzugriffe (per ETAS INCA) und Zugriffe auf interne Größen (per PLS UDE Debugger) durchgeführt werden. Die verwendeten Tools sind noch einmal in Abbildung 7 dargestellt.

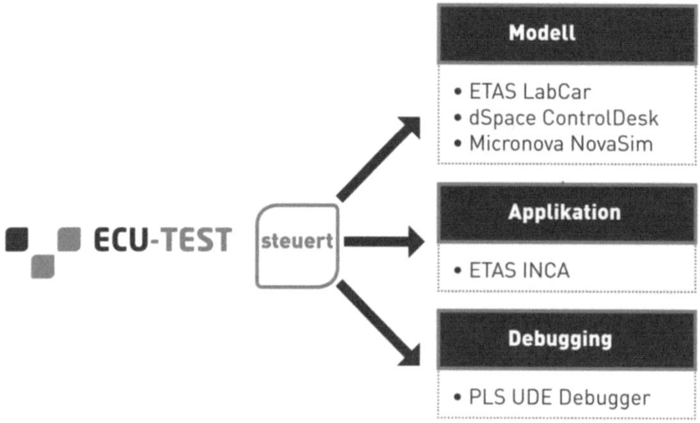

Abbildung 7: Verwendete Toolanbindungen von ECU-TEST

Der Zugriff auf diese Tools in ECU-TEST erfolgt dabei transparent über sogenannte Testgrößen. Hinter einer Testgröße kann sich also eine Modell-, eine Mess-, eine Kalibrier- oder eine steuergeräteinterne Größe, die mit einem Debugger gelesen werden kann, verbergen.

Die verschiedenen Aktionen zur Herstellung notwendiger Vorzustände werden nun in einem Bibliothekspaket zusammengefasst. Für jede ID kann nun ein solches Bibliothekspaket angegeben werden.

3.3 Vergleich der Daten mit Steuergerätegrößen

Um einen Diagnosedienst tiefergehend zu testen, ist es oft nötig auf Steuergerätegrößen zuzugreifen. So will man bspw. bei RDBI prüfen, dass die Daten in der Antwortnachricht mit dem Wert einer Steuergerätegröße übereinstimmen. Analog gilt es bei WDBI zu prüfen, dass der geschriebene Wert anschließend aus einer Steuergerätegröße ausgelesen werden kann.

Wie bereits im Abschnitt „Prüfen bzw. Herstellen von Vorbedingungen“ beschrieben, kann mittels ECU-TEST problemlos auf genannte Größen zugegriffen werden. Hier sei erwähnt, dass der Vergleich der Daten aus einer Diagnosenachricht mit einer Steuergerätegröße nicht immer auf einer 1:1-Abbildung basiert. Teilweise muss noch eine lineare Abbildung angewendet werden, manchmal werden nur einzelne Bits einer Größe benötigt. Die Herausforderung besteht hier hauptsächlich darin eine einfach zu verwendende Syntax, mit der alle möglichen Varianten spezifiziert werden können, zu definieren.

Eine weitere Herausforderung besteht in sich schnell ändernden Größen. Das Problem liegt in diesem Fall darin, dass in einem Online-Test das Senden einer Diagnose-Anfrage und das Lesen einer Steuergerätegröße sequentiell ausgeführt werden. Der Wert der Steuergerätegröße und der Wert der Diagnosenachricht werden also zu geringfügig abweichenden Zeitpunkten ermittelt, wodurch ein Vergleich erschwert wird. Bei physikalischen Größen kann nun mit einer entsprechenden Toleranz gearbeitet werden. Bei digitalen Größen, die Zustände anzeigen, ist das wiederum nicht praktikabel.

Durch Offline-Prüfungen kann hierfür eine Verbesserung der Testbarkeit erreicht werden. In diesem Fall werden im Online-Teil des Tests Daten aufgezeichnet während die Stimulationen ausgeführt werden. Die Aufzeichnungen werden anschließend offline ausgewertet. Dadurch kann eine wesentlich genauere Prüfung durchgeführt werden.

In ECU-TEST ist diese Zweiteilung des Testfalles möglich. Im vorliegenden Anwendungsfall wurden bisher sowohl Stimulation als auch Prüfung im Online-Teil durchgeführt. Es ist jedoch auch möglich, Diagnosenachrichten und Messgrößen aufzuzeichnen und diese Aufzeichnungen offline mithilfe des sogenannten TRACE-CHECK-Moduls auszuwerten. ECU-TEST bietet damit verschiedenste Methoden um Analysen zu definieren. Es kann mit sog. Triggerblöcken gearbeitet werden, um den zu prüfenden Bereich einzugrenzen. Einfache Prüfungen können mit sog. Berechnen-Schritten definiert werden. Für komplexere Prüfungen, stehen Echtzeitlogik, Timing-Diagramme und Python-basierte Analysevorlagen zur Verfügung.

In Abbildung 8 ist dargestellt, wie eine Offline-Prüfung für WDBI mittels Timing-Diagramm aussehen kann. Die Abbildung stellt zwei Signale dar: Das erste Signal ist der Wert, der sich aus der WDBI-Anfrage ergibt, der zweite Wert ist eine Messgröße des Steuergerätes, die durch den WDBI-Dienst beeinflusst wird. Die Zustandsabfolge von „Signal_WDBI“ besagt nun, dass das Timingdiagramm bei einer beliebigen Änderung des Signalwertes ausgelöst wird. Wenn diese Änderung eintritt, dann muss sich das Messsignal innerhalb von 0,2 Zeiteinheiten (Pfeil zwischen den Zuständen) auf den gleichen Wert ändern wie das Signal aus der Diagnose-Botschaft.

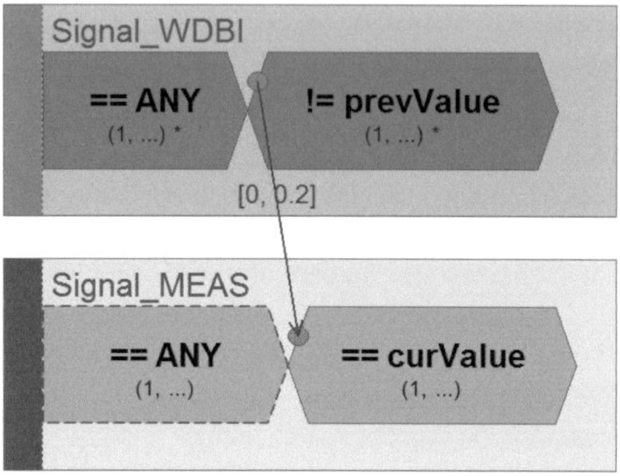

Abbildung 8: Timingdiagramm aus in ECU-TEST integriertem Editor für WDBI-Prüfung

3.4 Einfache Anpassbarkeit und Erweiterbarkeit des Testablaufs

Ein wichtiges Merkmal um möglichst flexibel und zügig auf neue Anforderungen reagieren zu können, war die einfache Anpassbarkeit und Erweiterbarkeit des Testablaufs. Wie wichtig dies ist, hat sich bei der Anwendung in der Praxis herausgestellt: In einem Fall bestand die Vermutung, dass ein Diagnose-Dienst in einer gegebenen Entwicklungsstufe eine ungewöhnlich hohe Auslastung des Steuergeräte-Prozessors verursachen könnte. Die maximale Zykluszeit eines Tasks wird dabei in einer steuergeräteinternen Größe gespeichert und musste also nur nach jeder getesteten ID geprüft werden. Durch die übersichtliche Darstellung des abstrakten Testfalles im graphischen Editor von ECU-TEST war es nun einfach, die entsprechende Größe am Anfang und am Ende des (abstrakten) Testfalles zu lesen und auf eine zu große Steigerung zu prüfen.

Genauso gut kann der Testfallgenerator angepasst werden, wenn später festgestellt wird, dass der abstrakte Testfall noch einen weiteren Eingangsparameter benötigt.

3.5 Übersichtlicher Testreport

Bei der automatisierten Ausführung von Tausenden von Testfällen ist auch ein übersichtlicher Testreport wichtig. ECU-TEST bietet bereits out-of-the-box einen Standard-Testreport. Dieser ist analog zum Testfall aufgebaut; d. h., für jeden Schritt im Testfall gibt es einen Schritt im Testreport. Ein Anwender, der den Testfall kennt, findet sich dadurch auch schnell im Report zurecht. So ein Report ist zwar nützlich, wenn im Testfall unerwartete Fehler auftreten, da man dann meist direkt die Ursache feststellen kann; nichtsdestotrotz enthält er für den vorliegenden Anwendungsfall zu viele Informationen. Nimmt man bspw. den bereits genannten RDBI-Test mit seinen drei Stufen der Testtiefe, dann ist im Normalfall lediglich interessant, ob eine bestimmte ID eine positive Antwort geliefert hat, ob die Länge der Antwort korrekt war und ob der Vergleich der Daten mit den entsprechenden Steuergerätegrößen positiv war.

Um solche Anforderungen abzudecken, bietet ECU-TEST die Möglichkeit Testreport-Generatoren zu entwickeln. Dafür gibt es eine API, mit welcher Informationen aus dem Standardreport extrahiert werden können, um diese in ein eigenes Reportformat zu überführen. Im vorliegenden Praxisbeispiel wurde hierfür ein Excel-Format gewählt, da sich daraus eine gute Übersicht ergibt, und es möglich ist nach bestimmten Ergebnissen zu filtern. In Abbildung 9 ist ein Auszug eines beispielhaften Reports dargestellt. Man kann direkt erkennen, welche Testtiefe für eine bestimmte ID erreicht wurde und – im Falle eines Fehlers – in welcher Testtiefe dieser aufgetreten ist. Mithilfe des Excel-Reports lassen sich auch leicht Aussagen treffen, für wie viele Prozent der IDs eine bestimmte Testtiefe erreicht wurde.

Package	Pkg-Result	positive response	correct length of respon	reference values (read-only)
RDBI 1001	SUCCESS	positive response		
RDBI 1005	SUCCESS	positive response	received: 6, expected: 6	
RDBI 1812	SUCCESS	positive response	received: 7, expected: 7	SUCCESS: UDS msg: 4294967295, expected: 4294967295 (Ecu_Label1)
RDBI 1825	FAILED	response code: 31		
RDBI 2504	FAILED	positive response	received: 5, expected: 5	FAILED: UDS msg: 255, expected: 16385 (Ecu_Label2)
				SUCCESS: UDS msg: 7, expected: 7 (Ecu_Label3)
				SUCCESS: UDS msg: 225, expected: 225 (Ecu_Label4)
RDBI 4680	SUCCESS	positive response	received: 6, expected: 6	SUCCESS: UDS msg: 225, expected: 225 (Ecu_Label5)

Abbildung 9: Beispielhafter Auszug eines Excel-Reports

4 Zusammenfassung

Die Verwendung von Testfallgeneratoren, die aus einer Datenbasis und abstrakten Testfällen eine Vielzahl von konkreten Testfällen generieren und automatisch zur Ausführung bringen, führt zu einer effizienten Testfallerstellung und einer hohen Testabdeckung. Die skizzierte Lösung zeichnet sich besonders durch die Möglichkeit aus, dass neben dem Senden und Empfangen von Diagnosenachrichten auch der Zugriff auf Steuergeräte- und Modellgrößen ermöglicht wird. Dadurch können die Daten der Diagnosenachrichten mit Steuergerätegrößen verglichen und Vorbedingungen, die für einen bestimmten Diagnose-Dienst notwendig sind (wie z. B. ein laufender Motor), automatisch hergestellt werden.

Weiterhin ist es möglich Negativtests durchzuführen, um die in verschiedenen Szenarien erwarteten Fehlercodes zu überprüfen. Dabei zeichnet sich die Lösung durch eine einfache Anpassbarkeit und Erweiterbarkeit aus. Da Testfall und Generator-Code dem Anwender frei zugänglich sind, kann der Testablauf bei Bedarf einfach erweitert werden. Hierbei unterstützt insbesondere der graphische Testfalleditor von ECU-TEST.

Weiterhin liefert ECU-TEST einen Standard-Testreport, dessen Aufbau dem Aufbau des Testfalles entspricht, sodass sich der Anwender schnell im Report zurechtfindet. Um eine bessere Übersicht zu erhalten, wurde im vorliegenden Praxisbeispiel ein Excel-Reportformat entwickelt, welches eine schnellere Übersicht der wichtigsten Ergebnisse liefert.

5 Ausblick

In den nächsten Schritten sind zwei größere Erweiterungen geplant. Zum ersten ist aufgrund der immer stärkeren Verbreitung von ODX die Unterstützung dieses Eingabeformates geplant. Aufgrund des modularen Aufbaus des Testfallgenerators muss hierzu lediglich ein ODX-Parser bereitgestellt werden, der die benötigten Informationen für die Testfälle liefert.

Die zweite Erweiterung besteht in der in Abschnitt 3.3 beschriebenen Umsetzung des Offline-Vergleichs der Daten aus den Diagnosenachrichten mit den Steuergerätegrößen. Aktuell ist nur der Online-Vergleich implementiert, was zu Problemen bei sich schnell ändernden Größen führt. Eine Erweiterung ist aufgrund des in ECU-TEST bereitgestellten TRACE-CHECK-Moduls problemlos möglich.

Weiterhin kann der Test bei Bedarf problemlos um zusätzliche Dienste, wie z. B. ReadMemoryByAddress (RMBA, 0x23) oder WriteMemoryByAddress (WMBA, 0x3D) erweitert werden. Da für den Test die Rohdiagnose-Funktionalität von ECU-TEST benutzt wird, ist man in der Verwendung der Dienste nicht eingeschränkt.

Des Weiteren ist es auch möglich, das Zeitverhalten auf Anwendungs- sowie auf Transportprotokollebene zu überprüfen. Bustraces, die während des Testlaufes aufgezeichnet werden, können anschließend automatisch mithilfe des TRACE-CHECK-Moduls ausgewertet werden.

Literatur

[1] W. Zimmermann, R. Schmidgall, "Bussysteme in der Fahrzeugtechnik - Protokolle, Standards und Softwarearchitektur", Vieweg + Teubner, Wiesbaden, 2011

[2] International Organization for Standardization (ISO), „ISO 14229-1 – Road vehicles – Unified diagnostic services (UDS) – Specification and requirements, 2013

[3] German Testing Board e.V., "ISTQB®/GTB Standardglossar der Testbegriffe", 2015

16 After Sales Safety – Funktionale Tests im Feld

Dipl.-Ing. Bernd Wenzel, M&K GmbH, Chemnitz

Abstract

A method is presented which allows a diagnosis of any device even if the device does not provide designated diagnostic instrumentation. The access to the device is realized via an arbitrary, already existing communication interface or a debugging interface.

This allows access to each value and function in the device software when the device is already in use under actual operating and environmental conditions. This is where the diagnostic tester comes to use, on which different diagnostic programs can be executed. Thereby different technologies are combined:

- Providing of the available device functions as a description in the form of a useful kit
- For the diagnosis flow, OTX (ISO 13209) is used
- The access to the device is encapsulated by an ASAM GDI middleware (ISO 20242)
- Ensuring the device access over the selected interface (e.g. SPI, Ethernet)

The method enables different cases of application for active and passive diagnostics, such as targeted troubleshooting, cyclical monitoring of the functionality, determining of the device status, analysis of sporadic effects, functional device testing, device commissioning, long-term analysis, fault injection for safety detection and fault diagnosis and the creation and testing of automation processes for devices which are integrated into an automation network and are remotely controlled.

In addition to the vendor-specific processes, legislator-specified scripts can be used for diagnostic applications, which are applicable to devices from different manufacturers by the abstraction for functionally identical devices. Via the various forms of OTX in the market (e.g. graphically or textual pseudo code), it is also possible to archive the "Master Expertise" in a simple form and provide enterprise-wide availability for use without having detailed knowledge of programming or the API's required. Knowledge about the process and functionality knowledge of each device is sufficient. After the device is shipped, the definition and implementation of new tests is possible for any device functionalities without modifying the software in the device.

Kurzfassung

Vorgestellt wird ein Verfahren, welches es ermöglicht eine Diagnose von beliebigen Geräten durchzuführen, ohne das eine Diagnoseinstrumentierung im Gerät vorgesehen ist. Der Zugriff auf das Gerät erfolgt dabei über eine beliebige vorhandene Kommunikationsschnittstelle oder ein Debug Interface.

Dies ermöglicht den Zugriff auf beliebige Werte und Funktionen in der Geräte Applikationssoftware, wenn sich das Gerät bereits im Einsatz im Feld unter realen Einsatz- und Umgebungsbedingungen befindet.

Zum Einsatz kommt ein Diagnosetester, auf welchem unterschiedlichste Diagnoseprogramme ausgeführt werden. Folgende Technologien kommen zur Anwendung:

- Bereitstellung der verfügbaren Maschinen bzw. Gerätefunktionalitäten als Beschreibung in Form eines verwendbaren Baukastens
- für den Diagnoseablauf kommt OTX (ISO 13209) zum Einsatz
- der Zugriff auf die Geräte bzw. Maschinen wird über eine ASAM GDI Middleware (ISO 20242) gekapselt
- Sicherstellung des Geräte- bzw. Maschinenzugangs über das ausgewählte Interface (z.B. SPI, Ethernet).

Das Verfahren ermöglicht unterschiedlichste Einsatzfälle für eine aktive und passive Diagnose, wie z.B. gezielte Fehlersuche, zyklische Überwachung der Funktionstüchtigkeit, Ermittlung des Gerätezustands, Analyse sporadischer Effekte, funktionale Geräteprüfung, Geräteinbetriebnahme, Langzeitanalyse, Fehler Einstreuung für den Sicherheitsnachweis und die Fehlerdiagnose sowie die Erstellung und Erprobung von Automatisierungsabläufen für Geräte welche in einem Automatisierungsverbund integriert sind und ferngesteuert werden.

Bei den Diagnoseprogrammen können neben den herstellerspezifischen Abläufen auch Gesetzgeber Skripte zum Einsatz kommen, die durch die Abstrahierung für funktional identische Geräte unterschiedlicher Hersteller anwendbar sind. Über die unterschiedlichen Ausprägungen von OTX auf dem Markt (z.B. grafisch oder textueller Pseudocode) ist es auch möglich, die "Meister Expertise" in einfacher Form zu archivieren und unternehmensweit für die Nutzung zur Verfügung zu stellen, ohne das detaillierte Kenntnisse der Programmierung oder der zum Einsatz kommenden API's erforderlich sind. Die Prozess- und Funktionalitätskenntnis des jeweiligen Gerätes ist ausreichend.

Die Definition und Durchführung neuer Tests, nach Geräte- bzw. Maschinenauslieferung, ist für beliebige Nutzfunktionalitäten (unabhängig von Prozessorcode und der zum Einsatz kommenden Plattform) ohne Softwareanpassungen im Gerät bzw. der Maschine möglich.

1 Ausgangssituation

Die Diagnose von Maschinen und Geräten im After Sales Bereich erfordert innovative Verfahren und flexible Vorgehensweisen. Dabei ist es unerheblich ob sich das System in einem Automatisierungsverbund befindet oder autark seine Aufgaben erfüllt. Charakteristisch für den After Sales Bereich ist dass sich das zu diagnostizierende Produkt im täglichen Einsatz beim Kunden unter realen Umgebungs- und Einsatzbedingungen befindet.

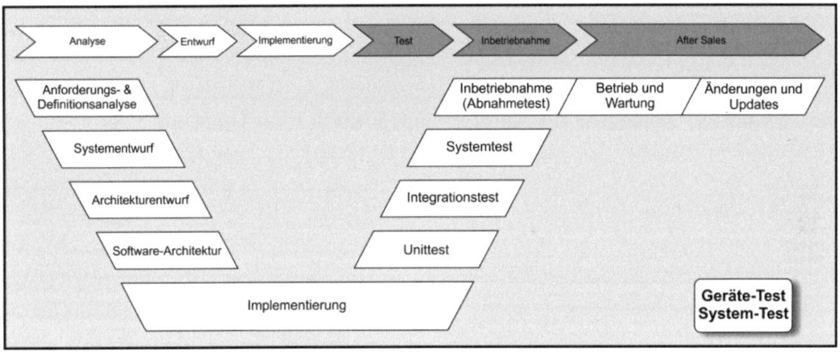

Abbildung 1: V-Modell und Softwarelebenszyklus

Diagnosen für den After Sales Bereich (Abbildung 1) gestalten sich schwierig, da diese oftmals nur auf die Entwicklung der Software bis zu deren Inbetriebnahme ausgerichtet sind. Existierende Diagnosen basieren meistens auf dem Einsatz von:

- Built In Diagnosefunktionen
- Diagnoseservices oder
- instrumentierten vordefinierten Diagnosezugriffen

Ziel ist, die Geräte bzw. Maschinen Nutzfunktionen im täglichen Einsatzfall, nach Fertigstellung der integrierten Applikationssoftware und Auslieferung an den Kunden, unabhängig vom physikalischen Gerätezugang, zu prüfen. Dabei steht der Nachweis der Funktionsfähigkeit von Geräteeigenschaften im Vordergrund, welche z.B. durch Verschleiß oder den Ausfällen von Komponenten beeinflusst werden. Dieser Nachweis soll durch die Möglichkeit von technischen Diagnosen im Betrieb erbracht werden. Innovativ ist die zum Einsatz kommende generische Instrumentierung, womit ein Zugriff auf das Softwareabbild aller Nutzfunktionen zur Laufzeit erfolgen kann, auch wenn dies zur Entwurfszeit der Geräteentwicklung nicht vorgesehen war. Damit können neue, zur Entwicklungszeit nicht vorhersehbare, Fehler erfasst und analysiert werden. Der Einsatz ist nicht auf den After Sales Zyklus beschränkt, sondern auch für Inbetriebnahmen und Tests geeignet.

1.1 Verfahrensüberblick

Generell ist ein dreistufiger Prozess vorgesehen, welcher nachfolgend näher betrachtet werden soll.

- Beschreibung der Geräte- bzw. Maschinenfunktionalität
- Sicherstellung des Geräte- bzw. Maschinenzugangs
- Erstellung und Durchführung des Diagnose-, Test- oder Automatisierungsablaufs

Unterschiedlichste Technologien kommen zum Einsatz, um die einfache Erstellung und Ausführung von Diagnoseprogrammen und Automatisierungsabläufen zu ermöglichen.

Das entwickelte Verfahren erlaubt einen Zugriff auf alle im Gerät oder der Maschine existierenden Target Nutzfunktionalitäten auf symbolischer Ebene. Eine Definition von Diagnose Services zum Zugriff auf die Funktionalitäten ist nicht erforderlich. Änderungen in der Geräte bzw. Maschinen Applikationssoftware sind für den Diagnose- bzw. Automatisierungszugriff nicht notwendig. Die durchzuführende Diagnose bezieht sich nicht nur auf die Software oder die Hardware, sondern auf das systembedingte Zusammenwirken aller Komponenten. Das Verfahren ist besonders prädestiniert für die Diagnose von Embedded Systems, deren industrielle Einführung in allen Lebensbereichen sich mit "Industrie 4.0" und "Internet of Things (IoT) bereits vollzieht.

Der Einsatz einer generischen, standardisierten und Programmiersprachen unabhängige Testablaufbeschreibung ermöglicht die Diagnose von Maschinen und Geräte mit minimalem Aufwand.

2 Systemaufbau und Ausprägungen

2.1 Beschreibung der Geräte / Maschinenfunktionalität

Generell werden dem Diagnose-, Test- bzw. Automatisierungsprogramm die Funktionalitäten als abstrakte Datenquellen und -senken zur Verfügung gestellt. Dabei kann es sich um Prozessvariablen (nachfolgend als Attribute bezeichnet) oder Funktionsaufrufe (nachfolgend als Operationen bezeichnet) handeln. Attribute und Operationen bilden zusammen die Menge der Nutzfunktionalitäten, wobei sich diese auf das jeweils zum Einsatz kommende Gerät bzw. die Maschine beziehen. Maschine und Gerät werden nachfolgend als Target bezeichnet. Für den Ablauf ist der symbolische Bezeichner inkl. Typkennung und die Übergabe- / Rückgabeparameter inkl. Typkennung ausreichend. Bei den Typen können komplexe und mehrfach geschachtelte Typen zum Einsatz kommen.

Voraussetzung für die Durchführung einer Geräte bzw. Maschinen Funktionsdiagnose bzw. des Einbeziehens des Gerätes oder der Maschine in einen Automatisierungsablauf ist die Beschreibung der Geräte- bzw. Maschinenfunktionalitäten in symbolischer Form. Dabei werden die einzelnen Funktionalitäten aus Sicht der Nutzung beschrieben. Die Spezifika der Kommunikation sind komplett von der zum

Einsatz kommenden Middleware gekapselt. Die Funktionalitäten werden in Form einer Instanzbeschreibung, basierend auf einer Gerätefähigkeitsbeschreibung dargestellt. Zum Einsatz kommt dabei das in Part 4 (Device capability profile template) [2] in Anhang A standardisierte Konzept. Bei diesem werden zunächst die einzelnen Geräte- / Maschinenfunktionalitäten in Form einer DCD[1] Gerätefähigkeitsbeschreibung Schema Datei beschrieben und anschließend die zur Verfügung stehenden Instanzen in Form einer PID[2] xml Datei offengelegt.

Zum besseren Verständnis ist zwischen einem Einsatz in einem Automatisierungsverbund und einer Diagnose zu unterscheiden. Für einen Automatisierungsverbund ist es erforderlich, das Target (Gerät bzw. die Maschine) in einen arbeitsfähigen Zustand zu versetzen. Dazu werden entsprechende Instanzen basierend auf der Gerätefähigkeitsbeschreibung erzeugt. Die Instanzenbeschreibung legt fest, welche Instanzen mit welchem abstrakten Bezeichner versehen werden und welche Parameter dabei vergeben werden. Die Instanzenbeschreibung wird über einen Anlagenspezifischen Parametrierprozess (Konfigurator) offline erstellt. Damit wird das Zusammenwirken zwischen beliebigen Anwendungen und beliebigen Geräten bzw. Maschinen für den spezifischen Anwendungskontext sichergestellt. Zur Laufzeit erwartet die Anwendung nur die Verfügbarkeit der parametrierten abstrakten Datenquellen und -senken. Diese Vorgehensweise ermöglicht einen Austausch des realen Target, ohne eine erforderliche Anpassung der Applikation (Automatisierungsprogramm). Als Beispiel dient die Medienbefüllung in der Automobilproduktion, bei welcher weltweit identische Applikationen zum Einsatz kommen. Über die Parametrierung erfolgt die Auswahl der Fahrzeug- und Anlagenspezifischen Befüllparameter und die Adaption auf die zum Einsatz kommende Befüllanlage (z.B. Instanzbezeichner). Damit wird neben der kommunikativen Entkopplung (z.B. SPS Protokoll) auch eine datenspezifische Entkopplung durch Abstraktion auf vorgegebene Typen vorgenommen. Die Konfigurationsfiles (PID Dateien) werden zur Laufzeit der Middleware übergeben, welche die Verbindung zur Anlage herstellt. Die Anlage befindet sich im fehlerfreien Fall, damit in einem arbeitsfähigen Zustand, und die eigentliche Applikation (z.B. Befüllprozess mit Vakuum herstellen, Druckprüfung und Befüllung) kann durchgeführt werden. Da eine Applikation nur mit diesen PID Funktionalitäten arbeitet, werden auch nur diese bei der nachfolgend dargestellten Transformation zur Verfügung gestellt. Die prinzipiellen Möglichkeiten einer Gerätefähigkeitsbeschreibung sind für eine konkrete Applikation uninteressant.

Die Vorgehensweise für die Nutzung bei einer Diagnose- bzw. für Tests ist identisch. Auch hier werden nur Instanz Beschreibungen verwendet, da nur vorhandene Funktionalitäten in den Ablauf einbezogen werden. Diese Beschreibungen werden direkt automatisiert erzeugt. Als Besonderheit ist hervorzuheben, dass die Instanzenbeschreibung nicht dem Setzen von Geräteparametern dient, da diese

[1] DCD - Device Capability Description
[2] PID - Parameterization Instance Description

durch die autarke Geräte bzw. Maschinen Applikationssoftware bereits gesetzt sind. Die Abarbeitung der Instanzdatei durch die Middleware dient der Herstellung der Verbindung zu den abstrakten Datenquellen und –senken. Eine Parametrierung findet nicht statt.

Für die Erstellung der Instanzbeschreibung gibt es folgende Vorgehensweisen:

- klassische Erstellung einer Gerätefähigkeitsbeschreibung und mappen auf eine PID Instanzbeschreibung
- Sourcecodeanalyse (für C++, C)
- Ableitung der Funktionalität aus dem UML Softwaremodell (Gerät bzw. Maschine)

Die Erstellung der Gerätefähigkeitsbeschreibung durch den Maschinen bzw. Gerätehersteller entspricht der klassischen Vorgehensweise, wobei dem Hersteller die GDI[3] Middleware Philosophie bekannt ist. Dabei werden die Nutzfunktionalitäten aus Anwendersicht beschrieben und zur Verfügung gestellt. Nur die in der DCD beschriebenen Funktionalitäten können später auch in den Diagnose- bzw. Automatisierungsablauf einbezogen werden. Deshalb ist es wichtig, dass neben Ein- und Ausgängen auch Modus- und Statusattribute (bzw. Operationen) mit abgebildet werden.

Bei der Ableitung der Funktionalität aus dem Geräte bzw. Maschinen Softwaremodell bzw. dem Sourcecode werden zunächst die Signaturen der Attribute und Operationen automatisiert aus dem Modell bzw. den Quellcode Dateien abgeleitet. Viel wichtiger ist jedoch die Eingrenzung auf den praktikablen Wertevorrat aus der Gesamtmasse der Größen. Dies kann einerseits durch eine Auswahl der zu analysierenden Dateien bzw. Pakete erfolgen, anderseits ist jedoch eine manuelle Einschränkung durch den Geräte bzw. Maschinen Hersteller notwendig. Da für die Diagnosen das systembedingte Zusammenwirken von Hardware und Software im Vordergrund steht, werden bevorzugt die Attribute ausgewählt, bei denen die aufbereiteten Messwerte bereits zur Verfügung stehen. Die Algorithmen, bei denen aus Rohwerten diese aufbereiteten und verarbeitungsfertigen Nutzwerte erzeugt werden sind von untergeordneter Bedeutung, da diese Algorithmen im allgemeinen bereits während der Target Entwicklung aufwendigen und umfassenden Unit und Komponententests unterzogen werden.

Die Erstellung der Instanzbeschreibungen kann zu einem beliebigen Zeitpunkt erfolgen, entweder bereits während der Geräteentwicklung oder nach Auslieferung des Gerätes.

Es besteht die Möglichkeit für unterschiedliche Nutzergruppen unterschiedliche herstellerspezifische Filterungen der Nutzfunktionalitäten vorzunehmen.

Im Ergebnis des Prozesses der Beschreibung der Target Funktionalität (in Abbildung 2 als „Control & Measure Device" bezeichnet) stehen alle benötigten Target Nutz-

---

[3] GDI - Generic Device Interface (ISO 20242)

funktionalitäten in Form einer xml Beschreibung, bestehend aus Bezeichner und Typkennung als Basis für Diagnose-, Test- und Automatisierungsprogramme zur Verfügung. Diese Beschreibung ist unabhängig von der Programmiersprache des Target und der dabei verwendeten Plattform.

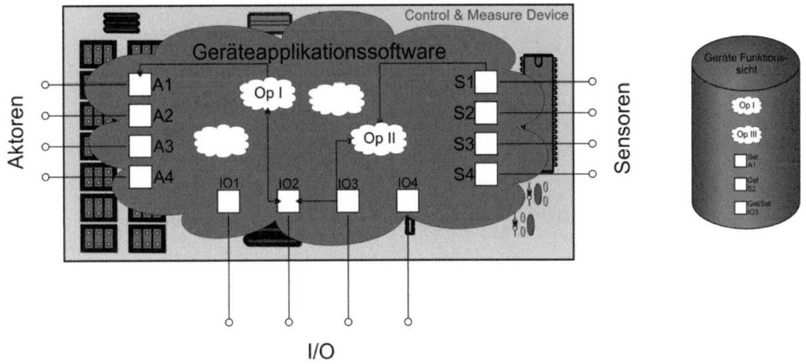

Abbildung 2: Control & Measure Device

2.2 Geräte- / Maschinenanbindung und Testerausprägung

Das Diagnose-, Test- oder Automatisierungsprogramm wird in einer Device Access & Control Unit (Tester) abgearbeitet. Für den Zugriff auf die Routinen im Target wird eine Schnittstelle benötigt, welche eine Verbindung zwischen dem externen Testprogramm (Diagnose- bzw. Automatisierungsprogramm) und internen Target Nutzfunktionalitäts-Softwareroutinen ermöglicht. Das Diagnose-, Test- oder Automatisierungsprogramm ist unabhängig von der Art des zum Einsatz kommenden physikalischen Zugangs (s. Abbildung 3) zur Maschine bzw. zum Gerät.

Folgende Verbindungsvarianten zwischen der Device Access & Control Unit (Tester) und dem Control & Measurement Device (Target) zum physikalischen Zugang werden unterstützt:

- herstellerspezifischer Zugang (Geräte API)[4]
- Generisches Protokoll in Verbindung mit einem Diagnostic Access Layer (DAL), als Plug-In für das Control & Measurement Device, welcher es ermöglicht auf alle Target Nutzfunktionalitäten zuzugreifen
- durch den Controller des Control & Measurement Devices bereitgestelltes DEBUG-Interface, welches den Zugriff auf Target Nutzfunktionalitäten mit einem Minimum an zusätzlicher Software im Control & Measurement Device ermöglicht

[4] API – hier im Sinne einer externen technischen Schnittstelle des Herstellers, in der Funktionen im Sinne von Target Nutzfunktionen offen gelegt werden

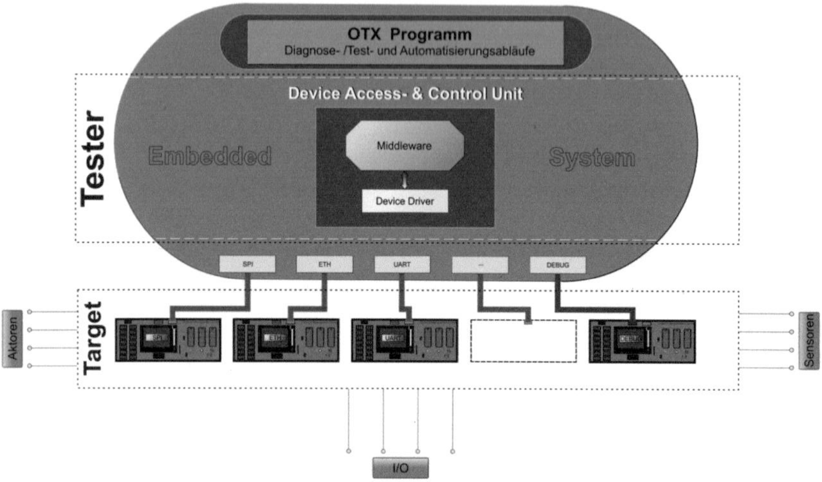

Abbildung 3: Geräte bzw. Maschinen Zugänge für die Diagnose bzw. Automatisierung

Die Verbindung des ausgeführten Diagnose-, Test- oder Automatisierungsprogramms mit dem Target, dem Control & Measurement Device, erfolgt durch den Einsatz einer Middleware. Die Middleware kapselt den Zugriff auf das Gerät bzw. die Maschine über unterschiedliche technische Schnittstellen (SPI, ETH, etc.) durch den Einsatz spezieller Gerätetreiber (Device Driver). Die nachladbaren Gerätetreiber stellen sowohl den Zugriff auf die unterschiedlichen Funktionen des Target in einer generischen Form, als auch die Kommunikation zum Target sicher. Die Middleware erlaubt einen vereinheitlichten Zugriff auf unterschiedliche Gerätetreiber und ist konform zu ISO 20242 [2]. Der Middleware wird das vom Diagnoseablauf bzw. der Automatisierung ausgewählte PID File zum Zugriff auf die jeweiligen Instanzen übergeben.

Der Tester kann sowohl als PC Lösung als auch als Embedded Lösung zum Einsatz kommen. Exemplarisch ist die Umsetzung auf einem Rasperry PI und einem FLEA System unter Einsatz eines Linux Betriebssystems (RTOS) verfügbar. Auf PC Ebene wird die Windows Lösung verwendet, wobei auf die Middleware über eine C++, Python oder C# Schnittstelle vom Diagnose-, Test- oder Automatisierungsprogramm zugegriffen wird.

2.3 Funktionalitätsbereitstellung für das Tester Programm

In die Testabläufe können, aufgrund der über den Zugang garantierten generischen Instrumentierung, alle vom Geräte bzw. Maschinen Hersteller offengelegten Target Nutzfunktionalitäten einbezogen werden. Dies bietet den Vorteil, dass bei der Testerstellung eine Fokussierung auf die Funktionen bzw. die Prozesssteuerung erfolgen kann, da sowohl der physikalische Zugang als auch die Funktionsausführung für den Testersteller komplett gekapselt sind.

Ausgangspunkt bilden die Target Funktionsbeschreibungen, welche über Generatoren als STUB[5] Funktionalitäten zur Verfügung gestellt werden. Damit stehen dem Diagnose-, Test- oder Automatisierungsprogrammentwickler die einzelnen Target Nutzfunktionalitäten in Form eines Funktionsbaukasten direkt zur Nutzung zur Verfügung.

Der STUB ist für

- C++
- C#
- Python und
- OTX verfügbar (siehe nächstes Kapitel).

2.4 Einsatz einer standardisierten Testablaufbeschreibung

Neben den oben genannten Programmiersprachen wird zusätzlich OTX [1] als standardisiertes, Plattform- und Tester- unabhängiges Beschreibungsformat für ausführbare Prüfsequenzen verwendet.

Die XML basierte Testablaufsprache bietet die Möglichkeit, Prüfabläufe über Abteilungs-, Tool- und Prozessgrenzen hinweg auszutauschen. Das in den Abläufen gespeicherte Know-how geht nicht verloren, sondern kann selbst nach vielen Jahren wieder verwendet werden. Es erfolgt eine Trennung zwischen Testspezifikation und Testausführung. Durch diese Trennung ist OTX sehr flexibel bzgl. des zu Grunde liegenden Entwicklungsprozess Schrittes. Durch sprachliche Elemente unterstützt, kann die Erstellung des OTX-Ablaufs in mehreren Detailstufen erfolgen. Es können z.B. Testabläufe spezifiziert werden, die erst in einem späteren Prozess Schritt von den jeweiligen technischen Experten so verfeinert werden, dass sie eine bestimmte Funktionalität ansprechen und dadurch eine ablauffähige Beschreibung entsteht.

[5] Klassenabbildung zur lokalen Nutzung der remote verfügbaren Nutzfunktionalität

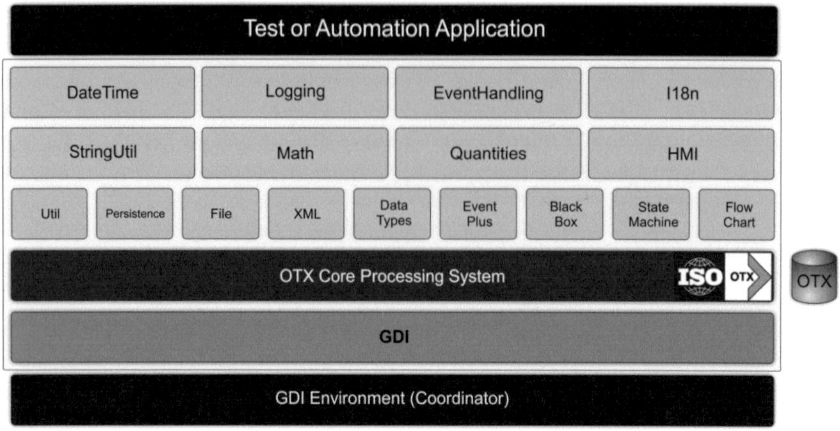

Abbildung 4: GDI OTX Extension

OTX verfügt über einen einfachen standardisierten Erweiterungsmechanismus, welcher für GDI zum Einsatz kommt (s. Abbildung 4). Eine OTX Extension für den generischen Zugriff auf die Funktionalität der Middleware ist definiert und die entsprechenden nativen Funktionsbibliotheken für den Zugriff vom Code des Ablaufprogramms auf die Middleware verfügbar.

Da jedoch für den Anwender keine GDI Spezifika sichtbar sein sollen, erfolgt eine Kapselung durch das in OTX definierte Prozeduren Konzept. Dabei erfolgt ein Übergang von einer geräteunabhängigen Nutzung auf eine gerätespezifische Nutzung. Bei der gerätespezifischen Nutzung sind die Nutzfunktionalitäten als OTX Prozeduren direkt verfügbar. In den Prozeduren werden die standardisierten OTX Terms und Actions der GDI Extension verwendet, womit vom Laufzeitsystem nur eine Anbindung der generischen Extension erforderlich ist. Die Prozeduren werden automatisiert über einen Generator basierend auf dem PID File erstellt. Dabei werden auch die seit 2015 verfügbaren OTX Standarderweiterungskonzepte für Enumerations und Structures verwendet, um auch komplexe und geschachtelte Datentypen abbilden zu können.

Abbildung 5: OTX STUB Output - Nutzfunktionalitätsbaukasten für Diagnose-, Test- oder Automatisierungsprogramme

Basierend auf den als Baukasten zur Verfügung gestellten Funktionalitäten (s. Abbildung 5) kann der jeweilige Diagnose-, Test- oder Automatisierungsablauf erstellt werden (s. Abbildung 6). Dabei kommen Autorensysteme zum Einsatz, welche eine grafische Programmierung unterstützen oder die Programmerstellung auf Basis von ASCII DSL[6] Code ermöglichen, womit der Einsatz für unterschiedlichste Nutzergruppen (vom Meister bis zum Programmierer) optimiert ist. Unterstützt das Autorensystem IntelliSense ist eine besonders effiziente Programmerstellung möglich. Als standardisiertes XML Austauschformat kommt in beiden Fällen OTX zum Einsatz.

[6] DSL - Domain specific language

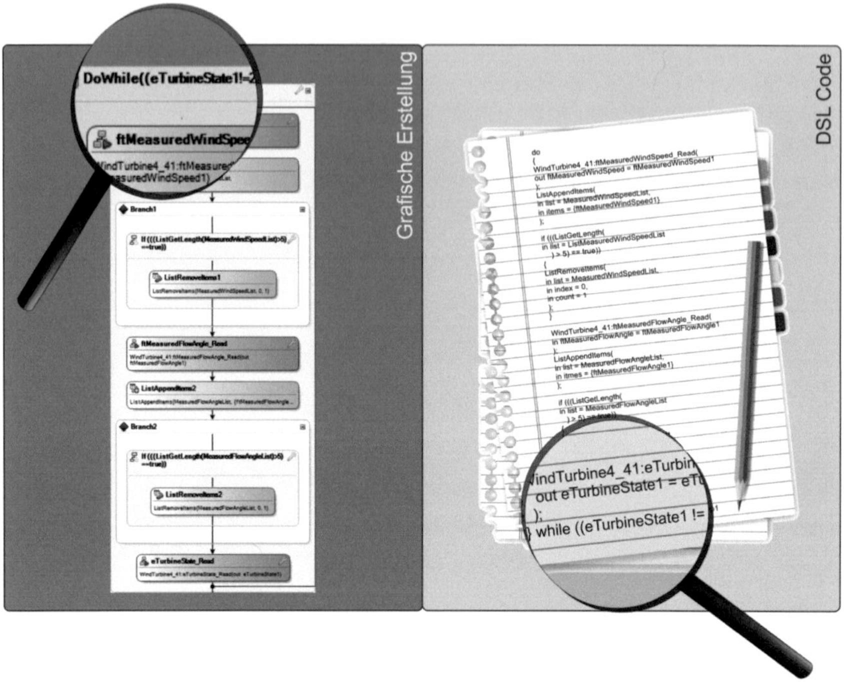

Abbildung 6: Diagnose-, Test- oder Automatisierungsablauf

Für die Ausführung wird das Programm über Codegeneratoren für die jeweilige Ausführungsplattform des Testers (Device Access & Control Unit) transformiert. Im Embedded Bereich kommt ein LUA Script zum Einsatz und im PC Bereich erfolgt die Transformation nach C#.

2.5 Diagnosearten und Automatisierungsapplikationen

Eine Diagnose besteht ausschließlich aus Abläufen auf die vom Geräte bzw. Maschinen Hersteller offengelegte Target Nutzfunktionalität, auf die ein passiver bzw. aktiver Zugriff sequentiell entsprechend dem Diagnosezweck erfolgt. Diese Abläufe entsprechen qualitativ einer Durchführung von mehreren Tests, wobei komplexe Diagnose Ergebnisse auftreten können (nicht nur Pass und Fail).

Der Ablaufersteller kennt dazu einerseits die Bedeutung der Target Nutzfunktionalitäten und andererseits verfügt er über detailliierte Kenntnisse des Prozesses, in dessen Umfeld das Target zum Einsatz kommt. Änderungen in der Target Applikationssoftware sind für den Diagnoseablauf bzw. die Automatisierung nicht notwendig.

Für die Anwendungsfälle der Diagnose- / Test und Automatisierungsabläufe wird zwischen nachfolgenden Anwendungsszenarien unterschieden:

- **Szenario singuläres Testprogramm:**

  Durchführung eines eigenständigen Test- und Automatisierungsablaufs.

  Der Ablauf kann eigenständig ausgeführt werden, ohne dass Querbeeinflussungen zu berücksichtigen sind. Bei der Durchführung eines singulären Testprogramms erfolgt keine anderweitige Remotenutzung des Targets durch dessen Verbau im Einsatzumfeld, bzw. die Target Applikationssoftware wird nicht abgearbeitet.

- **Szenario passive Diagnose:**

  Im laufenden Betrieb erfolgt ein "paralleler" Zugriff auf Werte der Maschine bzw. des Gerätes inkl. der angeschlossenen Sensorik. Dadurch lassen sich Betriebszustände besser identifizieren. Die aktive Geräte bzw. Maschinen Applikationssoftware wird abgearbeitet bzw. erfolgt auf das Target ein Remotezugriff durch die Automatisierung. Das zu diagnostizierende Target befindet sich in der Verbau-Umgebung unter realen Einsatzbedingungen im Betrieb.

- **Szenario aktive Diagnose:**

  Im laufenden Betrieb wird aktiv eingegriffen, um gewisse Betriebszustände zu erreichen. Dazu können z.B. Sensorwerte überschrieben werden und gezielt Betriebszustände eingenommen werden. Dies erfordert ein hohes Maß an Sensibilität um die Betriebssicherheit des zu analysierenden Gerätes bzw. der Maschine nicht zu gefährden.

Die Verantwortung für die Auswahl des Diagnose- und Automatisierungsablaufs liegt immer beim Testersteller und Ausführer des jeweiligen Programms.

3 Anwendungsmöglichkeiten

In die Diagnoseabläufe können, aufgrund der über den Zugang garantierten generischen Instrumentierung, alle vom Geräte bzw. Maschinen Hersteller offengelegten Target Nutzfunktionalitäten einbezogen werden. Dies bietet den Vorteil, dass bei der Testerstellung eine Fokussierung auf die Variablen und Operationen bzw. die Prozesssteuerung erfolgen kann, da sowohl der physikalische Zugang als auch die Funktionsausführung für den Testersteller komplett gekapselt sind.

Damit ergeben sich folgende prinzipielle Gestaltungsmöglichkeiten:

- Funktionalität wird vom Gesetzgeber vorgegeben
- Funktionalität ist vom Geräte bzw. Maschinen Hersteller beschrieben

3.1 Gesetzgeber Funktionalitäten

Gesetzgeber Skripte sind verwendbar für den Nachweis gesetzlich geforderter und zugesicherter Eigenschaften. Hauptfokus ist hierbei die Geräteunabhängigkeit der Tests und die Sicherstellung der Manipulationssicherheit durch Gerätehersteller. Die

Abläufe können herstellerübergreifend eingesetzt werden, da auf abstrakte Nutzfunktionalitäten zugegriffen wird. Diese Nutzfunktionalitäten werden über die Gerätetreiber und deren Parametrierung vom allgemeinen Testablauf auf das konkrete Gerät transformiert. Im Allgemeinen erfordert dies die Vorgabe einer geräteunabhängigen, aber geräteklassenspezifischen Nutzfunktionalitätsbeschreibung.

Unterschiedliche Geräte werden gleichartig getestet womit vergleichbare Ergebnisse vorliegen. Modifikationen in den gesetzlichen Anforderungen können einfach im Ablauf adaptiert werden, da sich Softwareänderungen im Gerät, bei Beibehaltung der Funktionalität, nicht bemerkbar machen.

Mit der Erstellung von Prüfabläufen für gesetzliche Vorgaben kann auch ein Nachweis der Betriebssicherheit erfolgen, in dem implementierte Sicherheitsmaßnahmen für die gefahrlose Anwendung im Betriebs- und Fehlerfall aufgerufen werden.

Die Kombinatorik von OTX als grafisch orientierte Testsprache und GDI als Middleware für die Geräteanbindung erlauben die Testerstellung durch Behörden basierend auf abstrakten Nutzfunktionen. Erfolgversprechend kann das Verfahren nur zum Einsatz kommen, wenn eine Akzeptanz von OTX als Beschreibungsmittel bei den durch den Gesetzgeber autorisierten Prüfstellen erfolgt. Mit OTX als Plattform- und Tester- unabhängiges Beschreibungs- und Austauschformat können die erstellten Tests auf unterschiedlichsten Testerplattformen zum Einsatz kommen.

3.2 Hersteller Funktionalitäten

Herstellerabläufe beziehen sich auf Targets einer Firma und können vom Servicetechniker ausgeführt werden. In der Regel wird eine Bibliothek von OTX-Programmen für unterschiedliche Geräte- oder Maschinenfamilien existieren. Dadurch können sehr schnell, ohne tiefere Kenntnis der Programmierung, Targets einer funktionalen Familie untersucht werden.

Es wird das Ziel verfolgt, diese Abläufe permanent zu aktualisieren und zu erweitern, da die beinhalteten Handlungsabläufe, die über einen Zeitbereich akkumulierten Erfahrungen von Ingenieuren und Technikern des Geräteherstellers widerspiegeln. Dieses gespeicherte Wissen wirkt sich somit in den Diagnose- / Test- und Automatisierungsprogrammen Target spezifisch aus, sodass dem Servicepersonal eine signifikante Vereinfachung der eigenen Aufgaben (z. B. Reparatur) geboten wird. Neu gewonnene Erfahrungen werden schnell und unkompliziert in Tests integriert, ohne dass dazu Änderungen im Target notwendig sind.

Für die Herstellerabläufe sind unterschiedliche Sichten auf die bereitgestellten Target Nutzfunktionalitäten möglich (z.B. Basisfunktionalität, Funktionalität der Familie X, Funktionalität der Anwendungsfunktionalität Y). Damit kann auch eine Unterscheidung der für den Servicetechniker bzw. dem Anlageningenieur freigeschalteten Sicht erfolgen.

Basierend auf den verfügbaren Target Nutzfunktionalitäten können problembezogen neue Abläufe erstellt bzw. vorhandene Abläufe modifiziert werden. Dies kann direkt vor Ort und speziell für ein Gerät bzw. eine Maschine und einen Diagnosefall geschehen. Dies ist sinnvoll, wenn sehr komplexe Geräte bzw. Maschinen oder unbekannte Verhaltensmuster vorliegen. Vorstellbar sind hierbei auch während der Entwicklung nicht berücksichtigte Szenarien. Die Ergebnisse fließen dann ebenfalls in den Pool der schon vorhandenen Diagnose-Tests (OTX-Programme) des Herstellers ein.

Bei komplexen Geräten bzw. Maschinen können kaskadierte Diagnoseprogramme zum Einsatz kommen. Die Auswahl des Diagnoseprogrammes der nächsten Ebene hängt vom Ergebnis der oder des vorhergehenden Diagnoseprogrammes ab.

3.3 Anwendungsbeispiele

Das Verfahren ist für eine Vielzahl von Anwendungsfällen prädestiniert:

- **Funktionale Geräteprüfungen**
  Diese umfassen einerseits Abnahmetests durch den Kunden und dienen anderseits der Kundenerprobung für existierende und neue Einsatzszenarien. Der Tester (Device Access & Control Unit) fungiert als Applikation zur Ausführung einer eigenständigen Diagnose- bzw. Automatisierungsapplikation.
- **Inbetriebnahmen**
  Für Erstinbetriebnahmen kann ein Programm als Ersatz der Automation zum Einsatz kommen, womit das Gerät bzw. die Maschine in einer Automation verwendet und erprobt wird. Hervorzuheben ist die schnelle und unkomplizierte Erweiterbarkeit und Modifizierbarkeit des Automatisierungsablaufs.
- **Diagnose unter realen Umgebungsbedingungen**
  Dazu zählen die Gezielte Fehlersuche, Analyse sporadischer Fehler, die permanente Fehlersuche, die Langzeitanalyse und die Erfassung des Gerätezustands (z.B. für Verschleißanalysen, Einhaltung von Grenzwerten). Dabei sind auftretende Fehler einzugrenzen und zu analysieren. In den Ablauf können alle im Gerät vorliegenden Messwerte / Sensordaten einbezogen werden.
- **Technische Sicherheitskontrollen**
  Ermöglicht wird der Nachweis der Gewährleistung der Funktionalität.
- **Geräteentwicklung**
  Für ein bestehendes Gerät soll eine neue Softwaregeneration entwickelt werden. Die zu verarbeitenden Sensorsignale und Teile der Software entsprechen dabei qualitativ dem alten Gerät. Die Device Access & Control

Unit dient als RCP[7] System für die Entwicklung der Gerätesoftware, das Control & Measurement Device ermöglicht den Zugriff auf die Gerätefunktionalität (Kapselung der Hardware). Der Host fungiert bei diesem Anwendungsfall als Entwicklungsebene.

- **Permanente zyklische Überwachung der Funktionstüchtigkeit**
  Es werden permanent Daten erfasst (Verschleißinformationen, Verbrauchswerte, etc.) und überwacht. Werden Abweichungen erkannt, können anschließend gezielt Programme für Einzeldiagnosen durchgeführt werden. Über derartige Prüfungen können die Serviceintervalle / Standzeiten optimiert werden.

4 Vorteile

Mit der Durchführung einer Diagnose auf symbolischer Ebene kann eine einfache Geräteanalyse durch Servicetechniker erfolgen. Auch ist eine Anpassung und Erweiterung der Abläufe für die Analyse und Diagnose bisher nicht klassifizierter Verhaltensfälle einfach möglich. Hauptvorteile sind, dass keine Codemanipulation im Target notwendig (generischer Ansatz) ist und spezifische Programmierkenntnisse, bei Verwendung von OTX, nicht erforderlich sind. Die Prüflogik ist auf das Geräteverhalten und die Prozesskenntnis fokussiert, alle Zugriffs- und Protokollspezifika sind komplett gekapselt. Die generische Instrumentierung ermöglicht die Erstellung von neuen Prüfabläufen auch nach erfolgter Geräteauslieferung. Eine Softwareanpassung im Target für die Ausführung der Diagnoseabläufe ist nicht erforderlich. Diagnoseprogramme, mit denen im Feld Fehler aufgefundenen werden, stehen für zukünftige Weiterentwicklungen der Geräte und Maschinen auch der Entwicklung zur Verfügung. Testabläufe können im gesamten Produktlebenszyklus, insbesondere in der Entwicklung, Produktion und im Service wiederverwendet werden. Neue Testabläufe sind sofort für den weltweiten Einsatz der Geräte und Maschinen verfügbar. Die Testerstellung erfolgt unabhängig von der im Target zum Einsatz kommenden Programmiersprache für die Target Applikationssoftware und der Plattform (Betriebssystem, Prozessor).

Das standardisierte XML Austauschformats beinhaltet das Spezifikation / Realisation Konzept. Damit lässt sich z.B. die "Meister Expertise" in Form reproduzierbarer Diagnoseabläufe leicht archivieren. Der Spezifikationsteil (Prüflogik) beschreibt verbal den prinzipiellen Diagnoseablauf, während bei der Realisierung sequentiell die Baukastenfunktionalitäten verwendet werden. Dadurch wird auch eine interaktive Arbeitsweise für komplexere Diagnoseabläufe erleichtert. Die Abläufe stehen unterschiedlichsten Personen, vom Anwender / Applikateur über den Servicetechniker bis zum Anlageningenieur zur Verfügung.

---

[7] RCP - Rapid Control Prototyping

Die Middleware abstrahiert die Sicht auf das Target und ermöglicht dessen Austausch ohne, dass vorhandene Diagnoseabläufe erneut angepasst werden müssen. Damit entfallen Testüberarbeitungen (Bestandsschutz) nach Gerätemodifikationen (Software Updates), bei Beibehaltung der Nutzfunktionalität. Ein weiterer Vorteil ist die Gerätezugangsunabhängige Gestaltung der Diagnoseprogramme, da diese ebenfalls von der Middleware komplett gekapselt wird. Ein Diagnoseablauf kann deshalb unabhängig vom Target Zugang über unterschiedliche physikalische Schnittstellen gestaltet werden.

Da OTX Testbeschreibungen als Austauschformat fungieren, besteht die Möglichkeit die vom Endanwender bevorzugte Laufzeitumgebung zu verwenden. Hierbei erweist es sich als vorteilhaft das alle zum Einsatz kommenden Schnittstellen als ISO Norm existieren.

Mit den erstellten Diagnoseabläufen kann eine Wissensdatenbank aufgebaut werden, in welcher die in einem Unternehmen gesammelten Service Erfahrungen abgelegt sind. Diese Wissensdatenbank steht insbesondere für den Second Level Support zur Verfügung. Gemäß ITIL (IT Infrastructure Library) ist dabei das Problem- / und Störungsmanagement relevant. Mit dem Problemmanagement ist es möglich, wiederauftretende Fehler (z.B. an einem anderen Einsatzort) sofort zu identifizieren und insbesondere deren Auswirkungen auf den Einsatzfall zu minimieren. Ziel ist es die Aufrechterhaltung und Sicherung des Betriebs zu ermöglichen. Da die ITIL Prozesse im Rahmen der ISO/IEC 20000 anerkannt werden, besteht für größere Unternehmen, und insbesondere deren Service Provider, die Möglichkeit diese Vorgehensweise für eine Zertifizierung der Qualitätssicherungsprozesse zu verwenden.

Vereinfacht kann dies auch als Erfassung der Problembeschreibung, Fehleranalyse und Fehlerbeseitigung betrachtet werden. Die entwickelte Vorgehensweise kommt für die Fehleranalyse zum Einsatz, in dem mit dem Diagnoseablauf ein System Monitoring oder die Abarbeitung eines Workflows erfolgt. Vorteilhaft ist, dass mit dem Verfahren Betriebszustände und Umgebungsbedingungen zielgerichtet eingenommen werden können. Die Ablage dieser Diagnoseprogramme ermöglicht unter Verwendung strukturierter Managementprozesse ein breites Know How Sharing.

5 Ausblick

Bisher ist der Zugriff auf die vom Target Hersteller offengelegten Attribute und Funktionen begrenzt, welche für eine passive und aktive Diagnose zur Verfügung stehen. Diese Daten stehen im Tester über das Generische Protokoll zur Verfügung und der Zugriff im Gerät erfolgt über den Diagnostic Access Layer. Oftmals ist es für umfangreiche Diagnosen und insbesondere Langzeitanalysen oder der Suche nach sporadischen Fehlern vorteilhaft, wenn zusätzliche Funktionalitäten im Target erbracht werden können. Eine dieser Funktionalitäten ist Condition Monitoring, die eine permanente Datenerfassung von ausgewählten Sensordaten in vorgegebenen

Rastern erfordert, allerdings eine Datenübertragung nur in Abhängigkeit des Auslösens von definierbaren Triggern anstößt.

Eine weitere Anforderung ist die Erweiterung des Testers um ein Nutzerspezifisch zugeschnittenes Safety & Security Verfahren. Damit soll einerseits eingeschränkt werden, welcher Nutzer berechtigt ist für welche Geräte bzw. Maschinen, welche Programme ausgeführt werden und andererseits sicher zu stellen, dass keine Gerätemanipulationen durch unbefugte Nutzer erfolgen. In diesem Kontext ist zu berücksichtigen, das neben den Diagnose-, Test- und Automatisierungsprogrammen auch die Parametrierdatensätze in dieses Konzept einzubeziehen sind.

In der bisherigen Lösung besteht eine Trennung zwischen Tester (Device Access & Control Unit) und Target (Control & Measure Device) über eine Kommunikations- oder Debugschnittstelle, womit eine Vielzahl von Anwendungsfällen abgedeckt wird. Für spezielle Geräte und Maschinen, die sich im weltweiten Einsatz befinden, ist oftmals die lokale und kurzfristige Bereitstellung des Testers problematisch, während ein Netzzugang für das Target bereits vorhanden ist. Für diese speziellen Einsatzfälle besteht die Anforderung, den Tester direkt im Target zu integrieren, d.h. der Tester ist direkt im Gerät bzw. der Maschine enthalten und steht permanent zur Verfügung. Remote werden dann in das Target nur die erforderlichen Diagnoseprogramme geladen und die Ergebnisse der Programmausführung Remote übermittelt. Deshalb können alle Softwarebestandteile für eine generische Diagnoseausführung (z.B. Einbeziehung zusätzlicher Geräte oder generische Plattformunabhängigkeiten) entfallen. Damit vereinfachen sich die Softwarebestandteile für die Middleware und den Gerätetreiber (u.a. Entfall des Diagnoseprotokolls). Kürzeste Reaktionszeiten auf sich ändernde Werte sind aufgrund des Verzichts der externen Kommunikation möglich (maximale Performance). Voraussetzung ist, dass im Gerät die notwendigen Ressourcen für die Integration des Testers vorhanden sind. Eine besondere Herausforderung stellt die Unterdrückung einer zeitlichen Beeinflussung der autarken Target Applikationssoftware durch das passive Diagnoseprogramm dar.

Literatur

[1] ISO 13209 (all parts), Road vehicles - Open Test sequence eXchange format (OTX), 2012

[2] ISO 20242-4, Industrial automation systems and integration - Service interface for testing applications - Part 4: Device capability profile template, 2011

17 Was genau meint der Begriff 'Intelligente Diagnose'?

Dr. Norbert Waleschkowski, Dipl.-Math. Matthias Mecky, M.Sc. Ronny Giera, Semantis Information Builders GmbH, Oberursel

Abstract

The term *'intelligent'* is the new buzzword of our time. More and more things of everyday life are considered to be(come) intelligent. After a hype in the early days AI technology (Artificial Intelligence) has led a niche existence over a period of years. But now AI seems to experience a sudden renaissance. However, often mere technical advances in sensor and multimedia technology are marketed as success of AI technology. The following questions arise: Which properties, features and functions make a system an intelligent system? What does this mean for a vehicle diagnostic system? And what about the impact for the interaction between user (technician) and an intelligent diagnostic system? These questions are discussed in the context of modern vehicle diagnosis in order to transform and condense abstract and general requirements into concrete features and functions.

Kurzfassung

Der Begriff *'intelligent'* ist ein Schlagwort unserer Zeit geworden. Alle möglichen Dinge des Alltags werden heute als intelligent bezeichnet. Nach einem regelrechten Hype in den "early days" war es längere Zeit ruhig um die KI (Künstliche Intelligenz) geworden, die in jüngster Zeit aber eine regelrechte Renaissance erfahren hat. Allerdings werden oft auch Fortschritte in der Sensor- und Mediatechnik als Fortschritte der KI vermarktet. Im vorliegenden Beitrag wird diskutiert, welche Eigenschaften und Merkmale intelligente Systeme ausmachen, und es wird untersucht, was dies für Diagnosesysteme bedeutet. Welche Anforderungen sind an intelligente Diagnosesysteme zu stellen? Und welche Auswirkungen hat dies auf die Interaktion von Mensch und Diagnosesystem? Die Fragen werden am Beispiel der Fahrzeugdiagnose diskutiert, um abstrakte und allgemeine Anforderungen schließlich in konkrete Merkmale und Funktionen zu überführen.

1 Einleitung und Motivation

Der Begriff *'intelligent'* erlebt derzeit Hochkonjunktur und wird geradezu inflationär verwendet. Nach Jahren eines Nischendaseins erlebt die KI (Künstliche Intelligenz) gerade eine Renaissance. Dinge wie selbstfahrende Autos, ja selbst Kühlschränke und Waschmaschinen sind bzw. werden angeblich intelligent.

Oft werden aber lediglich Fortschritte in der Mess-, Sensor- und Multimediatechnik als Erfolg intelligenter Systeme verkauft. Ein Abstandssensor ist sicherlich sehr nützlich und hilfreich im Alltag, aber ist ein Einparkhilfesystem deshalb bereits intelligent? Eine Remote-Diagnose kann ebenfalls sehr nützlich sein, aber wird dadurch ein Diagnosesystem, das lediglich remote betrieben wird, selbst schon intelligent?

Die rasche technologische Weiterentwicklung in der Automobilindustrie, die zunehmende Verwendung von Assistenzsystemen, die immer stärkere Vernetzung der Systeme und die außerordentlich hohe Typen- und Variantenvielfalt führen zu Fahrzeugen erheblicher Komplexität. Zur Diagnose solcher Fahrzeuge werden dringend intelligente Systeme benötigt, die lernfähig und adaptiv sind und den Servicetechniker in vorausschauender intelligenter Weise unterstützen und ihn aktiv in den Diagnoseprozess einbeziehen, anstatt ihn nur durch einen à priori festgelegten und starren Diagnoseablauf zu führen.

Aber welche Eigenschaften und Merkmale sind es, die ein Diagnosesystem zu einem intelligenten Diagnosesystem machen? In welchen Merkmalen und Funktionen manifestiert sich diese Intelligenz? Und welche Auswirkungen haben diese Eigenschaften und Merkmale auf die Interaktion mit dem Benutzer und einem Fahrzeug unter Test? Diese Fragen werden am Beispiel und im Kontext der modernen Fahrzeugdiagnose diskutiert.

2 Heutige Situation in den Werkstätten

Heute werden in den Werkstätten überwiegend Diagnosesysteme eingesetzt, die unter der Überschrift "Geführte Fehlersuche" (GFS) laufen. Das Prinzip der GFS wird in [3] wie folgt beschrieben: *"Die geführte Fehlersuche (GFS) verwendet von Experten erstellte Fehlersuchprogramme, die genau auf die Fehler, die in einem bestimmten Fahrzeug auftreten können, abgestimmt sind. Dabei ist es notwendig, für jeden möglichen Fehlerspeichereintrag (DTC = Diagnostic Trouble Code) ein Fehlersuchprogramm zu erstellen. Eine besondere Schwierigkeit besteht dabei in der Abdeckung aller Varianten eines Fahrzeugs bzw. Fahrzeugteilsystems, ... da sich Fehler in unterschiedlichen Fahrzeugvarianten unterschiedlich darstellen und auch die Prüfanweisungen stark variieren können."* Wenn heute ein Fahrzeug in eine Werkstatt kommt, sieht die Vorgehensweise bei der geführten Fehlersuche typischerweise wie folgt aus: Unter Verwendung eines Diagnosesystems liest der Servicetechniker die Fehlerspeicher der Steuergeräte aus und arbeitet dann mittels eines solchen Prüfablaufs, der einen oder einige wenige Fehlercodes behandelt, einen DTC nach dem anderen ab. Dabei folgt er dem vom Experten fest vorgegeben Ablauf der Fehlersuche.

Diese Systeme haben jahrelang solide Dienste in den Werkstätten geleistet und den state-of-the-art repräsentiert. Mittlerweile haben sie aber die Grenzen ihrer Leistungsfähigkeit nicht nur erreicht, sondern überschritten. Dies wird u.a. daran erkennbar, dass die Prüfabläufe immer wieder Lücken aufweisen, denn das Ausprogrammieren der Prüfabläufe wird aus den eingangs genannten Gründen (Vernetzung, Varianten etc.) immer aufwendiger. Ferner führt das komplexe Zusammenspiel vernetzter Systeme zu Symptom-/Fehlerbildern, die nicht mehr angemessen durch die DTC-weise Abarbeitung behandelt werden können. So werden Autoren immer häufiger gezwungen, Kompromisse hinsichtlich Umfang und Tiefe einer Diagnoseanwendung zu machen. Dann werden die Handlungs- und Prüfanweisungen häufig sehr allgemein und unspezifisch formuliert wie etwa "Prüfen Sie nach Stromlaufplan." Dies führt dazu, dass der Servicetechniker in diesen Fällen nicht mehr unterstützt wird und selbständig und unter Zuhilfenahme separater Informationsquellen den Fehler untersuchen und identifizieren muss. Es gibt dann einen Mix aus fehlender Granularität und Tiefe einerseits und strikter Führung andererseits, die von Servicetechnikern oft als zu eng empfunden wird. Von einer intelligenten Diagnose lässt sich hier nicht sprechen.

3 Was charakterisiert denn intelligente Diagnose?

Was meint dann aber der Begriff 'Intelligente Diagnose'? In einschlägigen Werken findet man, dass der Begriff Intelligenz (lat. intelligentia: Einsicht, Erkenntnisvermögen) etwas mit Lernfähigkeit, Anpassung und Abstraktionsvermögen zu tun hat (vgl. [2]). Nach Stern ist Intelligenz die Fähigkeit, sich unter zweckmäßiger Verfügung über Denkmittel auf neue Forderungen einzustellen (vgl. [4]). Intelligenz lässt sich also als (Denk)fähigkeit verstehen, neue Situationen unter Verwendung bisheriger Erfahrungen (Wissen) angemessen lösen zu können.

Diese Eigenschaften und Merkmale kann man klassischen GFS-orientierten Diagnosesystemen nicht zuschreiben. Konzeptbedingt, also unabhängig von der Softwarequalität und den Fähigkeiten der Autoren, kennen diese Diagnosesysteme nur vorgegebene Lösungswege. Sie können neue – also nicht vorprogrammierte – Situationen grundsätzlich nicht bearbeiten, sich nicht anpassen und sind nicht lernfähig. Sie erleiden an ihren Kompetenzrändern einen sofortigen und totalen Leistungsabfall und lassen dann einen ratlosen Benutzer zurück nach dem Motto "In zweifelhaften Fällen entscheide man sich eben für das Richtige" (Karl Kraus). Dabei sollten Diagnosesysteme in der Lage sein, Benutzer auch in schwierigen Situationen noch angemessen zu unterstützen, also auch an ihren Rändern. Man spricht dann von einem sanften Leistungsabfall (graceful degradation).

Bei Diagnosesystemen handelt es sich ihrer Natur nach um entscheidungsunterstützende Systeme; sie können keine Problemlösung garantieren. Das letzte Wort hat der Mensch, der die Problemstellung oft umfassender und in seiner Gesamt- und Ganzheit überschaut. Um die richtigen Anforderungen an intelligente Diagnosesysteme zu stellen, wird kurz skizziert, wie ein erfahrener, kompetenter Fachmann arbeitet. Ein Fachmann

(1) erinnert sich an ähnliche frühere (Diagnose)Fälle,
(2) verwendet Daumenregeln,
(3) verwendet Erfahrungswissen,
(4) kennt und erkennt kausale Fehlerzusammenhänge,
(5) kennt typische Symptom-/Fehlerbilder,

(6) verfügt über physikalisch-technisches Fachwissen,
(7) holt bei Bedarf den Schaltplan hervor,
(8) hat ein Gefühl für typische Fehlerhäufigkeiten,
(9) lernt ständig hinzu und
(10) adaptiert daraufhin seine Vorgehensweise.

Diese Merkmale können die Grundlage bilden, um Anforderungen an intelligente Diagnosesysteme zu formulieren.

4 Anforderungen an intelligente Diagnosesysteme

Es ist naheliegend, dass ein intelligentes Diagnosesystem u.a. über zu (1) – (10) korrespondierende Fähigkeiten verfügen. Ein intelligentes Diagnosesystem ist insbesondere

- lernfähig
- verfügt nicht nur über phänomenologisches, sondern auch über tieferes technisches Wissen,
- passt seine Fehlersuchstrategien automatisch den gelernten Ergebnissen an,
- bietet eine flexible Benutzerführung mit vielen Freiheitsgraden,
- agiert auf Benutzeranforderung wie ein intelligenter Assistent bzw. Ratgeber,
- verfügt über technisches Wissen und
- stellt alternative Problemlösungsstrategien bereit.

Es stellt sich die Frage nach einer geeigneten Systemarchitektur. Der Begriff Denkmittel (s. Abschnitt 2) gibt bereits konstruktive Hinweise. Denkmittel bestehen zum einen aus den gemachten Erfahrungen – dem Wissen – und der Fähigkeit des Schließens – also der Denkfähigkeit und der Logik. Eine wissensbasierte Architektur spiegelt dieses Prinzip direkt wider, denn in der Wissensverarbeitung wird strikt zwischen dem Wissen und der Verarbeitung des Wissens getrennt. Das Wissen wird in einer Wissensbasis hinterlegt; die Verarbeitung des Wissens wird von Schlussfolgerungskomponenten bzw. Inferenzmaschinen (lat. inferre: hineintragen, folgern, schließen) übernommen. Dabei können auch mehrere Inferenzmaschinen bzw. -strategien zum Einsatz kommen. Die Abbildung 1 veranschaulicht dieses Prinzip.

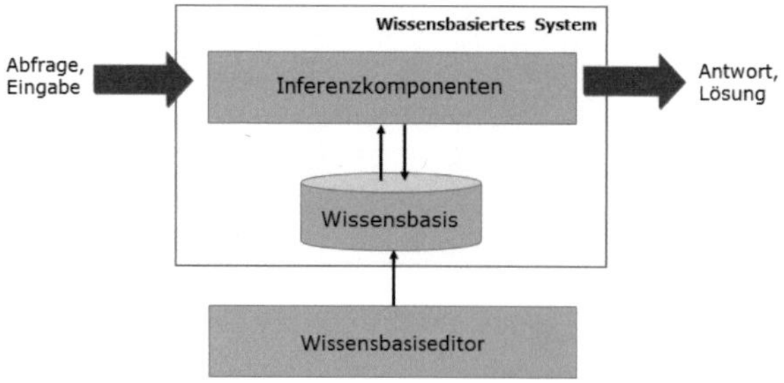

Abbildung 1: Wissensbasierte Software-Architektur

Dabei wird klar zwischen Wissen und Ablauf getrennt – anders als in klassischen Softwaresystemen.
Darüber hinaus sollte sich ein intelligentes Diagnosesystem noch durch einige der folgenden Eigenschaften auszeichnen:

- Lernfähigkeit
- Adaptivität
- Kooperativität
- Deduktivität
- Generativität
- Robustheit
- Autonomie
- (Selbst)Erklärungsfähigkeit

Lernfähigkeit heißt, aus gemachten Erfahrungen im Feld neue – quantitative und qualitative – Zusammenhänge extrahieren zu können. Adaptivität bezeichnet die Fähigkeit, das Gelernte eigenständig umsetzen zu können, ohne dass manuelle Eingriffe erforderlich sind. So sollte ein intelligentes Diagnosesystem in der Lage sein, seine Fehlersuchstrategien automatisch erlernten Ergebnissen anpassen zu können. Kooperative Systeme zeichnen sich u.a. dadurch aus, dass sie sich kooperativ in dem Sinne verhalten, indem sie etwa alle Informationselemente anbieten, die in einer gegebenen Situation hilfreich sein können, und nicht erst dann, wenn ausdrücklich danach gefragt wird. (Die lakonische Antwort "Ja" auf die Frage "Können Sie mir sagen, wie spät es ist?" mag ja logisch richtig und zutreffend sein, ist aber wenig kooperativ.) Deduktivität meint die Fähigkeit zum logischen Schließen. Ein intelligentes Diagnosesystem sollte auch zu eigenen, von ihren Entwicklern nicht oder nicht im Detail vorgedachten Schlussfolgerungen fähig sein. Unter Generativität ist die Fähigkeit zu verstehen, angesichts immer umfangreicherer Problemstellungen größere (typische) Teile einer Diagnoseanwendung automatisch generieren zu können; sie kann damit einen wesentlichen Beitrag für die Vollständigkeit eines Diagnosesystems leisten. Robustheit bezeichnet die Eigenschaft eines Systems, auch unter weniger günstigen Bedingungen und bei unzureichender Information noch zufriedenstellend zu funktionieren, ohne gleich seine Dienste komplett einzustellen. Als ein autonomes System kann es eigenständig und unabhängig agieren. Selbsterklärungsfähigkeit bezeichnet die Fähigkeit des Systems, eigene Handlungen auf Benutzernachfrage erklären zu können, ohne dass diese Erklärungen von Entwicklern vorgedacht und vorformuliert werden müssen.

5 Designprinzipien für ein lernfähiges wissensbasiertes Diagnosesystem am Beispiel der Raptor Diagnostic Suite

Im Folgenden wird eine Diagnoseumgebung – die Raptor Diagnostic Suite[1] – vorgestellt, die auf einem wissensbasierten Architekturkonzept beruht und um eine Lernkomponente erweitert wurde. Sie wurde unter folgenden Leitlinien entwickelt:

1. Modellierung statt Programmierung: Die Diagnoseanwendungen sollen modelliert und nicht programmiert werden. Die Autoren können aus einem Baukastensystem unter verschiedenen Modellierungsformen und -strategien – genauer Repräsentationsformen – frei wählen. Dazu spricht das System die Sprache der Autoren – und nicht umgekehrt wie in klassischen Systemen. Der Autor definiert und verknüpft fachlich orientierte Objekte (wie Bauteile, Fehler, Tests und Reparaturen) anstatt feste Abläufe mit den Elementen klassischer Programmiersprachen (wie Verzweigungen, Variablen, Schleifen, Funktionsaufrufen) zu erstellen.
2. Technische Modelle: Diagnoseanwendungen verfügen über technisches Wissen, etwa über Bauteilinformationen und Stromlaufpläne (wg. (6) und (7) aus Kap. 2).
3. Generierbarkeit: Aus den technischen Modellen können automatisch ablauffähige Diagnoseanwendungen oder Teile davon generiert werden.
4. Intelligente Benutzerführung: Das Laufzeitsystem für die Werkstatt kann den Benutzer durch den kompletten Diagnose- & Reparaturprozess führen, aber auch jederzeit als intelligenter Diagnoseassistent agieren.
5. Lernfähigkeit: Das System lernt und optimiert automatisch seine Diagnosefähigkeiten auf der Grundlage der Felddaten.

Die Zielsetzungen bauen aufeinander auf. Lernfähigkeit heißt, unter geeigneten Einbezug der Statistik aus den erhobenen Felddaten – in Form von protokollierten Diagnosesitzungen – zu lernen und die Diagnosefähigkeiten der Diagnoseanwendungen automatisch, also ohne die Notwendigkeit manueller Eingriffe, zu verbessern. Dies kann nur gelingen, wenn die Felddaten repräsentativ sind.

Um repräsentative Felddaten zu erhalten, muss ein hoher Nutzungsgrad der Anwendungen in den Werkstätten erreicht werden. Die Diagnoseanwendungen müssen also eine hohe Akzeptanz beim Servicepersonal finden. Das gelingt nur, wenn die Anwendungen im Feld als einfach, intuitiv, schnell und effizient empfunden werden. Wichtig sind vor allen Dingen hohe Freiheitsgrade bzgl. der Diagnoseführung, damit der Benutzer die Diagnosesitzung situationsabhängig flexibel und auch nach eigenen Vorstellungen gestalten kann. Alle Erfahrungen zeigen, dass enge Benutzerführungen den Nutzungsgrad erheblich reduzieren (vgl. [1], S. 479) und zu einer stark ein-

[1] Die Raptor Diagnostic Suite ist ein Produkt der Fa. Semantis Information Builders GmbH, Oberursel.

geschränkten Nutzung und damit zu unvollständigen, nicht repräsentativen Felddaten führen.

Technische Systemmodelle erhöhen das Verständnis der Diagnose erheblich, sie repräsentieren objektives Wissen über die Wirkungsweise des zu diagnostizierenden Systems. Sie bieten aber noch einen weiteren großen Vorteil. Insbesondere die hochgradige Variantenvielfalt und die zunehmende Vernetzung machen die manuelle Modellierung von Diagnoseanwendungen immer aufwendiger. Aus technischen Systemmodellen lassen sich zu einem hohen Grade automatisch ablauffähige Diagnoseanwendungen generieren, die sich im Nachgang noch anreichern lassen. Dadurch können nicht nur eine wesentlich höhere Diagnosetiefe und ein hoher Grad an Vollständigkeit der Diagnoseanwendungen erreicht werden, auch die Beherrschung der Variantenvielfalt wird dadurch erst möglich. Und erst die wissensbasierte strikte Trennung von Wissen und Schließen ermöglicht flexible Diagnoseabläufe mit hohen Freiheitsgraden, die eine notwendige Voraussetzung für eine hohe Akzeptanz im Feld darstellt.

Aus der kurzen Diskussion sollte klar geworden sein, dass die Zielsetzungen einander bedingen: Ohne wissensbasierte Modellierung keine Freiheitsgrade in der Benutzerführung, ohne flexible Benutzerführung geringer Nutzungsgrad und damit keine gute Lernfähigkeit. Damit lässt sich ein geschlossener Prozess der folgenden Art ausgestalten:

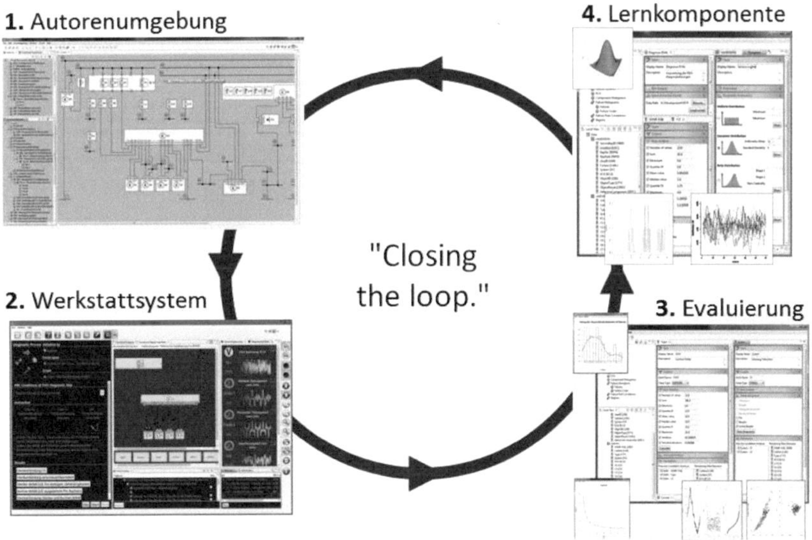

Abbildung 2: Die Teilsysteme der Raptor Diagnostic Suite

6 Merkmale und Fähigkeiten der Raptor Diagnostic Suite

Im Folgenden werden zentrale Fähigkeiten und Merkmale der Raptor Diagnostic Suite näher erläutert und diskutiert, die geeignet sind, den rechnergestützten Diagnoseprozess in der Werkstatt auf eine neue Qualitätsstufe zu heben. Dazu zählen u.a.:

(1) Flexible Benutzerführung mit vielen Freiheitsgraden
(2) Lernfähigkeit & Adaptivität
(3) Unterstützung durch intelligente Ratgeber/Assistenten
(4) Ganzheitlichkeit
(5) Beherrschung der Variantenvielfalt
(6) Generierbarkeit
(7) Vollständigkeit
(8) Interaktive Stromlaufpläne
(9) Grafische Prüfanweisungen
(10) Kontextabhängige Media-/Info-Elemente
(11) Integration verschiedener Diagnosestrategien
(12) Diagnosegedächtnis über alle Prozessphasen

6.1 Flexible Benutzerführung mit vielen Freiheitsgraden

Bei der GFS entspricht der Diagnoseweg einer Streckenbeschreibung, die den Weg genau vorschreibt; ein Abweichen von der vorgegebenen Strecke ist nicht möglich. Alle Erfahrungen zeigen aber, dass zu enge und starre Führungen die Akzeptanz eines Systems im Feld signifikant verringern (vgl. [1]). Ein starres System bietet dem Servicetechniker – völlig unabhängig von seinem fachlichen Können – keine Möglichkeit, eigene Erfahrungen und Kompetenzen einzubringen.

Dringend gewünscht und benötigt werden Freiheitsgrade, um steuernd und korrigierend in den Prozess eingreifen zu können. Der Servicetechniker muss die Möglichkeit haben, die Initiative zu ergreifen, Diagnosewege abzukürzen oder aber den Fokus auf einen anderen Bereich zu legen. Das Diagnosesystem muss ihn dabei in jeder Situation bestmöglich unterstützen und darf daraufhin nicht so reagieren, dass es seine Dienste einstellt.

Eine solche Fehlersuchstrategie ähnelt in seinem Verhalten einem leistungsstarken Navigationssystem. Wie jeder Vergleich hinkt auch dieser. Der Unterschied zu einem Diagnoseweg besteht u.a. darin, dass man das Ziel (den Fehler) vorher nicht kennt, dass es mehrere Ziele geben kann (Mehrfachfehler), dass die Reihenfolge der Inspektion potentieller Fehlerkandidaten wechseln kann oder dass es nur ungenügende à-priori Informationen gibt, um überhaupt einen Weg (unbekannter Fehler) planen zu können. Das Navigationssystem erlaubt es dem Benutzer jederzeit, von der vorgeschlagenen Route abzuweichen, um ihn ab dann erneut bestmöglich zu führen, ihm aber stets alle Optionen anbietet.

Auch bzgl. der Routenwahl gibt es Wahlmöglichkeiten. Der Benutzer kann z.B. zwischen der kürzesten oder der schnellsten Route wählen. Entsprechend lassen sich verschiedene Fehlersuchstrategien auswählen wie

- most probable failure first (wahrscheinlichere Fehler bevorzugt inspizieren)
- cheapest test first (Fehler mit den geringsten Testkosten bevorzugt inspizieren)
- etc.

6.2 Lernfähigkeit und Adaptivität

Eine besondere Stärke der Raptor-Suite liegt in ihrer Lernfähigkeit. Als zentrales Verfahren wird Bayesian Learning – das Bayessche Lernverfahren – eingesetzt. Es arbeitet auf der Grundlage der Sitzungsprotokolle aus dem Feld.

Repräsentative Sitzungsprotokolle aus dem Feld stellen ein riesiges und wertvolles Informationspotential für Entwicklung, Produktion und Service eines Fahrzeugherstellers bereit. Die Statistik ist die Lehre vom Lernen schlechthin; alle Data-Mining- und maschinellen Lernverfahren basieren im Kern auf dem wohlbekannten Fundament der mathematischen Begriffswelt. Die Statistik bietet mächtige Werkzeuge an, um aus solch einem Datenreservoir operationalisierbares Wissen zu extrahieren. "In the data lies the power", lautet daher auch ein Schlagwort unserer heutigen Zeit. Besonders erfolgreiche Unternehmen wie Google, Facebook u.a. haben dies seit längerem erkannt und investieren erhebliche Mittel, um große Datenmengen zu sammeln, auszuwerten und Mehrwerte daraus abzuleiten.

Das Lernen beschränkt sich nicht auf das Erlernen einer à-priori Wahrscheinlichkeit zu Beginn einer Diagnosesitzung. Bereits nach der Erhebung des Symptom-/Fehlerbildes informiert der Raptor den Techniker in Form einer "Best Shot"-View[2] (vgl. Abb. 3) über die tatsächlich im Feld aufgetretenen fehlerhaften Bauteile, absteigend sortiert nach ihrer Fehlerwahrscheinlichkeit. Der Techniker kann das Bauteil seiner Wahl sofort selektieren und inspizieren. Diese "Best Shot"-View wird mit jedem weiteren Testschritt aktualisiert. Das Lernverfahren erzeugt also nicht nur einen Anfangsverdacht, sondern es betrachtet und aktualisiert jede einzelne Situation, die während des Diagnoseprozesses entstehen kann. Mit fortschreitender Zahl von Testschritten konvergiert das Verfahren in dem Sinne, dass der Fehler immer genauer eingekreist wird und sich die Fehlerwahrscheinlichkeiten immer deutlicher herausbilden, bis schließlich das fehlerhafte Bauteil gefunden wird. Dies gilt in entsprechender Weise auch für Mehrfachfehler.

---

[2] Eine View (Sicht) ist ein Teilfenster, welches Beziehungen zwischen verschiedenen Objekten einer Wissensbasis darstellt.

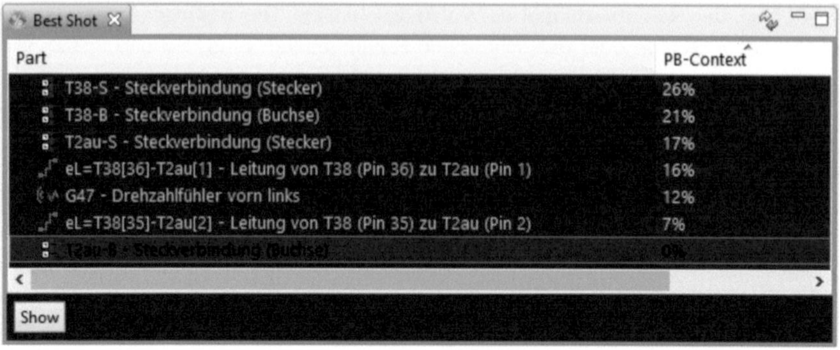

Abbildung 3: Die View "Best Shot"

Die Fehlerwahrscheinlichkeiten schlagen sich gleichzeitig in der funktionalen Sicht auf das System unter Test nieder. Die folgende Abb. 4 zeigt einen Stromlaufplan mit gemäß der *Blame Distribution* eingefärbten Bauteilen, so dass der Servicetechniker auch visuell sofort verdächtige Bauteile erkennen kann.

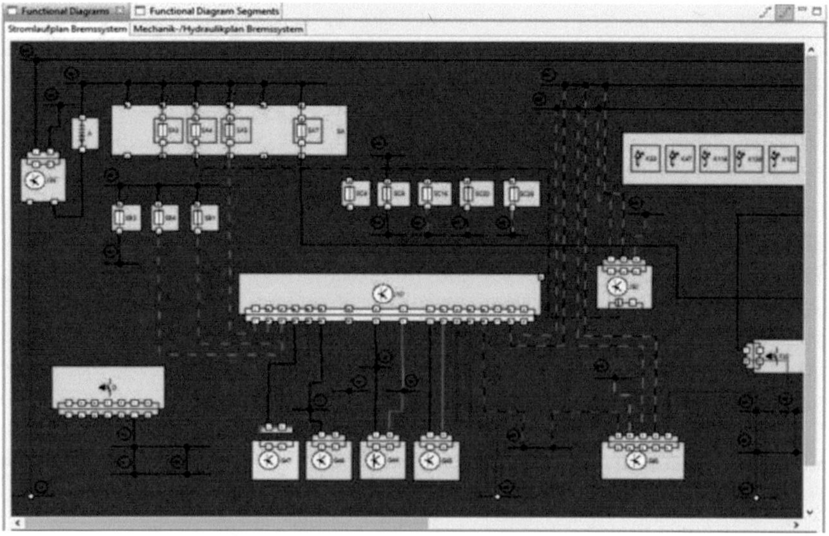

Abbildung 4: Sicht auf das funktionale System unter Test

Das Lernen schlägt sich nicht nur in den o.g. Sichten nieder, sondern in allen Sichten (sofern relevant), etwa in der View 'Potentielle Fehlerkandidaten'. Die 'Best Shot'-View ist nur eine Sicht von mehreren (vgl. auch Abschnitt 6.3).

Die Inferenzstrategien nutzen die Lernergebnisse eigenständig, um ihre Suchstrategien automatisch zu adaptieren. Die Lernergebnisse werden also nicht nur zur Information und Kenntnisnahme präsentiert, sondern die Inferenzmaschinen passen automatisch ihre Fehlersuchstrategien den Lernergebnissen an.

6.3 Unterstützung durch intelligente Ratgeber/Assistenten

Aufgrund seiner Freiheitsgrade erlaubt der Raptor es dem Servicetechniker jederzeit, die Initiative zu ergreifen. (Anmerkung: Der Autor einer Diagnoseanwendung kann die Freiheitsgrade ganz oder teilweise einschränken, wenn er einen bestimmten Ablauf erzwingen möchte.) Zu diesem Zweck stellt der Raptor dem Servicetechniker eine Reihe von Assistenten bzw. Ratgebern in Form von Views zur Verfügung:

- Die View 'Aktuelles Symptom-/Fehlerbild' (Current Problem Data) zeigt das im Augenblick bestehende Symptom-/Fehlerbild an.
- Die View 'Gefundene Fehler' (Found Failures) bietet alle bisher bestätigten Fehler einschließlich ihren möglichen Ursachen mit ihren Fehlerwahrscheinlichkeiten zur Inspektion an (s. Abb. 5).

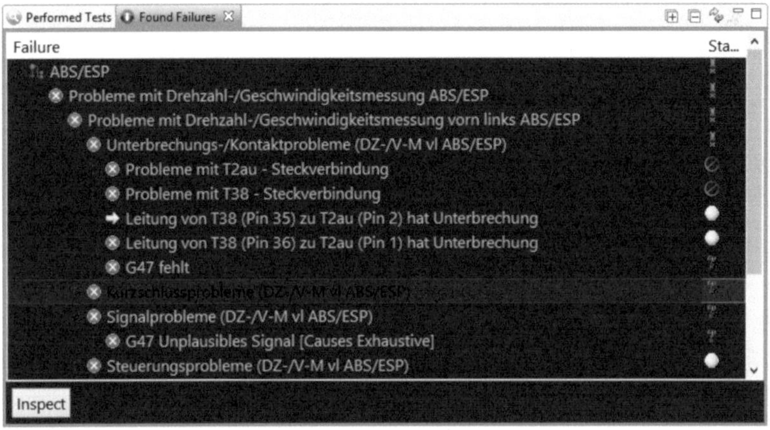

Abbildung 5: Die View 'Gefundene Fehler'

- Die View 'Potentielle Fehlerkandidaten' (Failure Candidates) bietet alle potentiellen Fehlerkandidaten mit ihren aktuellen Fehlerwahrscheinlichkeiten zur Inspektion an.
- Die View 'Messwerte' (Measurements) bietet alle aktuell abrufbaren Messwerte zur Echtzeit-Anzeige (s. Abb. 6) an.

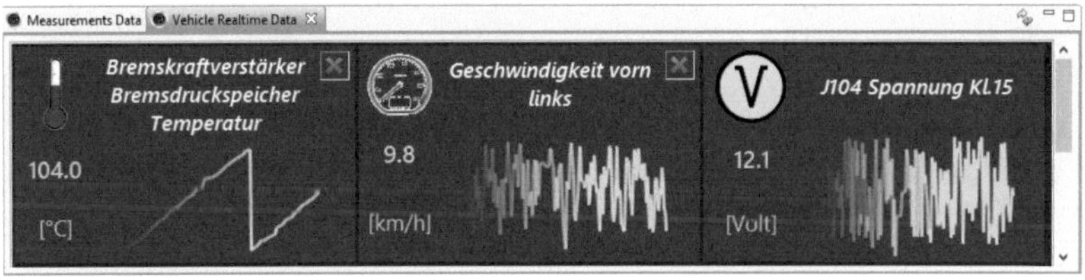

Abbildung 6: Die Messwerte-View mit simulierten Beispielen

- Die View 'Durchgeführte Tests' (Performed Tests) zeigt alle durchgeführten Tests mit ihren ermittelten Ergebnissen zur wiederholten Durchführung an.
- Die View 'Offene Tests' (Current Test Candidates) zeigt alle derzeitigen Testkandidaten zur Durchführung an.
- Die View 'Best Shot' (Verdächtige Bauteile) bietet alle Bauteile, absteigend sortiert nach ihren aktuellen Fehlerwahrscheinlichkeiten, zur Inspektion an (s. Abb. 3).
- Die View 'Funktionsdiagramme' (Functional Diagrams) zeigt das interaktive Funktionsdiagram zum Teilsystem unter Test an. Dabei kann man zwischen verschiedenen Detaillierungsstufen wählen, z.B. zwischen dem Gesamtdiagramm oder dem Funktionsbereich (s. Abb. 4).
- Die View 'Durchgeführte Reparaturen' (Performed Repairs) zeigt alle bisher durchgeführten Fehlerbehebungsmaßnahmen (Reparaturen) an.
- Die View 'Offene Reparaturkandidaten' (Current Repair Candidates) bietet alle aktuellen Reparaturkandidaten zur Inspektion an.
- Die View 'Ähnliche Diagnosefälle' (Similar Cases) bietet alle ähnlichen dokumentierten Diagnosefälle zur Inspektion an, absteigend geordnet nach ihrer Ähnlichkeit zur aktuellen Diagnosesituation.

Die Views sind kontextabhängig und beziehen sich stets auf die aktuelle Fehlersituation. Der Servicetechniker kann aus jeder View Objekte seiner Wahl auswählen und so den Diagnoseprozess aktiv steuern. Der Raptor ordnet sich dann unter und agiert als intelligenter Assistent und stellt dem Servicetechniker mit jedem weiteren Diagnoseschritt aktualisierte Information zur Verfügung.

6.4 Ganzheitlichkeit

Die Raptor-Suite ist wegen ihres wissensbasierten Ansatzes prädestiniert für eine ganzheitliche Bearbeitung komplexer Problembilder. Komplexe Symptom-/Fehlerbilder deuten in ihrer Gesamtheit oft auf besondere und spezifische Fehlerursachen hin, die sich durch eine isolierte Bearbeitung der einzelnen Symptome bzw. Fehlercodes nicht oder nur sehr ineffizient identifizieren lassen. Hier ist eine ganzheitliche Betrachtung erforderlich, wie sie etwa in der Medizin üblich und zwingend notwendig ist. Klagt etwa ein Patient über Muskel- und Gliederschmerzen, Übelkeit und Kopfschmerzen, weiße Hautflecken, hohes Dauerfieber und Erbrechen, so wird jeder erfahrene Arzt das Krankheitsbild in seiner Gesamtheit betrachten. Dann kommt er schnell zu Diagnosekandidaten wie Ebola, Lassa- oder Dengue-Fieber. Eine isolierte Untersuchung von Muskel- und Gliederschmerzen etwa auf Polyarthritis wäre bei diesem Krankheitsbild völlig unsinnig (vgl. [9]).

Durch die zunehmende Fahrzeugvernetzung potenziert sich die Anzahl möglicher Fehlerquellen erheblich (s. [1], S. 471), und diese Tendenz wird weiter zunehmen. Die komplexen Interaktionen der verschiedenen vernetzten Teilsysteme werden vermehrt zu Fehlerbildern führen, die einer ganzheitlichen Bearbeitung bedürfen.

6.5 Beherrschung der Variantenvielfalt

Um Varianten in einer Wissensbasis unterscheiden zu können, bietet das Autorensystem der Raptor-Suite ein Constraint-System an. Constraints sind Bedingungen in Form logischer Ausdrücke. Jedem Objekt einer Wissensbasis kann eine solche Bedingung zugeordnet werden.

Ein Filter – ebenfalls eine Bedingung – projiziert eine Wissensbasis auf alle Objekte, die diese Filterbedingung erfüllen. Möchte ein Autor einer Wissensbasis das modellierte Teilsystem nur für eine bestimmte Variante betrachten, so setzt er einfach einen entsprechenden Filter. Dadurch werden die variantenfremden Objekte ausgeblendet. Die Wissensbasis wird dadurch auf ihren variantenspezifischen Anteil projiziert. In der Werkstatt liegt stets eine konkrete Variante vor. Die Wissensbasis wird dann zur Laufzeit auf diese Variante projiziert.

Dieses Constraint- und Filtersystem erlaubt eine einfache und übersichtliche Unterscheidung der jeweiligen Varianten. Mit steigender Zahl der Varianten in einem Teilsystem steigt aber auch der Modellierungsaufwand. Um den Aufwand zur Ausgestaltung aller Varianten zu begrenzen, werden automatische Generierungsverfahren bereitgestellt (s. Abschnitt 6.6).

6.6 Generierbarkeit der Diagnoseanwendungen aus technischen Modellen

Generierbarkeit meint die automatisierte Erzeugung von Diagnoseanwendungen (Wissensbasen) oder Teilen davon auf der Grundlage technischer Systemmodelle. Ein technisches Systemmodell besteht in der Raptor-Suite aus einem Struktur- und einem Funktionsmodell. Das Strukturmodell enthält die Gesamtheit aller Bauteile – gemeint sind die kleinsten tauschbaren Einheiten – des Teilsystems. Das Funktions- bzw. Wirkungsmodell repräsentiert seine technische Wirkungsweise auf einer qualitativen Ebene.

Durch die automatische Generierung werden erhebliche Aufwände und Kosten eingespart. Die Autoren können beträchtliche Teile einer Diagnoseanwendung automatisch generieren – z.B. den Standardanteil einer Diagnoseanwendung –, um sich selbst auf die Modellierung komplexer Sachverhalte konzentrieren zu können. Zum anderen ist nur dadurch eine effiziente Beherrschung der Variantenvielfalt möglich, ohne Kompromisse hinsichtlich der Granularität einer Diagnoseanwendung zu machen. Insbesondere vor dem Hintergrund der Beherrschung der Variantenvielfalt ist die automatische Generierung das Mittel der Wahl.

Die Autorenumgebung der Raptor-Suite stellt zwei Generierungsmodi bereit:

- Lokale Generierung: Für ein Bauteil werden (lokale) Objektgruppen wie Fehler-, Test- und Reparaturobjekte etc. generiert.

- Globale Generierung: Aus einem annotierten Funktionsmodell mit seinen Pfaden, Teilpfaden und Bauteilen werden ganze Diagnoseanwendungen generiert.

Typisch für eine lokale Generierung sind z.B. häufig verwendete Bauteile mit immer wieder gleichartigen Prüfvorgängen, z.B. die zahllosen Leitungsverbindungen, die ggf. auf Unterbrechung, Kurzschluss etc. geprüft werden müssen. In diesen Fällen ist keine Wiederverwendung von Objekten möglich, da jede Leitungsverbindung ein eigenständiges Objektes mit eigener Identität darstellt. Diese Objekte sind wegen ihrer großen Zahl prädestiniert für die automatische Generierung zugeordneter Objekte.

6.7 Vollständigkeit einer Diagnoseanwendung

In klassischen Diagnoseanwendungen bestehen oft größere Lücken, die nicht ausprogrammiert wurden. Es gibt viele Ursachen für diesen Sachverhalt, die ständig steigende Variantenvielfalt ist nur eine davon. Durch die Verwendung von technischen Systemmodellen und den Einsatz automatischer Generierungsverfahren kann eine hochgradige Vollständigkeit der Diagnoseanwendungen sichergestellt werden. Diese sorgen z.B. dafür, dass kein Bauteil vergessen wird, denn die technischen Systemmodelle enthalten Informationen über alle verbauten Bauteile. Die automatischen Generierungsverfahren erzeugen für jede Substruktur – Funktionsbereiche, Pfade, Teilpfade, Bauteile – korrespondierende Diagnoseobjekte. Das schließt auch die Behandlung von Varianten ein. Im Ergebnis entstehen hochgradig vollständige Raptor-Diagnoseanwendungen hoher Granularität.

6.8 Interaktive Funktionsdiagramme

Interaktive Funktionsdiagramme – z.B. Stromlaufpläne – sind Visualisierungen der internen technischen Systemmodelle. Bei diesen Funktionsdiagrammen (s. Abb. 4 und 7) handelt sich nicht um Bilder oder Grafiken, sondern um die Visualisierung des internen technischen Systemmodells. Jedes Bauteil im Diagramm lässt sich anklicken und bietet zum jeweils selektierten Bauteil eine Vielzahl von Informationen (Sollwerte, Toleranzbereiche, Bilder, aktuelle Fehlerwahrscheinlichkeit, Funktionsweise etc.) und Funktionen (Fehler, Tests, Fälle, Reparaturen zum Bauteil) an.

Korrespondierend werden alle Bauteile im interaktiven Funktionsdiagramm gemäß ihrer aktuellen Fehlerwahrscheinlichkeit eingefärbt. Diese Wahrscheinlichkeitsverteilung wird auch *Blame Distribution* genannt. Mit jedem einzelnen Prüfschritt wird diese Wahrscheinlichkeitsverteilung sowohl in der Liste als auch im interaktiven Diagramm aktualisiert. Der Servicetechniker kann parallel jederzeit ein Bauteil in der Best Shot-Liste oder auch im aktiven Funktionsdiagramm zur sofortigen Inspektion anklicken und so den Diagnoseprozess abkürzen. Der Servicetechniker erhält so ein Höchstmaß an Information zum System unter Test.

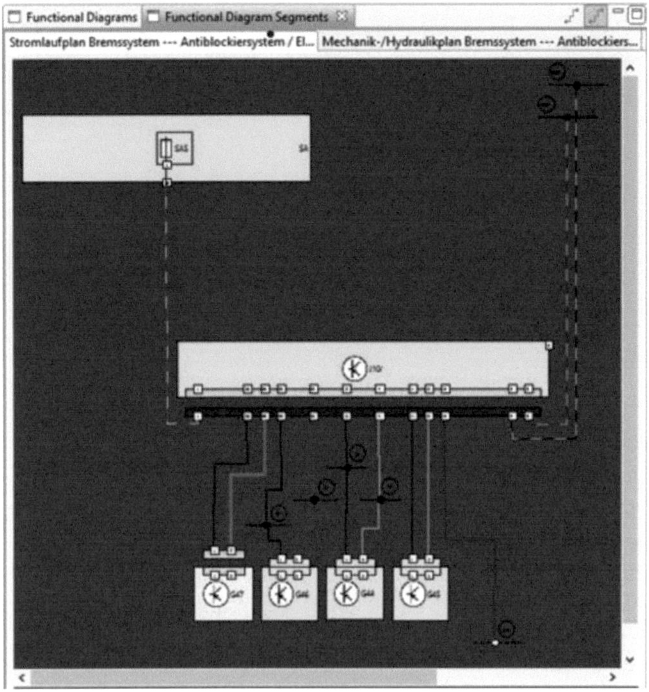

Abbildung 7: Interaktives Funktionsdiagramm, hier reduziert auf einen Funktionsbereich (Pfad)

6.9 Grafische Prüfanweisungen

"Ein Bild sagt mehr als tausend Worte", heißt es. Deshalb verwendet der Raptor anstelle von textuellen Prüfanweisungen, die gelesen und verstanden werden müssen, bevorzugt grafische Prüfanweisungen. Hierfür stehen dem Autor Anweisungsmuster zur Verfügung. Das vereinfacht nicht nur die Arbeit für den Autor, auch das Werkstattdiagnosesystem wird intuitiver und leichter verständlich. Zusätzlich entfällt ein großer Teil des ansonsten noch erforderlichen Übersetzungsaufwandes. Die Abb. 8 zeigt ein Beispiel für eine einfache grafische Prüfanweisung, bei der die Luftmasse eines Luftmassensensors getestet wird.

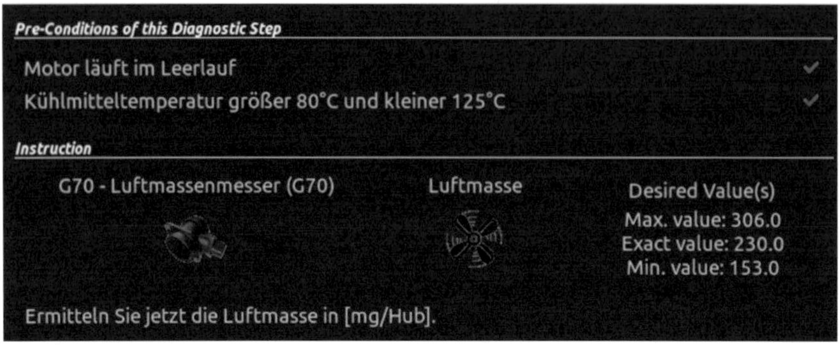

Abbildung 8: Eine einfache grafische Prüfanweisung mit Vorbedingungen

6.10 Kontextabhängige Media-/Info-Elemente

Während des Diagnoseprozesses sind an vielen Stellen ergänzende Informationen über die durchzuführenden Tätigkeiten, die zu inspizierenden Bauteile, die Stromlaufpläne etc. notwendig. Oft müssen die Servicetechniker die benötigten Informationselemente aus separaten Systemen selbst herauszusuchen. Das Raptor-Werkstattsystem bietet dem Servicetechniker grundsätzlich in jeder Situation kontextabhängig und situationsgerecht alle benötigten Informationen an, die er ansonsten in anderen Systemen suchen müsste. Die Bereitstellung dieser Informationselemente erfolgt automatisch oder bei Bedarf auf Knopfdruck. Erreicht wird dies durch die Fähigkeit in der Autorenumgebung, jedes Diagnoseobjekt mit beliebigen elektronischen Dokumenten oder Mediaelementen (Bilder, Filme etc.) zu verlinken (vgl. [7]).

6.11 Integration verschiedener Diagnosestrategien

Die Raptor-Suite ist ein hybrides wissensbasiertes System, d.h. sie unterstützt verschiedene Diagnosestrategien und Repräsentationsformen:

- *Kausale Fehlernetze:*
  Mit kausalen Fehlernetzen wird das Fehlverhalten eines Systems in Form kausaler Ursache-Wirkungs-Zusammenhänge beschrieben, aus denen ein Diagnoseablauf generiert wird. Zusätzlich lassen sich verschieden Strategieausprägungen spezifizieren (s. auch Abschnitt 6.1).

- *Fallbasierte Diagnose:*
  In der fallbasierten Diagnose werden Ähnlichkeitsbetrachtungen zwischen der aktuellen Diagnosesituation und gelösten Fehlerfällen aus der Vergangenheit angestellt.

- *Modellorientierte Methodik:*
  Bei der modellorientierten Diagnose verzichtet man auf eine detaillierte funktionale Modellierung, wie sie bei der modellbasierten Diagnose erforderlich ist. Bei diesem qualitativen Ansatz reicht es aus, die Topologie eines Schaltplans zu kennen. Daraus sowie aus diagnoseorientierten Bauteilbibliotheken lassen sich musterorientiert Diagnoseanwendungen generieren.

- *Statistische Diagnose:*
  Unter der statistischen Diagnose versteht man eine Diagnosemethode, die sich auf statistisch ermittelte Wahrscheinlichkeiten und Zusammenhänge stützt.

- *Entscheidungsbaummethodik:*
  Die Entscheidungsbaummethodik ist die klassische Flow-Chart-Technik zur Modellierung von vorgedachten Prüfabläufen, wie sie bei der GFS verwendet wird.

Entscheidungsbäume gehören nicht zu den wissensbasierten Repräsentationsformen. Sie werden dennoch als Repräsentationsform angeboten, um einen leichten Übergang von klassischen GFS-Systemen auf die Raptor-Technologie zu ermöglichen und bestehende Entscheidungsbäume einfach übernehmen zu können.

Die folgende Abbildung 9 zeigt das Zusammenspiel der verschiedenen Inferenzmaschinen zur Laufzeit.

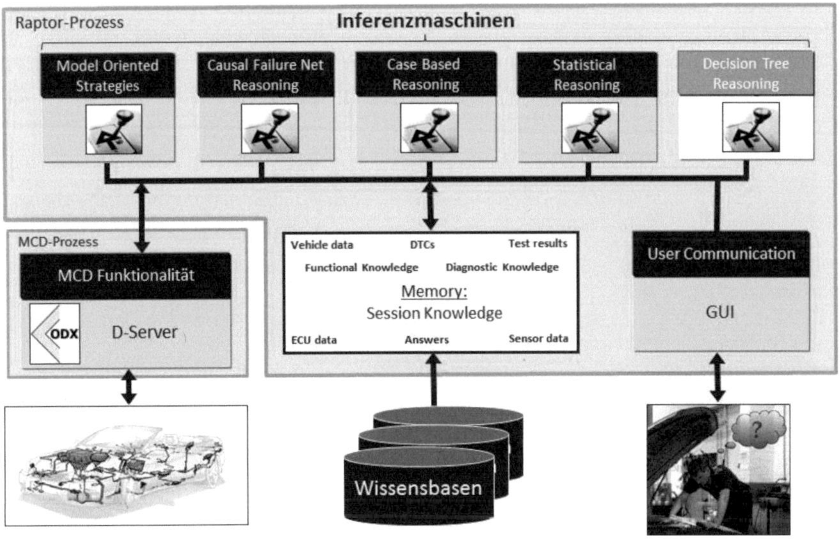

Abbildung 9: Integrierter Diagnoseprozess – Kooperation aller Inferenzmaschinen zur Laufzeit

6.12 Diagnosegedächtnis über alle Prozessphasen

Ein Diagnoseprozess besteht typischerweise aus vier Phasen:

- Erhebung des Symptom-/Fehlerbildes
- Inspektionsphase (die eigentliche Diagnose)
- Reparatur- bzw. Fehlerbehebungsphase
- Verifikationsphase (Prüfung, ob die Maßnahmen den/die Fehler behoben haben)

Ausgangspunkt ist die Erhebung des Symptom-/Fehlerbildes, das aus den vom Kunden beanstandeten Symptomen sowie den ausgelesenen Fehlerspeichereinträgen besteht. Während der Fehlersuche (Inspektionsphase) wird die Fehlerursache schrittweise eingegrenzt. Nachdem die Fehlerursache identifiziert wurde, beginnt die Reparaturphase. In der Verifikationsphase wird geprüft, ob die Fehlerbehebungsmaßnahmen den/die Fehler behoben haben. Danach erfolgt die Bestimmung des Restfehlerbildes. Dieser Zyklus wird iterativ solange durchlaufen, bis kein Restfehler mehr vorliegt.

Die Raptor-Suite unterstützt den kompletten Diagnoseprozess und stellt für jede Phase spezifische Inferenzmaschinen zur Verfügung. Der Raptor verfügt ferner über ein Diagnosegedächtnis und sorgt dafür, dass der Prozess ökonomisch und redundanzfrei abläuft, damit auch bei wiederholtem Durchlauf kein Diagnoseschritt unnötig wiederholt wird.

Im Raptor-Werkstattsystem veranschaulicht die sogenannte Diagnoseuhr (Abb. 10) den Diagnoseprozess. In der Abbildung ist zu sehen, dass sich der Raptor gerade in der Inspektionsphase (3 Uhr) befindet. Der Servicetechniker (User) hat die Initiative ergriffen (*'Initiative by'* User) und den Fehler *'G47 Unplausibles Signal'* zur weiteren Inspektion ausgewählt (fokussiert). Um diesen Fehler zu untersuchen, soll nun der Prüfschritt *'G47 Abweichung minimaler/mittlerer Teilungswert vorn links prüfen'* ausgeführt werden.

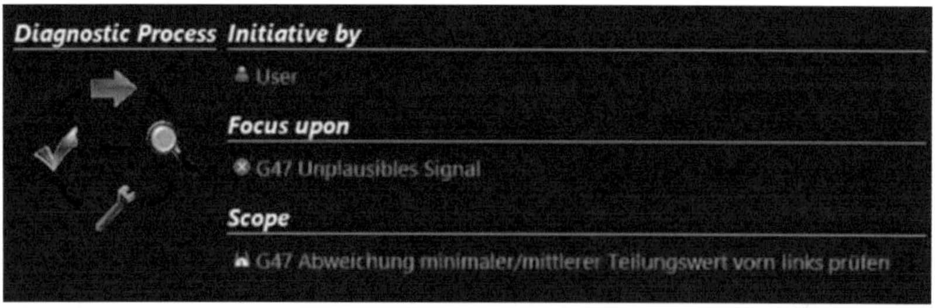

Abbildung 10: Die Diagnoseuhr

7 Zusammenfassung

Die Diskussion hat gezeigt, dass an intelligente Diagnosesysteme für einen breiten industriellen Einsatz deutlich erweiterte Anforderungen gestellt werden müssen, als heutige Systeme zu leisten in der Lage sind. Moderne Diagnosesysteme müssen ein hohes Maß an Interaktionsmöglichkeit mitbringen, um im Feld breite Akzeptanz zu finden. Sie müssen ferner ein breitgefächertes Instrumentarium an Problemlösungsstrategien beinhalten, anstatt jeden Fehlerfall einzeln fest ausprogrammieren zu wollen. Und sie müssen lernfähig und adaptiv sein, um sich kontinuierlich neuen Gegebenheiten im Feld anpassen zu können.

Wissensbasierte Systeme bringen durch die strikte Trennung von Wissen und Ablauf gute Voraussetzungen mit, um diese Anforderungen zu erfüllen. Es zeigt sich, dass sich explizite wissensbasierte Ansätze und statistisch motivierte Lernverfahren hervorragend miteinander kombinieren lassen und in der Lage sind, eine neue Qualität in der technischen Diagnose zu schaffen. Die Raptor Diagnostic Suite ist ein Beispiel für eine hybride wissensbasierte und lernfähige Diagnoseumgebung der neuen Generation und als kommerzielles Produkt verfügbar.

Literatur

[1] Becker, Matthias: „Intelligente“ Diagnosesysteme im Serviceeinsatz – Gestaltungskriterien und Grenzen automatisierter Diagnosemechanismen. In: VKA, ika (Hrsg.): 14. Aachener Kolloquium Fahrzeug- und Motorentechnik. Aachen: 2005, S. 469-484.

[2] Kail, Robert; Pellegrino, James W.: Menschliche Intelligenz, 2. Auflage, Spektrum-der-Wissenschaft-Verlagsgesellschaft, Heidelberg 1989

[3] Krieger, O.; Breuer, A.; Müller, T.: Intelligente Fahrzeugdiagnose mit variabler Prüfstrategie. In: Bäker, Unger (Hrsg.): Diagnose in mechatronischen Fahrzeugsystemen, Expert-Verlag, Renningen 2008

[4] Stern, William: Allgemeine Psychologie auf personalistischer Grundlage. 2. Auflage. Nijhoff, Haag 1950

[5] Waleschkowski, Norbert: Lernfähige wissensbasierte Diagnosesysteme. In: Bäker, Unger (Hrsg.): Diagnose in mechatronischen Fahrzeugsystemen VI. expert-Verlag, Renningen 2011.

[6] Waleschkowski, Norbert, Giera, Ronny: Optimierung der Diagnose durch maschinelles Lernen aus Felddaten. In Bäker, Unger (Hrsg.): Diagnose in mechatronischen Fahrzeugsystemen V. Dresden: expert Verlag, 2012.

[7] Waleschkowski, Norbert, Giera, Ronny: Was sollte ein gutes Diagnosesystem leisten? In: Bäker, Unger (Hrsg.): Diagnose in mechatronischen Fahrzeugsystemen VI. expert Verlag, Renningen 2013.

[8] Waleschkowski, N., Giera, R.: Visualisierung von Diagnoseprozessen. In: Bäker, Unger (Hrsg.): Diagnose in mechatronischen Fahrzeugsystemen VII. TUD-press, Dresden 2014

[9] Waleschkowski, Norbert, Giera, Ronny: Ganzheitliche Diagnostik. In: Bäker, Unger (Hrsg.): Diagnose in mechatronischen Fahrzeugsystemen VIII. TUD-press, Dresden 2015

[10] Waleschkowski, Norbert: Wissensbasierte Diagnostik, Vorlesungsskriptum, Hochschule Darmstadt, Wintersemester 2015/16

18 Herausforderungen für zukünftige Test- und Prüfansätze: Metaebene zur allgemeinen Fahrzeugsystembeschreibung

Dipl.-Ing. Tim Häberlein, Prof. Dr.-Ing. Bernard Bäker, TU Dresden, Dresden
Dipl.-Ing. Andreas Unger, IAM GmbH, Dresden

Abstract

Vehicle systems are currently characterized by several networked ECUs with distributed functions to increase safety and passenger comfort. The development of cellular mobile communication technologies combined with the rapid technological evolution of information technologies enables mobile applications for the automotive sector. Meanwhile mobile modules are installed in nearly each vehicle generation. Hence, vehicles have similar functionalities, like today's smart devices (navigation, connect services, media content etc.). This technology will ensure a wide range of automotive applications for driver assistance systems and autonomous driving.

As part of this article, potential challenges for testing and inspecting of such systems are presented. Today's vehicle functionalities exceed the scale and complexity of systems that can be completely tested in a short period. Necessarily these vehicle systems need to be transferred in less complex structures. The presented approach provides a first research concept to describe complex and distributed vehicle systems in an abstract method with a scalable complexity. This meta data level could be the basis for necessary new testing and inspection algorithms respectively will allow the testing and the inspection of complex systems with common methods.

Kurzfassung

Heutige Fahrzeugsysteme sind geprägt durch eine Vielzahl vernetzter Steuergeräte sowie darauf verteilter Funktionen zur Steigerung von Sicherheit und Komfort. Der Ausbau zellularer Mobilfunktechnik und die rasanten Entwicklungen im Bereich der IT-Branche machen mobile Anwendungen auch für den Kfz-Bereich interessant. Längst sind in neuen Fahrzeuggenerationen Mobilfunkmodule verbaut, sodass ein Fahrzeug vergleichbare Funktionalitäten bietet wie heutige Smart-Devices (Navigation, Connect-Dienste, mediale Inhalte etc.). Diese Technologie wird ein noch viel weiteres Einsatzspektrum im Automobil auch für Assistenzsysteme ermöglichen und teilweise zum autonomen Fahren beitragen.

Im Rahmen dieses Beitrages werden potentielle Herausforderungen solcher Systeme hinsichtlich aktueller Test- und Prüfverfahren aufgezeigt. Die Komplexität und der Umfang heutiger Fahrzeugfunktionalitäten erlaubt es nicht diese Systeme in kurzer Zeit hinsichtlich Funktionsfähigkeit zu testen und zu prüfen. Ein Transfer zu weniger komplexen Strukturen ist daher meist unabdingbar. An dieser Stelle setzt der vorliegende Forschungsbeitrag an. Um dieser wachsenden Test- und Prüfkomplexität zu begegnen, wird ein Ansatz für eine einheitliche und skalierbare Beschreibungsgrundlage – die Metaebene – zur Abbildung komplexer, vernetzter Funktionen vorgestellt. Diese Metaebene könnte die Grundlage zukünftiger Test- und Prüfalgorithmen darstellen respektive das Testen und Prüfen von komplexen Systemen mit herkömmlichen Methoden ermöglichen.

1 Einleitung und Motivation

Steigende Kundenanforderungen, Sicherheitsbestimmungen, Umweltschutz und Konkurrenzdruck motivieren die Entwicklung neuer Funktionalitäten im Fahrzeug. Getrieben wird dies durch Entwicklungen der IT-Branche, welche umfangreiche Datenkommunikation, kostengünstige Speichermedien und leistungsstarke Rechenarchitekturen zur Verfügung stellen.

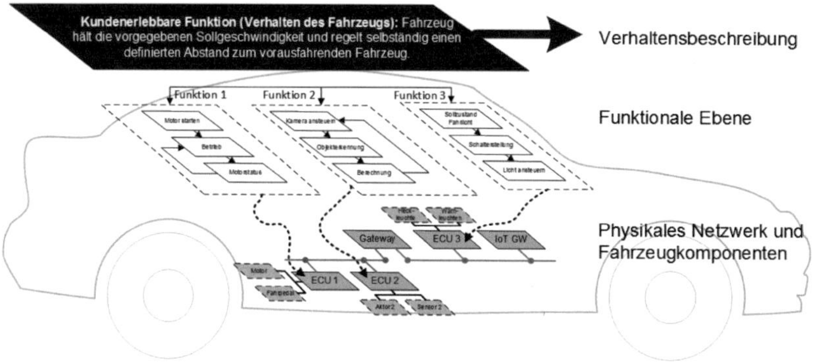

Abbildung 1: Funktionsvernetzung im Fahrzeug (Bsp.)

Der aktuelle Entwicklungstrend beruht dabei auf der Verteilung von Funktionen auf diverse Steuergeräte bis hin zur zentralen Datenverarbeitung über Mobilfunk (vgl. **Abbildung 1**). Die eigentliche (von außen sichtbare) Funktion ist über eine funktionale Ebene auf diverse Komponenten für die Erfassung, Verarbeitung und Systemreaktion verteilt.

Für derartige Systeme ergeben sich neue Anforderungen in den unterschiedlichen Bereichen des Fahrzeuglebenszyklus, von der Fahrzeugentwicklung bis zur Entsorgung. Um Sicherheitsaspekte während der Betriebszeit zu gewährleisten, müssen regelmäßig Systemüberprüfungen durchgeführt werden. Ohne fundierte Systemkenntnisse ist die funktionale Ebene eines hochgradig vernetzten Systems und deren Auswirkungen auf das physikalische Netzwerk und die Fahrzeugkomponenten nur schwer abzuschätzen. Das bedeutet, Systemeingaben, deren Verarbeitung und die resultierenden Reaktionen sowie deren Beeinflussung auf andere Systeme sind nicht trivial erkennbar.

Diese Problematik wird unterstützt durch die zunehmende Variantenvielfalt der sich im Markt befindlichen Systeme und dem Trend vorhandene Infrastrukturen der Telekommunikation für Remotefunktionen im Fahrzeug einzusetzen (z. B. eCall). Begrifflichkeiten wie „Internet der Dinge“, Car-2-Car, Car-2-Infrastructure, Smart Data und auch automatisiertes Fahren sind dabei Treiber der Digitalisierung des Fahrzeugs. Dadurch ergeben sich viele neue Funktionen, wie beispielsweise Ampel- und Kreuzungsassistenten, Flottenmanagement, Smart-Data basierte Routenführung/Energiemanagement. Gleichzeitig bedeutet dies ein Paradigmenwechsel bei der Systemarchitektur. Das Fahrzeug wird zukünftig nur noch ein Teil der Gesamtfunktion selbst erfüllen und somit zum Bestandteil einer funktionalen Umgebung mit vielfältigen und umfangreichen (Kommunikations-) Schnittstellen zu anderen Systemen [1]. Funktionsanteile werden in dieser Umgebung nicht mehr nur auf Komponenten des Fahrzeugs verteilt, sondern flexibel über die unterschiedlichsten Domänen (z. B. Basisstationen, andere Fahrzeuge, Rechenzentren).

Um zukünftig weiterhin notwendige regelmäßige Systemprüfungen (z. B. durch eine unabhängige dritte Partei zur Detektion von Fehlfunktionen in automatisierten und interagierenden Fahrzeug- und Verkehrssystemen) durchführen zu können, müssen neue Testansätze und Prüfverfahren zur Verfügung gestellt werden. Es ist deshalb notwendig, der steigenden Systemkomplexität durch einheitliche Funktionsbeschreibungen für Fahrzeugsysteme und die betreffende Infrastruktur zu begegnen. Diese Beschreibungen können für herstellerunabhängige Dritte zur Verfügung gestellt werden, sodass Test- und Prüfverfahren über die Grenzen des einzelnen Fahrzeugs erweiterbar sind. Parallel zur Verteilung und Vernetzung der Funktionen müssen die Mechanismen zur Systemüberwachung ebenso erweitert und mit neuen Funktionen und Fehlererkennungsmechanismen versehen werden.

Ziel dieses Beitrages ist es, die zukünftige Systemkomplexität aus Sicht herstellerunabhängiger Dritter zu betrachten und einen möglichen Lösungsansatz zu diskutieren, der es ermöglichen soll, Fahrzeugsysteme einheitlich zu beschreiben. Dazu wird im ersten Teil des vorliegenden Beitrages die Ausgangslage beschrieben. Für den im darauffolgenden Kapitel vorgestellten Ansatz zur einheitlichen Fahrzeugsystembeschreibung schließt sich ein Ausblick über dessen mögliche zukünftige Verwendung an.

2 Ausgangslage

Ausgehend von heutigen Test- und Prüfansätzen werden die Herausforderungen gerade im Bereich vernetzter Funktionen im folgenden Kapitel dargestellt. Daraus ergeben sich Anforderungen an eine einheitliche Beschreibungsstruktur, welche in Kapitel 3 vorgestellt wird.

2.1 Test- und Prüfverfahren

Beschreibungen eines Fahrzeugs, dessen Komponenten und Funktionen sind heute bis auf wenige Ausnahmen, i. d. R. zu detaillierte Teilsysteme betreffend, nicht bindend standardisiert. Damit einheitliche Test- und Prüfansätze angewendet werden können, deren Ergebnisse sich zu kongruenten Aussagen eignen, wird jedoch eine einheitliche Verwendung relevanter Daten benötigt.

Heutige Testverfahren im Rahmen der Fahrzeugentwicklung sind extrem detailliert mit dem Ziel ein vollfunktionsfähiges Fahrzeug zu entwickeln. Die funktionale Sicherheit von Systemen, die teilweise vermehrt in den Straßenverkehr eingreifen, ist zur Vermeidung von Sach- und Personenschäden von tragender Bedeutung. Dabei existieren in der Automobilindustrie diverse Standards und Normen, die im Rahmen der Entwicklung solcher Systeme beachtet werden müssen. Funktionen, welche stark in den Fahrbetrieb eingreifen, werden nach dem sogenannten Automotive Safety Integrity Level (ASIL) entwickelt (vgl. ISO 26262) [2–4]. Um die Betriebssicherheit (Funktionale Sicherheit, elektrische Sicherheit, Brandschutz etc.) gewährleisten zu können, kommen verschiedene Sicherheitsfunktionen im Fahrzeug zum Einsatz. Diese werden sehr aufwendig durch Testverfahren (Modellentwurf, Rapid Prototyping, HiL, Dauerlauf etc.) vom OEM entwickelt und oft unter dem Begriff der Fahrzeugdiagnose zusammengefasst. Diagnose hat sich von einem einfachen Zusatz zu einer eigenständigen Klasse von Funktionen in Steuergeräten entwickelt (u. a. bis zu 50 % Softwareanteil [3]) und umfasst die Bereiche Entwicklung, Produktion und Werkstatt. Das dabei erfasste Diagnose- und Analysewissen wird für Werkstätten herstellerspezifisch aufbereitet und ist oft sehr detailliert. Dieser Detaillierungsgrad macht eine umfassende Prüfung in kurzer Zeit schwierig und kann nicht immer gewährleistet werden.

2.2 Herausforderungen zukünftiger Prüfverfahren

Heutige Standards für Fahrzeugbeschreibungen und Diagnosewissen decken zum aktuellen Zeitpunkt nur schwer das Gesamtsystem Fahrzeug einheitlich und herstellerübergreifend ab. Einzelne Beschreibungsstandards (z. B. ODX, OTX, Diagnoseprotokolle oder Entwicklungswerkzeuge wie PREEvision) eignen sich nur bedingt respektive mit hohem fahrzeugspezifischem Verarbeitungsaufwand zur Ableitung zeitlich begrenzter Prüfansätze.

Durch die Einführung neuer komplexer Systeme mit gemeinsamer Infrastruktur werden neue Fehlermöglichkeiten auftreten, welche nicht allein mit systemspezifischen Expertenwissen abschätzbar sind. Aus diesem Grund ist es notwendig, typenspezifische Informationen so zu abstrahieren, dass Informationen zu Prüfansätzen (Dateneingaben, Ergebnisübermittlungen, Datenauswertungen etc.) einheitlich zur Verfügung stehen und automatisiert verarbeitet werden können.

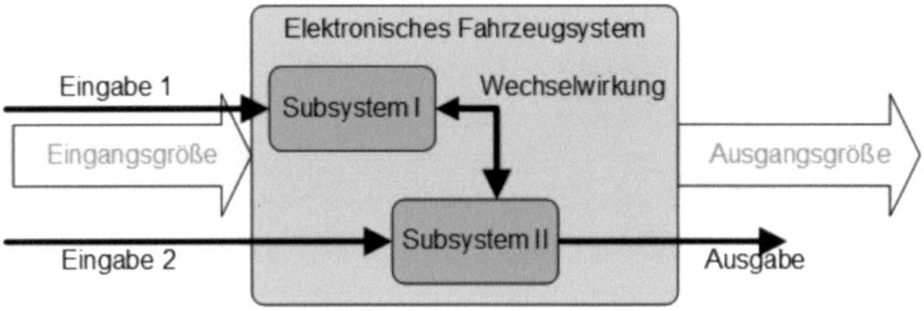

Abbildung 2: Einfache Systembetrachtung

Die Systembetrachtung mit einfachen Ein- und Ausgangsgrößen (vgl. **Abbildung 2**) ist nicht mehr ausreichend. Relevante Wechselwirkungen von Teilfunktionen müssen für eine unabhängige dritte Partei zugänglich gemacht werden. Dabei müssen Systeme und Funktionen einheitlich, vergleichbar, nachvollziehbar und konsistent erweiterbar beschrieben werden. Die Herausforderung besteht zusätzlich in der konsistenten Datenhaltung geeigneter Test- und Prüfinformationen. Durch neue Systeme und Funktionen sowie deren unterschiedlichste Umsetzungen steigt der benötigte Informationsgehalt stetig an. Zur Verarbeitung dieser Daten sind Algorithmen und Methoden der elektronischen Datenverarbeitung zwingend erforderlich.

Detaillierte Systemzusammenhänge müssen über verschiedenste Fahrzeugsysteme hinweg auf eine einheitliche und herstellerübergreifende kompakte Systembeschreibung überführt werden. Aktuelle Beschreibungsstrukturen zur Prüfung von Fahrzeugen ermöglichen nur eingeschränkt die Überprüfung elektronisch geregelter, sicherheitsrelevanter Systeme (vgl. §29, Anlage VIIIa). Dabei sind vermehrt die eingangs beschriebenen vernetzten Fahrzeugsysteme prüfrelevant [5]. Jedoch deckt deren teilweise komponentenorientierte Systembeschreibung die beschriebenen Herausforderungen vernetzter Funktionen nicht komplett ab. Dabei können Systembestandteile, deren Funktionen und Wechselwirkungen zu anderen Systemen nicht einheitlich und vollständig auf ihren Zustand hin getestet und geprüft werden.

2.3 Anforderungen einer einheitlichen Fahrzeugbeschreibung

Um der aktuellen und zukünftigen Prüfproblematik vernetzter elektronischer Systeme zu begegnen, ist eine herstellerübergreifende Systemabbildung notwendig. Dabei wird eine komponentenorientierte Betrachtung immer komplexer. Ziel ist es daher, den Betrachtungshorizont zu erweitern und über Fahrzeugfunktionen komponentenunabhängig Systeme überprüfbar zu implementieren [2].

Die notwendige funktionsorientierte Gesamtbetrachtung von Fahrzeugsystemen (vgl. Herausforderungen in Abschnitt 1) muss unabhängig von der herstellerspezifischen Umsetzung und Implementierung notwendige Prüfinformationen systemspezifisch und funktionsorientiert abbilden (vgl. **Abbildung 3**).

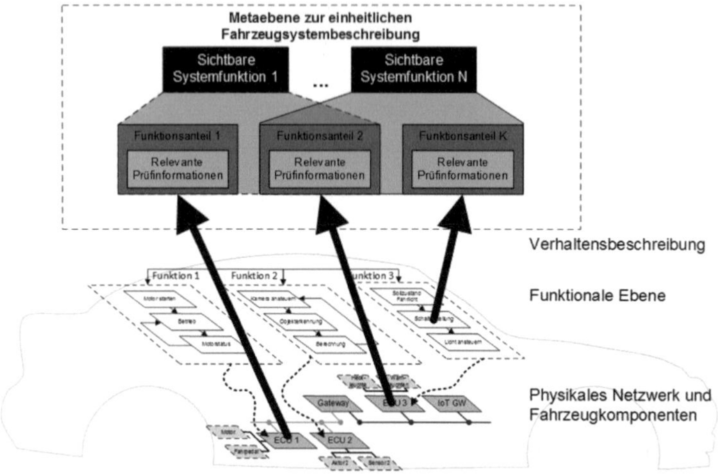

Abbildung 3: Zielkonflikt zwischen detaillierten Systemzusammenhängen und der Fahrzeugprüfung

Ausgehend von allgemeinen Systemfunktionen können über detaillierte Funktionsanteile Fahrzeugsysteme allgemeingültig beschrieben werden. Die sich ergebende Metaebene soll damit herstellerspezifische Umsetzungen von Systemfunktionen (in der funktionalen Ebene eines Fahrzeugs über die physikalischen Komponenten) abstrahieren. Das Abstraktionslevel der „Metaebene" muss die konsistente Erweiterbarkeit auch für zukünftige Fahrzeugsysteme ermöglichen und dabei relevante Prüfinformationen mit skalierbarer Informationstiefe abbilden.

An die beschriebene Metaebene zur einheitlichen Fahrzeugbeschreibung ergeben sich folgende Anforderungen:

- hersteller- und variantenunabhängige Abstraktion von Fahrzeugsystemen,
- konsistente Erweiterbarkeit für zukünftige Systeme,
- skalierbare Granularität der Systembeschreibung (Bauteile, Anschlüsse, Signale etc.) zur Darstellung aller relevanten Detailgrade und
- Datengrundlage für Test- und Prüfansätze relevanter Systeme.

Als geeignete Datengrundlage werden in erster Linie geeignete Indikatoren für Fehlerzustände oder benötigte Systemeingaben und zu erwartende Systemausgaben angesehen.

Die im folgenden Kapitel vorgestellte Metaebene hat zum Ziel Fahrzeugsysteme herstellerübergreifend funktionsorientiert zu abstrahieren. Somit könnten Fehlerzustände auf abstrahierter Funktionsebene einheitlich überprüft und behandelt werden. Die Eigendiagnose der Hersteller müsste hierfür auszugsweise relevante interne (nicht interpretierbare) Fehlerzustände in die Abstraktionsebene transferieren.

Eine einheitliche Beschreibung kann dadurch bei der Ermittlung eines geeigneten Austauschformates und der Generierung von Algorithmen zur Auswertung und Zusammenfassung im Rahmen eines eigenen Datenkonzeptes helfen.

3 Forschungsansatz – Metaebene

Die Metaebene dient dazu Systeme skalierbar zu abstrahieren, sodass je nach Detailgrad komplexe und einfache Systeme darstellbar sind und die enthaltenen Informationen automatisch verarbeitet werden können. Durch die vorhandene Systemkomplexität und deren Variantenvielfalt muss die Abstraktion funktionsorientiert erfolgen. Dabei liegt der Fokus auf einer einheitlichen Beschreibung beliebig umgesetzter Systeme, nicht auf einer Umsetzungsrichtlinie.

3.1 Funktionszerlegung/Systembeschreibung vernetzter Funktionen

Die Funktionszerlegung respektive –partitionierung ist essentiell zur Erstellung der angestrebten Metaebene. Dabei werden Systeme anhand ihrer Gesamtfunktionalität über sinnvolle Gliederungsebenen in relevante Teilfunktionen zerlegt. Diesen können Funktionseinheiten zugeordnet werden, um einen Bezug zu Bauteilen herstellen zu können. Im Folgenden werden die grundlegenden Begrifflichkeiten Funktion, Teilfunktion und Systemfunktion definiert (vgl. [6]):

- Eine **Funktion** F ist die Abbildung einer Eingangsgröße E auf die Ausgangsgröße A über eine Abbildungsvorschrift (vgl. **Abbildung 4**, links).
- Eine **Gesamtfunktion** beschreibt die definierte Aufgabe eines Systems. Und ergibt sich dabei durch eine sinnvolle Kombination von Teilfunktionen, um diese definierte Aufgabe zu erfüllen (vgl. **Abbildung 4**, rechts).
- Eine **Teilfunktion** ist eine Aufgabengliederung der Gesamtaufgabe in atomare (vgl. KTE, nicht weiter sinnvoll zur Gesamtfunktion zerlegbar) Teilaufgaben/Funktionalitäten.

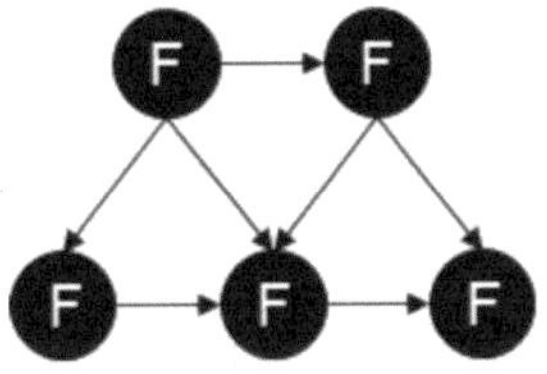

Abbildung 4: Grafische Darstellung Funktion (links) und Gesamtfunktion (rechts)

Im Rahmen der Metaebene werden dementsprechend Fahrzeugsysteme respektive deren Gesamtfunktionen über sinnvolle Gliederungsebenen (Domänen) in Teilfunktionen (im Rahmen der Metaebene als Basisfunktionen bezeichnet) zerlegt. Die Beziehungen der eigentlichen Teilfunktionen spielen eine untergeordnete Rolle. Relevante Beziehungen werden durch die Zuordnung über Domänen zu den einzelnen Fahrzeugsystemen in einem Ebenen-Modell (im folgenden Metaebene bezeichnet) einheitlich abgebildet.

3.2 Funktionales Ebenen-Modell zur einheitlichen Systembeschreibung

Die Metaebene dient der funktionalen und einheitlichen Systembeschreibung von Fahrzeugsystemen und Funktionen. Dabei ergibt sich das in **Abbildung 5** dargestellte Schema.

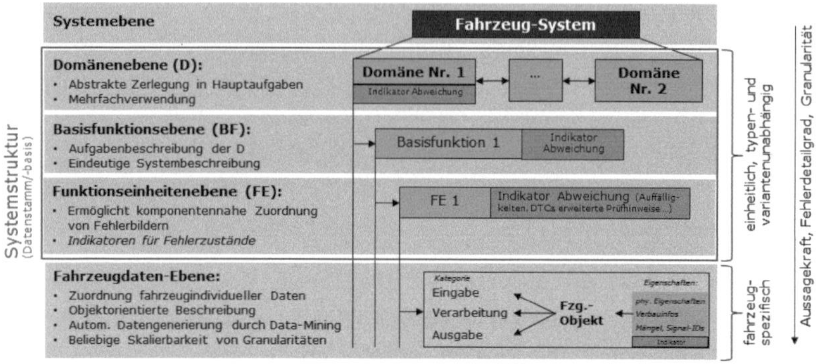

Abbildung 5: Systemstruktur der Metaebene

Die Metaebene unterteilt sich in zwei Hauptkategorien. Die obersten Ebenen sind fahrzeugunabhängig und bilden das Fahrzeugsystem über die Systemstruktur ab. Die unterste Ebene ist fahrzeugabhängig und ermöglicht eine detaillierte Systembeschreibung. Somit können eventuell benötigte Ein- und Ausgabegrößen sowie die Verarbeitung derer abgebildet werden. Eine Zuordnung relevanter Prüfinformationen erfolgt über entsprechende Indikatoren. Diese können beispielsweise gesetzte Kontrollleuchten, Gruppen von Fehlercodes (DTC), hinterlegte Plausibilisierungsroutinen, Systemeingangs- und Systemausgangsgrößen etc. sein. Die damit erreichbare Aussagekraft über eine Abweichung vom Nominalfall steigt mit der Tiefe der Ebene an, da sich die Indikatoren auf detailliertere Funktionsanteile respektive Funktions- und Bauteilgruppen beziehen.

Eine detaillierte Beschreibung der Metaebene erfolgt im folgenden Abschnitt anhand von Beispielsystemen.

3.3 Beschreibung der Metaebene am Beispiel

Das relevante Fahrzeugsystem (hier beispielhaft: ACC) wird über Domänen in Basisfunktionen (vgl. **Abbildung 6**) zerlegt. Am Beispiel der adaptiven Geschwindigkeitsregelung werden beispielsweise der Domäne *Längsdynamik* die Basisfunktionen *Beschleunigen*, *Verzögern* oder *Erfassen von Situationsgrößen (s, v, a)* zugeordnet. Die Zuordnung ist dabei von Fahrzeugfunktion zu Fahrzeugfunktion unterschiedlich.

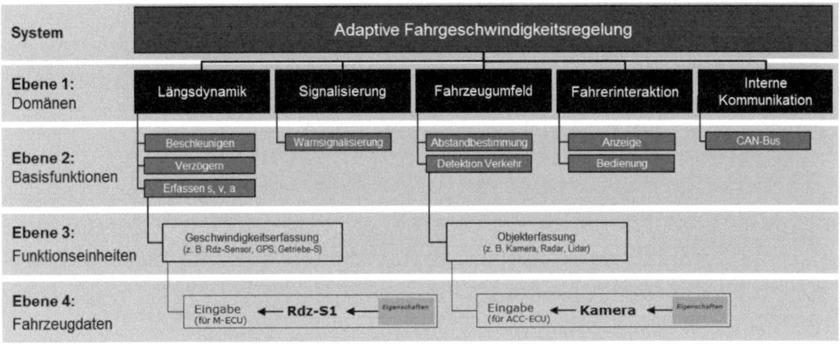

Abbildung 6: Auszug ACC in der Metaebene

Die Domäne ist gekennzeichnet durch eine eindeutige Bezeichnung sowie die zugehörige Beschreibung. Sie fasst sicherheitsrelevante Grundaufgaben/-funktionen eines Fahrzeugs auf abstrahierter Ebene aufgrund von Expertenwissen zusammen. In einer Domäne der Metaebene können Indikatoren für Systemabweichungen abgelegt werden. Es werden dabei keine Bauteile oder Signale sondern Basisfunktionen zugeordnet. Basisfunktionen stellen dabei die Beschreibung von n in sich geschlossenen Fahrzeugfunktionen dar. Sie werden genau einer Domäne zugeordnet (1:n). Dieser Ebene können über Funktionseinheiten neben Indikatoren auch Bauteile, Signale u. a. zugeordnet werden. Die Basisfunktionen orientieren sich dabei an zugrundeliegenden Funktionseinheiten (kleinste tauschbare Einheiten, Funktionskataloge), nicht an zu verarbeiteten Signalen.

Aus Sicht der Funktionsbeschreibung ist das Fahrzeugsystem damit eindeutig beschrieben. Um jedoch Aktoren, Sensoren und Verarbeitungseinheiten in der Metaebene abbilden zu können, werden jeder Basisfunktion entsprechende Funktionseinheiten zugeordnet. Zum Beispiel erfolgt die Erfassung von Situationsgrößen u. a. durch die Funktionseinheiten *Geschwindigkeitserfassung* oder *Beschleunigungserfassung*. Diesen Funktionseinheiten können unmittelbar reale Bauteile (Fahrzeugobjekte), beispielsweise der *Raddrehzahlsensor*, zugeordnet werden. Dabei ist es vorgesehen jedes Fahrzeugobjekt mit einer Kategorie und diversen Eigenschaften zu versehen. Die Kategorie gilt der Einordnung in verarbeitende Einheiten, eingebende respektive ausgebende Einheiten. Eigenschaften wären auszugsweise der Verbauort oder ein Indikator für eine Systemabweichung. Indikatoren werden jedoch nicht nur auf der untersten Ebene zugeordnet, sondern sind für jeden Eintrag in der Metaebene vorgesehen.

Somit ergibt sich die Möglichkeit mit einer bedateten Metaebene Fehleraussagen in verschiedenen Detailgraden zu generieren. Deutet ein Indikator auf ein Fahrzeugobjekt hin, können gezielte Aussagen über die betroffenen Einheiten gemacht werden und über vorhandene Eigenschaften ergänzende Untersuchungen (z. B. die Signalplausibilisierung) durchgeführt werden. Deutet ein Indikator auf eine höherliegende Ebene (z. B. eine Funktionseinheit) sind fahrzeugunabhängige und damit einheitliche

Aussagen hinsichtlich des Systemzustandes generierbar. Im Rahmen einer Hauptuntersuchung wären beispielsweise, je nach hinterlegten Informationen in der Metaebene, die folgenden Aussagen durch eine Systemüberprüfung generierbar:

Metaebene enthält Daten bis zur Fahrzeugdatenebene:

- Gruppe von DTCs weist auf betroffenes individuelles Fahrzeug-Objekt hin
- Zusätzliche Eigenschaften können abgerufen werden (Signale, Verbauorte, weitere beeinträchtigte Fahrzeug-Objekte)
- Spezifische Abweichungen auf spezifische Bauteile können als Fehlerzustand vergeben werden
- Bsp.: Rdz-S2 vorn rechts: Signal unplausibel + Aussage der FE-Ebene

Metaebene enthält Daten bis zur FE-Ebene:

- Gruppe von DTCs weist auf betroffene fahrzeugunabhängige FE hin
- Zusätzliche Prüfhinweise vom OEM können Fehlerfall evtl. näher eingrenzen
- Einheitliche Abweichungen auf einheitliche FE können als Fehlerzustand vergeben werden
- Bsp.: Geschwindigkeitserfassung: Fehler erkannt (mögl. erweiterter Prüfhinweis: Rdz-S vorn rechts Einbauposition prüfen) + Aussage BF-Ebene

Metaebene enthält Daten bis zur BF-Ebene:

- Gruppe von DTC weist auf betroffene fahrzeugunabhängige BF hin
- Einheitliche Abweichungen auf einheitliche BF können als Fehlerzustand vergeben werden
- Bsp.: Erfassen von s, v, a: Fehler erkannt + Aussage D-Ebene

Metaebene enthält Daten bis zur D-Ebene:

- Gruppe von DTCs weist auf betroffene fahrzeugunabhängige BF hin
- Einheitliche Abweichungen auf einheitliche BF können als Fehlerzustand vergeben werden
- Bsp.: Längsdynamik: Fehler erkannt (betroffene Systeme: ACC, ESP etc.)

Durch die konsistente Darstellung von Fahrzeugsystemen über die Metaebene sind stets Aussagen anhand von hinterlegten Indikatoren über beteiligte Systeme und Komponenten sowie verallgemeinerte Aussagen bis hin zum betroffenen Fahrzeugsystem möglich.

4 Anwendbarkeit der Metaebene für zukünftig relevante Fahrzeugsysteme

Aktuell kommen viele Innovationen aus dem Bereich des autonomen Fahrens. Dabei werden unterschiedliche Einführungsstufen existieren [7]. Basierend auf einfachen nicht vernetzten Funktionen, die den Fahrer in Teilbereichen unterstützen, werden sich zukünftig höhere Automatisierungsgrade etablieren. Die Vision im Bereich der autonomen Fahrzeuge liegt in fahrerlosen Systemen, die fehlerfrei und effizient eine Dienstleistung - die Fahraufgabe- anbieten. Rückläufige Unfallzahlen und ein effiziente Nutzung von Ressourcen sind dabei gesellschaftliche Treiber. Bei der Übergabe der Fahrfunktion an ein (programmiertes) System muss sichergestellt werden, dass Fehler und Funktionseinschränkungen in fahrerlosen Fahrzeugen erkannt werden und die richtigen Systemreaktionen folgen (Notlauf, Notabschaltung, Übergabe an einen Fahrer, Warnung anderer Verkehrsteilnehmer usw.). Da der Fahrer nicht mehr als intelligenter Sensor zur Verfügung steht, können Fehler und unplausible Zustände nicht mehr komplett detektiert werden und bleiben somit möglicherweise länger unentdeckt. Dementsprechend müssen neue Test- und Prüfansätze für den gesamten Lebenszyklus des Fahrzeugs aufgestellt werden. Die notwendige Systemprüfung muss dabei soweit transparent sein, dass mögliche aktivierte Rückfallebenen und Notabschaltungen von außen erkannt sowie entsprechend fehlerhafte Systembausteine (Basisfunktionen, Funktionseinheiten sowie Signale, Bauteile etc.) angezeigt werden.

4.1 Fahrzeugsysteme mit durchgehender Vernetzungsstruktur

Assistenzsysteme wie die automatische Geschwindigkeitsregelung werden stetig weiterentwickelt. Abstandshaltetempomaten sowie Spurhalte- und Spurwechselassistenten sind Stand der Technik. Deren Ausbaustufen hin zum autonomen Fahren sind eine logische Konsequenz. Aktuelle Fahrzeuggenerationen können beispielsweise über "Fahrzeugfolgefunktionen" dem vorherfahrendem Verkehr in Abstand und Spur folgen [8]. Dabei spielt die Vernetzung mit dem Umfeld eine immer größere Rolle. Das InnoDrive-System von Porsche könnte durch die Car-2-X Vernetzung Energieeinsparpotentiale aufzeigen sowie steigenden Komfort für den Kunden erzeugen. Die Beschränkung auf fahrzeugeigene Sensorik sowie teilweise veraltetes Kartenmaterial erschweren eine Optimierung der Fahrtrajektorie, welche durch das System berechnet wird und Beschleunigungs- und Verzögerungswerte vorgibt [9, 10]. Um ein solches System wirklich ohne Randbedingungen einsetzen zu können, wären wesentlich mehr Eingangsgrößen notwendig und die Rechenleistung von internen Steuergeräten zu gering.

Die oben beschriebenen Systeme sind für sich genommen schon komplex verteilte Funktionen im Fahrzeug mit einer Vielzahl von Eingangs- und Ausgangsgrößen (Motor, Getriebe, Lenkung, Positionserfassung, Streckendaten, Kamera- und Radarsysteme etc.), welches einen hohen Anspruch an Test-, Prüf- und Diagnoseverfahren stellt. Aktuelle Fahrzeugkonzeptstudien zeigen jedoch, wie sich die Automobilindustrie noch weiter wandelt. Längst sind IT-Systeme, die Funktionsvernetzung sowie der Zugang zu externen Quellen (Internet) zu Kernthemen geworden. Das eigentliche Fahrzeug wird zum „Connected Car“ und benutzt „smart-Services“ zur Routenplanung und Stauumfahrung [11]. Im Hinblick auf das automatisierte Fahren wird der Vernetzungsgrad weiter zunehmen, bis hin zu cloudbasierten Funktionen. Dabei werden einzelne Funktionsbestandteile aus dem Fahrzeug ausgelagert und an Hochleistungsrechner (Back-End Systeme) übergeben [12]. Dieser Übergang in eine durchgehende Vernetzungsstruktur zieht neue Denkansätze in der Automobilindustrie nach sich. Steuerdaten können zukünftig nicht mehr allein über geschlossene Bussysteme übertragen werden. Vielmehr müssen Schnittstellen geschaffen werden, sodass auf Steuerdaten auch über andere Systeme hinweg zugegriffen werden kann. Ziel muss es dabei sein, eine geeignete Datenverschlüsselung aufzubauen und sensible Daten zu observieren und nicht Systeme durch Firewalls voneinander abzuschotten. Einen Mehrwert kann die digitale Vernetzung nur bieten, wenn diese nicht auf kleine abgegrenzte Bereiche beschränkt ist [13, 14].

4.2 Prüfansatz für durchgehend vernetzte Fahrzeugsysteme

Wie in 4.1 beschrieben werden zukünftige Fahrzeugsysteme und die betreffende Infrastruktur durchgängig vernetzt sein. Safety und Security kann aufgrund der starken Vernetzung nur durch die Observierung sensibler Daten erreicht werden. Ansätze aktueller Forschungsprojekte zeigen dabei auf, dass eine Public Key Infrastruktur durch ein Trust Center notwendig zur Observierung wird [15, 16].

Dabei wird neben dem Austausch von Zertifikaten und Schlüssel jedoch auch die ständige Überwachung der Kommunikation hinsichtlich relevanter Systemfunktionen und –eingriffen notwendig werden. Das bedeutet, relevante Funktionen müssen durch eine unabhängige dritte Partei geprüft werden. Nur durch die Kommunikation in einem bildlichen Dreieck werden zukünftig Abweichungen einfach erkennbar sein.

Hierbei könnte die Metaebene zur Darstellung relevanter Funktionsanteile mit hinterlegten Indikatoren einen Beitrag liefern. Sind neben dem eigentlichen Fahrzeugsystem auch Funktionsabläufe der vernetzten Infrastruktur abgebildet, könnten mögliche Systemabweichungen und fehlerhafte Steuereingriffe vorzeitig erkannt werden.

Die Metaebene ermöglicht dabei die einheitliche Beschreibung von relevanten Funktionen ohne die eigentliche systemspezifische Umsetzung (Know-How des Herstellers) darzustellen. Durch den funktionsorientierten Ansatz lassen sich ebenfalls neuen vernetzten Systeme (vgl. **Abbildung 7**) in der Metaebene beschreiben.

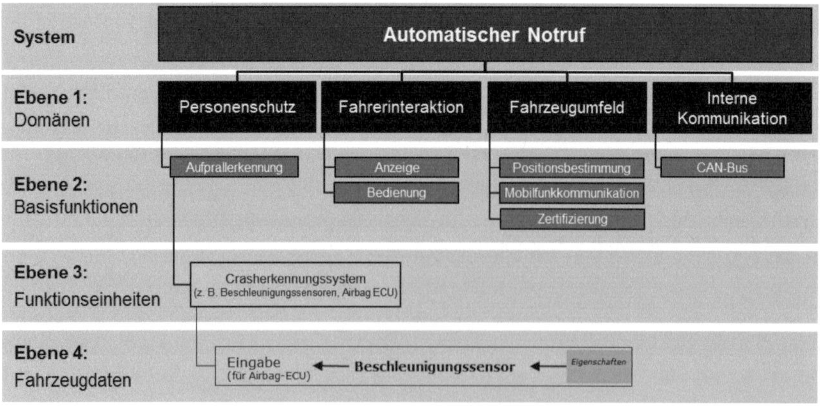

Abbildung 7: Auszug eCall in der Metaebene

Dabei ist es auch denkbar, dass die Infrastruktur als System in der Metaebene beschrieben wird. Somit wäre die Überprüfbarkeit durch eine dritte Partei gegeben, die sicherheitsrelevante Funktionen aller Teilnehmer kontrolliert und gegebenenfalls Abhilfemaßnahmen einleitet.

5 Zusammenfassung

Aufgrund der heutigen Funktionsvernetzung in Fahrzeugen sowie der steigenden Anzahl von sicherheitsrelevanten elektronischen Fahrfunktionen (Systeme greifen aktiv in den Straßenverkehr ein) sind neue konsistente Beschreibungsstrukturen notwendig. In Hinblick auf zukünftige Fahrzeugsysteme bieten funktionsorientierte Modelle viele Vorteile. Die noch stark komponentenorientierten Prüfinformationen und -vorschriften können aktuelle elektronische Fahrzeugfunktionen nur unzureichend darstellen. Deshalb übersteigen Fahrzeugsysteme schon heute den Funktionsumfang, welcher vollumfänglich in kurzer Zeit getestet und geprüft werden kann.

Im Hinblick auf eine funktionsorientierte Beschreibungsstruktur für Fahrzeugsysteme bietet der dargestellte Forschungsansatz der Metaebene, zum aktuellen Zwischenstand, das Potential, Fehlerinformationen varianten- und typspezifisch mit skalierbarer Systemkomplexität erfassen und darstellen zu können. Die einheitliche Beschreibungsstruktur ermöglicht zudem die Generierung von homogenen Aussagen bezüglich des Zustands von Systemfunktionen, ihren funktionalen Einheiten und ggf. bis hin zur Signal- oder Bauteilebene. Im Hinblick auf die zukünftige Datenvielfalt sind automatisierte Prozesse zur Datenverarbeitung aufgrund der einheitlichen Beschreibung viel leichter implementierbar.

Literatur

[1] Andreas Unger, Georg Menzel, Tim Häberlein, Tom Gothan, Bernard Bäker. Backendbasierte Diagnosekonzepte – Herausforderungen und Potentiale. In: IAD, Hg. *Tagungsband zu DMFS 2015. Diagnose in mechatronischen Fahrzeugsystemen.* Dresden: TUDpress Verlag der Wissenschaften Dresden, 2015. ISBN 3959080069.

[2] Braess, H.-H. und U. Seiffert. *Vieweg Handbuch Kraftfahrzeugtechnik.* 7., aktualisierte Auflage. Wiesbaden: Springer Vieweg, 2013. ATZ/MTZ-Fachbuch. ISBN 3658016914.

[3] Reif, K. *Automobilelektronik / Eine Einführung für Ingenieure:* Springer Vieweg, 2012.

[4] Siebenpfeiffer, W. *Fahrerassistenzsysteme und Effiziente Antriebe:* Springer Vieweg, 2015. ISBN 978-3-658-08160-7.

[5] Braun, H. und R. Krautscheid. *Die Hauptuntersuchung. § 29, die dazugehörenden Vorschriften und Richtlinien der StVZO und angrenzende Vorschriften.* 21 Aufl. München: Verlag Heinrich Vogel, 2012. ISBN 3574280017.

[6] Czichos, H. *Mechatronik. Grundlagen und Anwendungen technischer Systeme.* 3., überarb. u. erw. Aufl. Wiesbaden: Springer Fachmedien, 2015. ISBN 978-3-658-09949-7.

[7] ADAPTIVE. AdaptIVe - System Classification and Glossary. Verfügbar unter: https://www.adaptive-ip.eu/files/adaptive/content/downloads/Deliverables%20&%20papers/AdaptIVe-SP2-v12-DL-D2.1%20System%20Classification.pdf

[8] Die Welt. Markenausblick Mercedes E-Klasse [online], 2015. Verfügbar unter: http://www.welt.de/motor/news/article146479459/Markenausblick-Mercedes-E-Klasse.html

[9] Grünweg, T. Neuer Assistent: Porsche automatisiert den Gasfuß [online], 2011. Verfügbar unter: http://www.spiegel.de/auto/aktuell/neuer-assistent-porsche-automatisiert-den-gasfuss-a-768618.html

[10] Martin Roth, Tobias Radke, Matthias Lederer, Frank Gauterin, Michael Frey, Christian Steinbrecher, Jens Schröter, Markus Goslar. Porsche InnoDrive - An innovative approach for the future of driving. In: *20. Aachener Kolloquium für Fahrzeug- und Motorentechnik,* 2011.

[11] Weiss, H. Autobauer steuern in Richtung Vernetzung. *VDI nachrichten,* 2015, 20.

[12] VDI verlag. ZF ebnet Weg für cloudbasiertes Fahren. *VDI nachrichten,* 2015, 20.

[13] Martin Ciupex. Die Maschinen reden mit uns. *VDI nachrichten,* 2016, 2016(No. 08), 2-3.

[14] Markus Schöttle. Das Erfolgsrezept bei Tesla heißt Führungsstärke [online]. *ATZelektronik,* 2016, 11. Jahrgang(01), 24-27. Verfügbar unter: https://www.springerprofessional.de/automobilelektronik---software/car-to-x/was-den-vorsprung-von-tesla-ausmacht/7488978

[15] Römmele, S. Automatisiertes Fahren erfordert sichere Netze [online], 10(2), 28-33 [Zugriff am: 9. Juni 2015]. Verfügbar unter: doi:10.1007/s35658-015-0527-8

[16] simTD-Konsortium. simTD: TP5-Abschlussbericht – Teil B-2: Nutzerakzeptanz, IT-Sicherheit, Datenschutz und Schutz der Privatsphäre.

19 Fehlerursachenanalyse durch Integration von Kundendienstdaten und Abweichungsdetektion im Fahrzeugverhalten

Felix Richter M. Sc., Dr.-Ing. Oliver Hartkopp, Dr.-Ing. Andreas Sasse Volkswagen AG, Wolfsburg, **Prof. Dr. Dirk C. Mattfeld,** TU Braunschweig, Braunschweig

Abstract

The diagnosis of occurring failures is a challenge of OEMs. In this context the root cause analysis is part of the diagnosis process. It describes the identification of the failures root cause based on system observations. This research proposes a concept for detecting the root cause by integrating complementary data sources. These data sources are information of the vehicle – sensor values and failure information – and customer service data containing all historical failure cases with the respective performed actions. While driving a vehicle transmits all data necessary for the diagnosis to a backend. This are aggregated sensor values and possibly preprocessed vehicle information. Based on this data symptom-action combinations, also named failure cases, are built. Historical failures cases are used to evaluate the ego-vehicles failure case. Finally, based on the validity, the evaluated patterns are weighted by a decision component. The most probable root cause is communicated to the customer and to a garage system – in order to schedule repair sessions or the ordering of spare parts.

Kurzfassung

Die Diagnose von Fehlersituationen ist eine generelle Herausforderung von Automobilherstellern. Dabei stellt die Fehlerursachenanalyse einen Abschnitt des Diagnoseprozesses dar und beschreibt das Erkennen von Fehlerursachen basierend auf den Systembeobachtungen. Im Rahmen dieser Forschung stellen wir ein Konzept zur Fehlerursachenanalyse vor, das komplementäre Datenquellen integriert verwendet. Die Datenquellen sind dabei einerseits Informationen aus dem Fahrzeug – speziell Sensorwerte und Informationen zu einer Fehlersituation – und die Kundendienstdaten bestehend aus allen bisher diagnostizierten Fehlern und der entsprechenden Reparaturhistorie der Fahrzeuge. Während der Fahrt übermittelt ein Fahrzeug für die Fehlerdiagnose notwendige Daten in Form von aggregierten Sensorwerten und eventuell vorverarbeiteten Fahrzeuginformationen an ein Backend. Basierend auf diesen Daten werden Fehlermuster erstellt die aus Symptom-Aktion Kombinationen bestehen. Diese werden durch die Unternehmensinformationen von vergangenen Fehlerfällen evaluiert. Zuletzt gewichtet eine Entscheidungskomponente die Muster nach ihrer Validität. Die wahrscheinlichste Fehlerursache wird an den Kunden kommuniziert und einem Werkstattsystem zur Planung – beispielsweise zu Ersatzteilbestellungen/Terminierungen – mitgeteilt.

1 Einleitung

Auftretende Fehler bei der Nutzung eines Produktes, wie zum Beispiel dem Automobil, führen einerseits zu einer Kundenunzufriedenheit und andererseits zu steigenden After Sales Kosten für das Unternehmen. Um dies zu verhindern, muss die Fehlerursache so schnell und genau wie möglich detektiert werden. In der aktuellen Fehlererkennung besteht die Herausforderung, dass ein Zeitverzug zwischen dem Fehlerauftritt und der tatsächlichen Diagnose besteht. Der Fehler wird erst bei einem Werkstattaufenthalt analysiert um die Ursache abzuleiten. Im Rahmen dieser Arbeit wird ein Konzept vorgestellt, dass die Fehlerursache durch die integrierte Nutzung des Fahrzeugverhaltens und der Kundendienstdaten ermittelt.

Bei Fehlern im Fahrzeug muss generell zwischen zwei Ausprägungen unterschieden werden, den indirekt ableitbaren und direkt ableitbaren Fehlern. Im ersten Fall kann eine Fehlersituation nur durch eine Betrachtung des Fahrzeugverhaltens abgeleitet werden. Ein beispielhaftes Szenario ist der Defekt eines Unterdruckschlauches in Folge eines Maderbisses. Ein Fehlverhalten ist unter anderem über eine Abweichungsanalyse der Motorleistung möglich. Somit verbirgt sich hinter der Ursachenerkennung indirekt ableitbarer Fehler ein kontinuierliches Monitoring relevanter Fahrzeugsignale, also eine regelmäßige Untersuchung des Fahrzeugverhaltens. Direkt ableitbare Fehler beschreiben Situationen in denen das Fahrzeug eine aktuell erkannte Unregelmäßigkeit in Form eines Diagnostic Trouble Codes (DTC) identifiziert. Somit ist diese Situation durch das singuläre Ereignis eines DTCs getriggert. Beide Situationen werden in Abbildung 1 veranschaulicht.

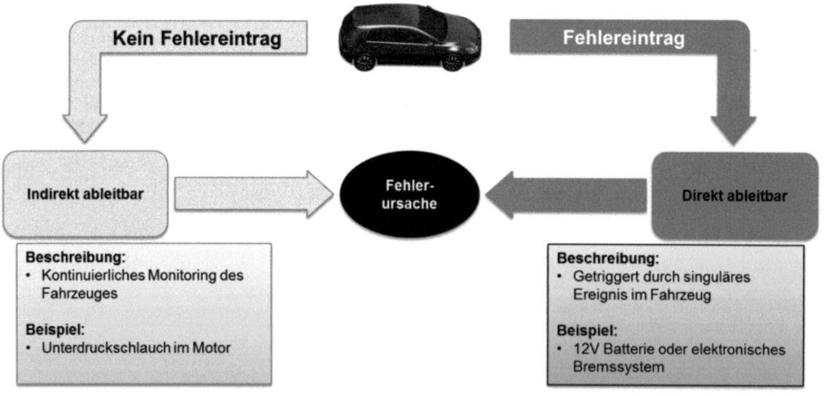

Abbildung 1: Mögliche Fehlersituationen im Fahrzeug

Ein ganzheitlicher Ansatz der Fehlerursachenerkennung muss beide möglichen Fehlersituationen einzeln und kombiniert handhaben können. Nur durch diese Voraussetzung kann zu jeder Zeit eine mögliche Fehlerursache identifiziert werden. Über eine kontinuierliche Analyse des Fahrzeuges werden Fahrten identifiziert die Unregelmäßigkeiten aufweisen. Basierend auf direkt ableitbaren Fehlern werden mögliche Lösungen in den historischen Fehlerfällen des Unternehmens identifiziert. Im Falle des Vorhandenseins von historischen Abweichungen im Verhalten des Fahrzeugs und vorhandenen DTCs werden beide Pfade synchronisiert. Zusammenfassend wird eine Fehlerursache anhand einer kombinierten Analyse identifiziert.

2 Konzept der Fehlerursachenerkennung

Um die Fehlerursache direkt nach dem Fehlerauftritt zu identifizieren wird ein hybrider Ansatz aus Fahrzeug und Backend vorgeschlagen. Bei den einzelnen Analyseschritten wird jeweils aufgeführt welcher Anteil im Backend und welcher im Fahrzeug durchgeführt wird.

In Abbildung 2 wird ein ganzheitlicher Ansatz zur Ermittlung der Fehlerursache dargestellt. Hierbei wird über die farbliche Markierung zwischen den beiden beschriebenen Fehlersituationen unterschieden, direkt (dargestellt in grau) und indirekt (schraffierter Pfad) ableitbare Fehler.

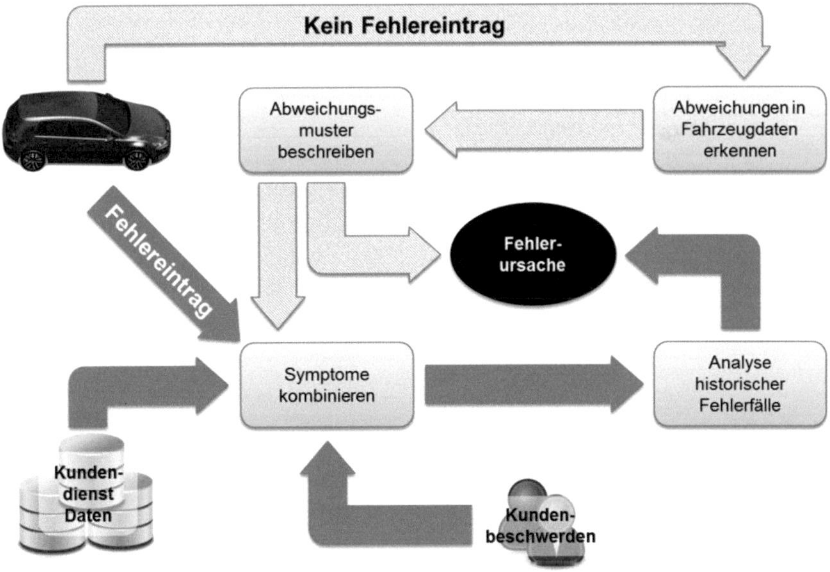

Abbildung 2: Ganzheitliches Konzept zur automatischen Fehlerursachenanalyse bei direkt und indirekt ableitbaren Fehlern

Bei indirekt ableitbaren Fehlern existiert im Fahrzeug kein Fehlerspeichereintrag, somit muss eine Fehlfunktion des Fahrzeugs über die Benutzungshistorie abgeleitet werden (näheres in Abschnitt vier). Um dies realisieren zu können wird das Fahrzeugverhalten in aggregierter Form aus dem Fahrzeug an ein Backend übermittelt. Im Backend wird dann zuerst ein Modell ermittelt, dass das Normalverhalten beschreibt. Die anschließende Abweichungsdetektion kann sowohl im Backend, durch das regelmäßige Übermitteln des Fahrzeugverhaltens, als auch im Fahrzeug selbst, durch eine Anwendung des gelernten Modelles, stattfinden.

Direkt ableitbare Fehler beschreiben Situationen in denen das Fahrzeug mit einem DTC auf eine Werteabweichung reagiert. Dabei liegt die Fehlerinformation allerdings bis zur Diagnosesitzung nur im Fahrzeug vor. Bei direkten Fehlern wird der aktuelle Fehlerkontext des Ego-Fahrzeuges immer mit historischen Fehlerfällen der Kundendienstdaten verglichen, wofür eine komplette Umsetzung über das Backend realisiert werden muss. Um beim Auftritt des Fehlers die Ursache ableiten zu können, müssen alle Fehlerinformation (z.B. DTC und relevante Messgrößen) an das Backend übermittelt werden. Im Rahmen der Detektion von Fehlerursachen müssen in einem ersten Schritt alle vorhandenen Informationen kombiniert werden. Das entsprechende Vorgehen zur Kombination der Datenquellen wird in Abschnitt drei näher beleuchtet. Darauf folgend werden die historischen Fehlerfälle betrachtet und basierend auf den Informationen aus dem Ego-Fahrzeug auf Ähnlichkeit untersucht (detaillierte Beschreibung in Abschnitt fünf). Die durchgeführten Reparaturen an Fahrzeugen mit hoher Ähnlichkeit werden dann als Fehlerursache kommuniziert.

3 Von Datenquellen zu Fehlerfällen

In Abbildung 2 wird die Kombination von mehreren Datenquellen veranschaulicht. Dabei werden das Fahrzeug, die Kundendienstdaten des Unternehmens und die Kundenbeschwerde betrachtet. Zur gemeinsamen Nutzung muss ein Datenmodell zur Integration definiert werden, dass die verschieden granularen Daten in eine gemeinsame Abstraktion überführt. Hierzu wird im Folgenden zuerst auf die Datenquellen und an-schließend auf das Konzept des Fehlerfalles näher eingegangen.

Die erste zu betrachtende Datenquelle ist das Fahrzeugverhalten. Im Fahrzeug selbst werden Daten beispielsweise auf dem CAN-Bus zur Verfügung gestellt. Diese dienen in erster Linie der internen Steuerung des Fahrzeuges. Dahinter stehen Daten die aus den Sensoren an die zur Weiterverarbeitung an die Steuergeräte gegeben werden. Das entsprechende Verarbeitungsergebnis, zum Beispiel der Bremsdruck, wird weiteren Steuergeräten zur Verfügung gestellt. Diese Daten enthalten wichtige Informationen zur tatsächlichen Belastung des Fahrzeugs.

Da im Fahrzeug eine hohe Menge an Daten produziert wird, muss ein Weg definiert werden damit diese im Backend zur Verarbeitung bereitstehen. Hierzu werden die Daten aggregiert. Ziel ist es ein Datenaggregat über einen längeren Zeitraum zu erstellen, das die Belastung des Fahrzeuges wiederspiegelt. Hierzu gibt es in [4] mehrere Ansätze aus dem Bereich der Data Streams die in Tabelle 1 näher beschrieben und auf ihre Anwendbarkeit bewertet werden.

Tabelle 1: Aggregationsmethoden von Data Streams

Methode	Beschreibung	Eignung
Summe	Summe aller Rohsignal-Werte pro Fahrt vorliegen (z.B. Summe der Bremsdrücke)	Nein
Mittelwert / Median	Ein Wert als Repräsentant einer Fahrt (z.B. mittlerer Bremsdruck)	Nein
Quantile	Streuung der Signalwerte während einer Fahrt	Teilweise
Wertehäufigkeit	Abbildung der Nutzung eines Fahrzeugs (z.B. wie lange wurde mit welchem Druck gebremst)	Ja
Minimum / Maximum	Darstellen der Extrema einer Fahrt (z.B. maximalen Bremsdruck der Fahrt)	Nein

Die zweite Datenquelle sind die vorhandenen Kundendienstdaten. Diese beinhalten Daten zu allen bereits aufgetretenen und behobenen Fehlern eines Unternehmens. Dahinter verbergen sich folgende Daten (siehe [3, S. 69ff.]):

- Fehlereinträge
- Fehlerumgebungsparameter
- Kundenwahrnehmungen
- Werkstattwahrnehmungen
- Arbeitspositionen
- Ersatzteile

Zum Vergleichen zweier Fahrzeuge müssen alle Daten strukturiert und zusammenhängend modelliert werden. Hierzu wird im Folgenden die Form des Fehlerfalls eingeführt. Alle Fehlersituationen wird in der Form von Symptom – Aktion Paaren abgelegt. Abbildung 3 veranschaulicht das Zusammenführen von Symptomen und Aktionen.

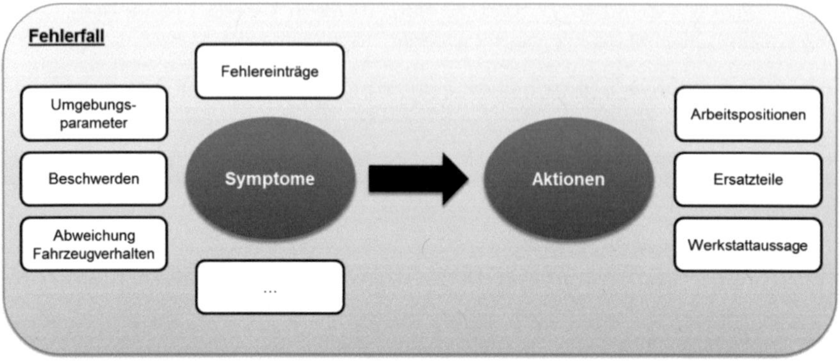

Abbildung 3: Kombination von Symptomen und Aktionen zu Fehlerfällen

In Abbildung 3 wird deutlich, dass nicht nur Kundendienstdaten als Symptome deklariert werden, sondern auch Abweichungen des Fahrzeugverhaltens. Damit diese Datenquellen integriert werden können wird eine einheitliche Form für alle Symptome und Aktionen definiert. Dabei besteht jedes Symptom und jede Aktion aus den folgenden drei Tupeln:

- Art des Symptoms / der Aktion
- Zeitstempel der Aufnahme
- Wert

In Tabelle 2 werden Beispielhafte Symptome dargestellt. Hierdurch wird die unterschiedliche Granularität des Datenfeldes „Wert" veranschaulicht. Hierbei ist speziell die Symptom-Art der „Abweichung" erwähnenswert. In diesem Symptom besteht der Wert aus der abweichenden Komponente und dem Abweichungswert.

Tabelle 2: Beispielhafte Symptome im definierten Datenformat

Art des Symptoms	Zeitstempel der Aufnahme	Wert
Beschwerde	20140112	Fahrzeug ruckelt immer beim Anfahren
Diagnose	20140106	DTC_1531
Abweichung	20140105	Lenkung_2,53

4 Ähnlichkeiten in Fehlerfällen detektieren

Nachdem Fahrzeugdaten verschiedener Abstraktionsebenen in einer einheitlichen Form vorliegen ist es möglich ähnliche Fehlerfälle von Fahrzeugen zu detektieren. Dieses ist notwendig, um die Fehlerursache vergangener gelöster Fehlerfälle auf einen aktuellen Fehlerfall anwenden zu können. Dafür werden symptomspezifisch die Ähnlichkeiten zwischen Fehlerfällen ermittelt.

Ein Zusammenführen aller Teilähnlichkeiten führt dann zu einer Heatmap aller betrachteten Fahrzeuge. Eine beispielhafte Heatmap ist in Abbildung 4 dargestellt. In der beispielhaften Heatmap ist das Fahrzeug *VIN XXXX2011* selektiert und es sollen ähnliche Fahrzeuge identifiziert werden. Es zeigt sich, dass die Fahrzeuge *VIN XXXX2013*, *VIN XXXX2014*, *VIN XXXX2016* und *VIN XXXX2018* eine Ähnlichkeit größer *0,5* zum Ausgangsfahrzeug haben. Entsprechend empfiehlt sich ein Reparaturmuster für das Ausgangsfahrzeug auf der Basis der selektierten Fahrzeuge.

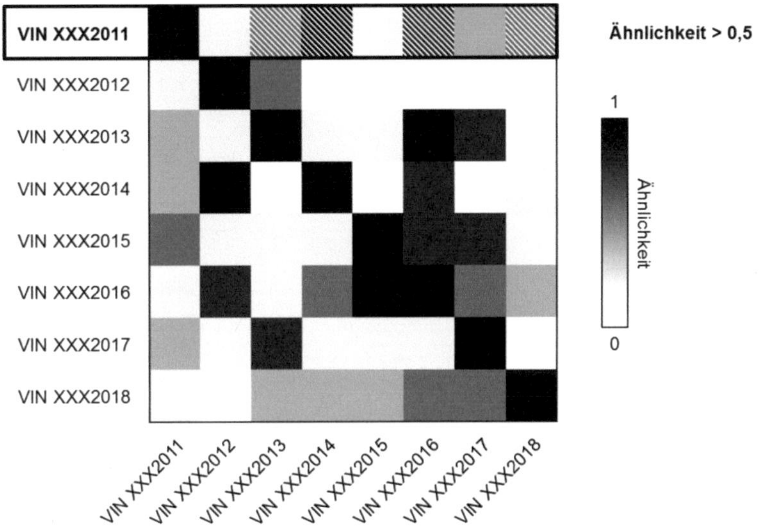

Abbildung 4: Ähnlichkeiten von Fahrzeugen

4.1 Zeitrelative Ähnlichkeit von Fahrzeugen

Bei der Bestimmung von Ähnlichkeiten zwischen Fahrzeugen gibt es zwei Möglichkeiten. Zum einen können Ähnlichkeiten über alle aufgetretenen Symptome eines Fahrzeuges gebildet werden. Somit würden beispielsweise alle aufgetretenen DTCs zweier Fahrzeuge miteinander verglichen werden. Der Vorteil hierbei liegt in der Detektion langfristiger Ähnlichkeiten von Fahrzeugen. Allerdings kann es bei einer derartigen Ermittlung von Ähnlichkeiten zu einem Rauschen kommen.

Eine Alternative ist, dass im zeitrelativen Umfeld die Ähnlichkeit ermittelt wird. Somit wir in einem Zeitkorridor *t* um ein Referenzsymptom gemessen wird. Das Vorgehen wird in Abbildung 5 veranschaulicht.

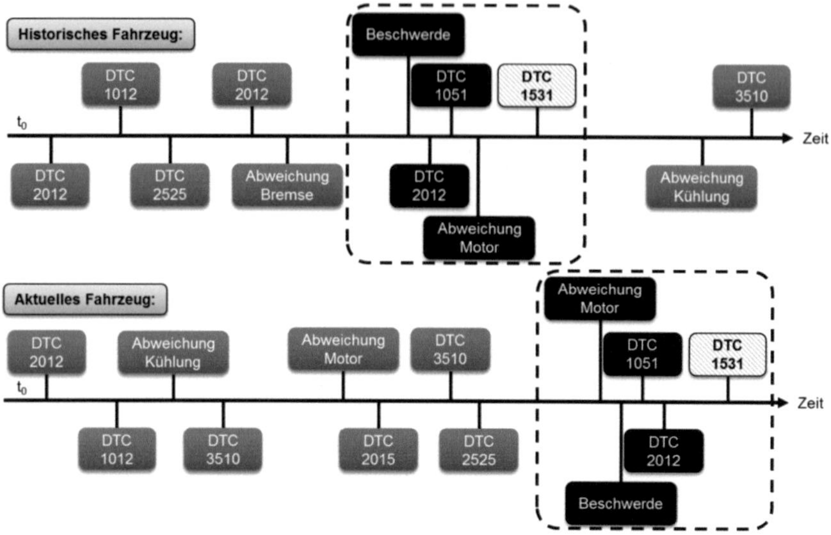

Abbildung 5: Relative Ähnlichkeit von Symptomen basierend auf dem Zeitstempel von „DTC 1531"

Der obere Zeitstrahl repräsentiert die Symptome eines historischen Fahrzeugs dessen Daten im Unternehmen vorliegen. Der untere Zeitstrahl bezieht sich auf ein aktuelles Fahrzeug für das, basierend auf dem Auftreten von „DTC 1531" ähnliche Fahrzeuge identifiziert werden sollen. In historischen Fahrzeugen wird der entsprechende Fehlercode gesucht. Danach wird ein Zeitkorridor von $t > 0$ um den Fehlereintrag gebildet. Die Ähnlichkeit der zweier Fahrzeuge wird dann basierend auf der Menge an Symptomen im Zeitkorridor ermittelt. Abbildung 5 veranschaulicht die Symptome im relativen Zeitfenster über den grauen Kasten.

4.2 Symptomspezifische Ähnlichkeiten

Die Ähnlichkeit zweier Fahrzeuge ist abhängig von den Ähnlichkeiten der Symptome. Entsprechend werden im Folgenden Ähnlichkeitsfunktionen für die Ähnlichkeit von Diagnosedaten, Kundenbeschwerden und Abweichungen des Fahrzeugverhaltens erläutert. Die gesamtheitliche Ähnlichkeit zweier Fahrzeuge wird wie folgt ermittelt:

$$sim(A,B) = \frac{\sum_{n=1}^{N} w_n \ sim_{sym-n}(A_{sym-n}, B_{sym-n})}{\sum_{n=1}^{N} w_n} \tag{1}$$

Die Gleichung ermittelt die Ähnlichkeit der Fahrzeuge A und B in dem Intervall $0 - 1$. Dabei stellt sim_{sym-n} die symptomspezifische Ähnlichkeit des Symptoms n dar. Dies bedeutet beispielsweise, dass über eine separate Funktion sim_{DTC} die Ähnlichkeit zweier DTCs der verglichenen Fahrzeuge ermittelt wird. Der Faktor w_n ist die Gewichtung des Symptoms *n*.

Entsprechend der gesamtheitlichen Ermittlung der Ähnlichkeit von Fahrzeugen müssen symptomspezifische Ähnlichkeitsfunktionen definiert werden. Im Folgenden wird beschrieben wie die Ähnlichkeit bei Diagnosedaten und Textdaten ermittelt wird.

4.2.1 Ähnlichkeit von Diagnosedaten

Bei Diagnosedaten wird die Ähnlichkeit von zwei Fahrzeugen über die Schnittmenge der Fehlerspeichereinträge dargestellt. Dieses Vorgehen wurde gewählt unter der Prämisse, dass gleiche Fehlersituationen auch gleiche Fehlereinträge hervorrufen. Formal ist dies einmal in der folgenden Formel beschrieben:

$$sim_{DTC}(A, B) = \frac{A_{DTC} \cap B_{DTC}}{A_{DTC}} \qquad (2)$$

Es wird deutlich, dass die Ähnlichkeit als Verhältnis von Schnittmenge zu gesamter Anzahl an Fehlereinträgen des betrachteten Fahrzeuges (Fahrzeug *A*) ermittelt wird. Daraus ergibt sich eine asymmetrische Ähnlichkeitsfunktion von Diagnosedaten.

4.2.2 Ähnlichkeit von Textdaten

Im Rahmen der Kundendienstdaten werden zwei Formen von Textdaten unterschieden. Zum einen werden die in der Werkstatt geäußerten Beschwerden in einer definierten Form kodiert und es entstehen semi-strukturierte Texte. Andererseits werden geäußerte Beschwerden in ihrer ursprünglichen Form abgelegt und liegen somit unstrukturiert vor. Beide Textarten müssen für die Ähnlichkeitsermittlung unterschiedlich behandelt werden.

Generell sind sich zwei texte Ähnlich wenn sie eine hohe Schnittmenge an Termen enthalten. Dabei wird jedes Wort durch einen Term repräsentiert. In Texten natürlicher Sprache führt die zu einer hohen Bedeutung von Füllwörtern, da diese vermehrt vorkommen. Somit sind erste Schritte in der Textanalyse das Entfernen von Stoppwörtern und das Reduzieren der Wörter auf den Wortstamm, auch Stemming genannt. Außerdem werden in Texten unterschiedliche Synonyme verwendet die eine gleiche Bedeutung haben. Entsprechend müssen die Texte in eine einheitliche Sprache überführt werden um die Überschneidung von Termen gleicher Bedeutung ermitteln zu können. Dies bedeutet, dass zu allen verwendeten Wörtern einheitliche Synonyme gefunden werden müssen. Hierzu gibt es den allgemeinen Ansatz der Anwendung von Wörterbüchern. Anhand dieser werden die Terme durch Ersetzen angepasst. Basierend auf den resultierenden Texten wird die Ähnlichkeit ermittelt. Dafür existieren verschiedene Ähnlichkeitsmetriken wie zum Beispiel die Cosine-Ähnlichkeit oder die Kullback-Leiber Divergence [2].

Dieser Ansatz ist für eine einheitliche Kodierung von Texten einfach realisierbar. In Die Sprache ist bekannt und in einer einheitlichen Form, ohne multiple Begriffe mit gleicher Bedeutung. In einem ersten Schritt werden die Term-Vorkommen als binärer Vektor extrahiert. Auf diese werden anschließend beispielsweise die zuvor genannten Ähnlichkeitsmetriken angewandt.

Die Ähnlichkeit von Freitexten ist in der Ermittlung komplexer. Zuerst muss die Sprache, wie zuvor erwähnt, normalisiert werden. Nun bestehen zwei Möglichkeiten. Zum einen lässt sich die Ähnlichkeit von Texten anhand lexikalischer Vergleiche bestimmen. Hierbei werden nur Überschneidungen von Termen ermittelt. Ein weitergehender Ansatz ist in [1] beschrieben. Dabei wird die semantische Ähnlichkeit von Termen geprüft und darüber wird die semantische Ähnlichkeit von Texten ermittelt. Dieser Ansatz geht schon einen Schritt weiter, ist allerdings noch nicht ausreichend für die Ähnlichkeiten von Texten. Hierzu muss außerdem auch eine Betrachtung der Textstruktur genutzt werden, da durch den Ansatz [1] viele satzbedingte Beziehungen nicht abgebildet werden.

5 Zusammenfassung

In diesem Paper wird ein Konzept dargestellt anhand dessen indirekt und direkt ableitbare Fehlersituationen gleichermaßen über einen hybriden Ansatz aus Analysen im Fahrzeug und Backend auf ihre Ursache analysiert werden können. Der Fokus liegt auf den Methoden um Ähnlichkeiten in Fehlerfällen zu identifizieren. Anhand der symptomspezifischen Ähnlichkeitsfunktionen lässt sich die gesamt Ähnlichkeit zweier Fehlerfälle bestimmen. Hierzu wird außerdem die zeitrelative Betrachtung eingeführt, damit lang zurückliegende Symptome aus der Analyse ausgeschlossen werden. Bei den verwendeten Daten handelt es sich um anonymisierte Kundendaten. Diese sind ausschließlich im Rahmen der Bestimmungen des Bundesdatenschutzgesetzes der Bundesrepublik Deutschland erhoben worden und werden in derselben Weise gespeichert und geschützt.

Die Ähnlichkeit von Symptomen des Typs DTC wird über die Schnittmenge zweier Fahrzeuge ermittelt und in die Relation zur Gesamtmenge an aufgetretenen DTCs in einem Fahrzeug gesetzt. Bei Textdaten zeigt sich, dass die durch Experten kodierte Form an Textdaten durch die einheitliche Sprache und Struktur gut auf Ähnlichkeit zu untersuchen ist. Bei Freitexten wird weiterer Forschungsbedarf deutlich damit die semantische Ähnlichkeit von Kundenbeschwerden identifizierbar ist.

Literatur

[1] C. Corley and R. Mihalcea. Measuring the semantic similarity of texts. In Proceedings of the ACL Workshop on Empirical Modeling of Semantic Equivalence and Entailment, EMSEE '05, Seiten 13–18, Stroudsburg, PA, USA, 2005.

[2] A. Huang. Similarity measures for text document clustering. In Proceedings of the sixth new zealand computer science research student conference (NZCSRSC2008), Christchurch, New Zealand, Seiten 49–56, 2008.

[3] T. C. Müller. Neuronale Modelle zur Offboard-Diagnostik in komplexen Fahrzeugsystemen. Dissertation, Technische Universität Braunschweig, 2011.

[4] N. Shrivastava and C. Buragohain. Aggregation and summarization in sensor networks. In J. Gama and M. Gaber, Hrsg., Learning from Data Streams, Seiten 87–105. Springer Berlin Heidelberg, 2007.

20 Diagnoseoptimierter Entwurf von E/E Architekturen

Niklas Jester; Ansgar Dietermann; Andreas Unger; Bernard Bäker,
Technische Universität Dresden, Lehrstuhl Fahrzeugmechatronik

Abstract

To fulfill the increasing demands of customers regarding comfort, driving safety and assistance systems, the electric and electronic architecture in modern vehicles is growing with every new vehicle generation. With this growing system complexity, the number of possible failure modes as well as the size of DTC and Failure databases increases dramatically. Therefore, new sophisticated diagnostic systems and methods are required. Ever-new legislation requirements complicate the development of diagnostic systems even further. To keep up with these developments, this paper describes algorithms and tools for an automated design of electronic systems with focus on diagnostics. System evaluation variables are calculated based on established approaches for analyzing diagnostic concepts like the Fault Tree Analysis (FTA), Diagnosis-Possibility-Analysis (German: DMA) and Failure Mode and Effect Analysis (FMEA). These system variables are used to create a diagnosis based, optimized E/E-architecture.

Kurzfassung

Gesteigerte Kundenansprüche in den Bereichen des Komforts, der Fahrsicherheit und der Fahrassistenz führen zu einem mit jeder Fahrzeuggeneration wachsendem Umfang der Elektrik und Elektronikarchitektur. Zusätzlich verschärfen sich die durch den Fahrzeughersteller zu berücksichtigenden gesetzlichen Anforderungen. Durch die gesteigerte Systemkomplexität wird auch der Entwicklungs- und Verwaltungsaufwand für die Diagnosesysteme sowie der unterlagerten Methoden und Datenbanken für Fehlerfälle und Fehlercodes immer größer. Dieser Beitrag beschreibt einen Lösungsansatz für einen automatisierten E/E-Architekturentwurf unter Diagnosegesichtspunkten. Dieser Ansatz ermöglicht auf der Grundlage einer neuen Bewertungsmetrik die Optimierung des Architekturentwurfs. Dazu werden gängige Diagnoseanalysemethoden wie z.B. Fault Tree Analysis (FTA), Diagnose- Möglichkeits-Analyse (DMA) und Fehler-Möglichkeits- und Einfluss Analyse (FMEA) ausgewertet und Rückschlusse auf Systemgrößen berechnet. Anhand dieser Systemgrößen wird es möglich, eine diagnoseoptimierte Architektur teilautomatisiert zu erzeugen.

1 Problemstellung und Lösungsansatz

Die Anforderungen an die elektrischen und elektronischen Systeme in Fahrzeugen wachsen stetig. Zum einen werden von Kunden Neuerungen im Bereich des Komfort, der Sicherheit und der Fahrassistenz gefordert und zum anderen werden durch den Gesetzgeber neue Regularien eingeführt, die von den Herstellern umzusetzen sind. Im Hinblick auf ihre gleichzeitige/simultane Erfüllung stehen beide Trends nicht selten im Konflikt zueinander. Derlei Zielkonflikte sowie der aus den Trends resultierende beständig anwachsende Funktionsumfang erhöhen den Komplexitätsgrad der Entwicklung vehement. Klassische Entwicklungsstrategien stehen zunehmend unter Druck, diese Komplexität zu bewältigen und gleichzeitig alle wichtigen Entwicklungsdomänen mit dem gleichen Qualitätsanspruch im Entwicklungsprozess zu integrieren. Abbildung 1 veranschaulicht das aktuelle weit verbreitete Vorgehen bei dem Entwurf hochverteilter Systeme wie dem Fahrzeug. Eine Konzeptentwicklungsabteilung (Ebene 0) entwickelt Konzeptvorschläge, welche mit den Fachabteilungen abgestimmt werden müssen. Um den Abstimmungsaufwand überschaubar zu halten, werden nur für die Erstauslegung wichtige Abteilungen in diesen iterativen Vorgang einbezogen (Ebene 1). Die entstehende Erstauslegung wird in einer Basisspezifikation festgehalten, welche den nachgelagerten Abteilungen (Ebene 2) mit dem Umsetzungsauftrag vorgesetzt wird.

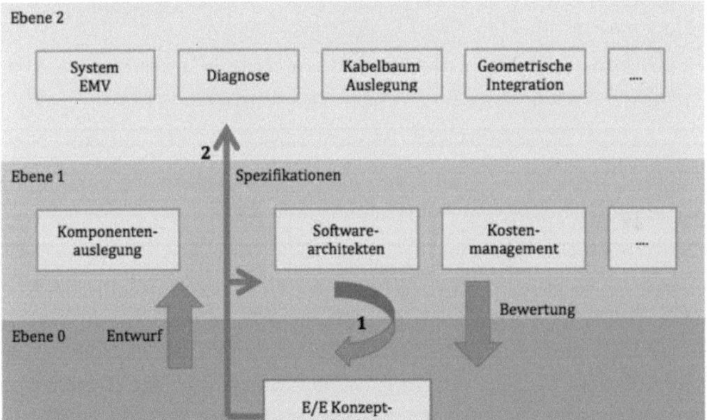

Abbildung 1: Klassischer Entwurfsprozess

Es ist ersichtlich, dass die bereits spezifizierte Erstauslegung hinsichtlich der in Ebene 2 behandelten Themen suboptimal ausgelegt ist, da die dort wesentlichen Kriterien und Richtlinien nicht in den iterativen Auslegungsprozess integriert worden sind. Des Weiteren kann durch diese Struktur keine höchstmögliche Güte des Produktes garantiert werden, da wichtige Entwicklungsdomänen bei dem grundlegenden Entwicklungsprozess nicht mit einbezogen werden. Im Rahmen dieser Arbeit soll daher dieser Prozess weiterentwickelt werden, sodass jegliche Domänen im Erstauslegungsprozess gleichwertig integriert sind und somit die Auslegungsgüte wesentlich erhöht werden kann. Der automatisierte Systementwurf bietet hier großes Potential. In Abbildung 2 wird der Prozess des automatisierten Systementwurfes dargestellt.

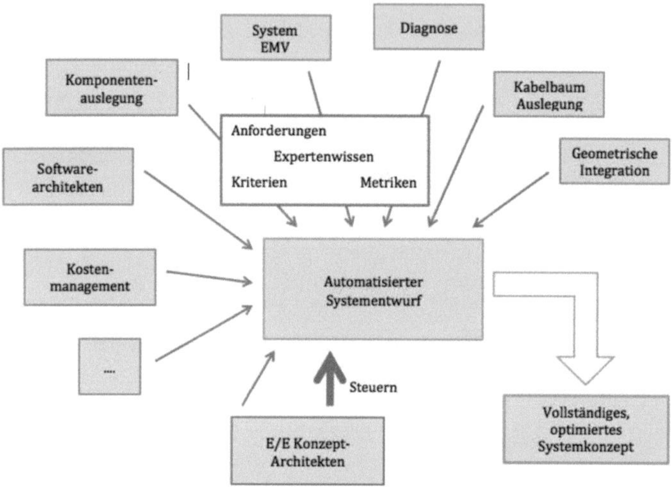

Abbildung 2: Automatisierter Entwurfsprozess

Der automatisierte Systementwurf bietet entscheidende Vorteile. So können Anforderungen, Kriterien, Metriken und Expertenwissen aller relevanten Entwicklungsdomänen direkt als Optimierungskriterien und Anforderungen für das Systemkonzept eingehen. Somit wird die Güte des zu entwickelnden Systems deutlich erhöht. Gleichzeitig können auch die Kosten deutlich gesenkt werden, da in der aktuellen Entwurfsstrategie teure Faktoren wie aufwändige Kabelbäume oder Diagnose- und Fehlererkennungsmaßnahmen in Form von Diagnosefunktionalitäten (Diagnoseinfrastruktur mit Software, Hardware, DTCs, Messwerten und Grenzwerten) nicht vollumfänglich berücksichtigt wurden.

Zudem bietet der automatisierte Entwurf den Vorteil, dass direkt alle möglichen Systemkonzepte automatisiert verglichen und optimiert werden können. Daher besteht die Zielstellung dieser Arbeit darin, ein vorhandenes Konzept des automatisierten Systementwurfes weiter zu entwickeln und mit den speziellen Aspekten der Fahrzeugdiagnose auszubauen. Somit ist diese Arbeit ein Teil der Forschungstätigkeiten im Rahmen eines vollständig automatisierten Fahrzeugentwurfes.

2 Betrachtungskontext

Für einen allgemeinen Ansatz für den automatisierten Entwurf bzw. für die Optimierung von Elektrik / Elektronik Architekturen muss zunächst der Betrachtungsraum definiert werden. Da der automatisierte Entwurf zu einem sehr frühen Zeitpunkt in der Entwicklung eingesetzt werden soll, ist die Anzahl der zur Verfügung stehenden Parameter und Detaildefinitionen gering. Bei dem automatisierten Systementwurf wird von einer bereits vorhandenen Eingangsstruktur ausgegangen, die die allgemeine Verschaltung und Wechselwirkung der enthaltenen Elemente beschreibt. Für diese Ebene der Architektur werden lediglich Module und Verbindungen definiert. Als Modul kann dabei grundsätzlich jede Art von im Fahrzeug verbauten elektrischen und elektronischen Bauteilen wie zum Beispiel Sensorik, Aktorik und Elektromotoren definiert werden. Bei den Verbindungen zwischen den verbauten Modulen wird lediglich zwischen einer energetischen oder einer Datenverbindung unterschieden. Mittels Softwarefunktion können alle für die Architektur notwendigen Funktionen, die später auf Steuergeräte alloziert werden, definiert werden. Über diese Module und Verbindungen wird die gesamte Eingangsarchitektur eindeutig beschrieben. Abbildung 3 zeigt den allgemeinen Aufbau einer möglichen Eingangsarchitektur.

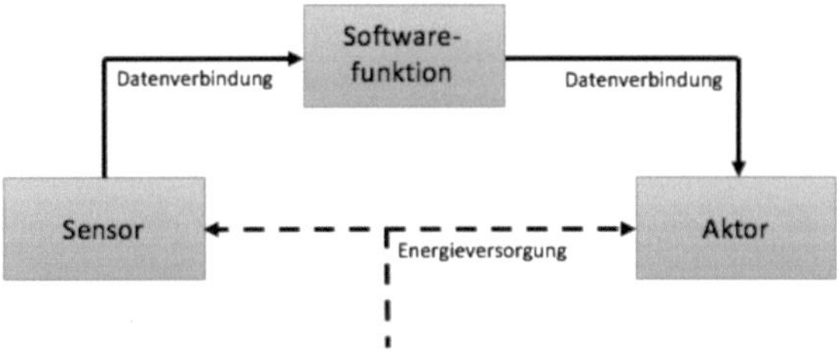

Abbildung 3: Aufbau der Eingangsarchitektur

Als Ergebnis soll der automatisierte Systementwurf eine vollständig definierte Komponententopologie der Eingangsarchitektur erzeugen. Dazu werden zusätzlich Komponenten und Steuergeräte erzeugt. Diese Komponenten bilden physikalische Einheiten ab, die im Fahrzeug verbaut werden können und beinhalten verschiedene Module und Steuergeräte mit entsprechenden Softwarefunktionen. Des Weiteren werden durch den automatisierten Systementwurf die zuvor definierten Verbindungen auf Daten- bzw. energetische Verbindungen alloziert. Dabei werden Kommunikationsleitungen wie CAN und Lin erzeugt, direkte Datenverbindungen sowie ein oder dreiphasige energetische Verbindungen. Für die Anbindung der Verbindungen an die Komponenten und Steuergeräte werden zusätzlich entsprechende Interfaces erzeugt. Eine mögliche Komponententopologie zu dem in Abbildung 3 gezeigten Beispiel wird in Abbildung 4 dargestellt.

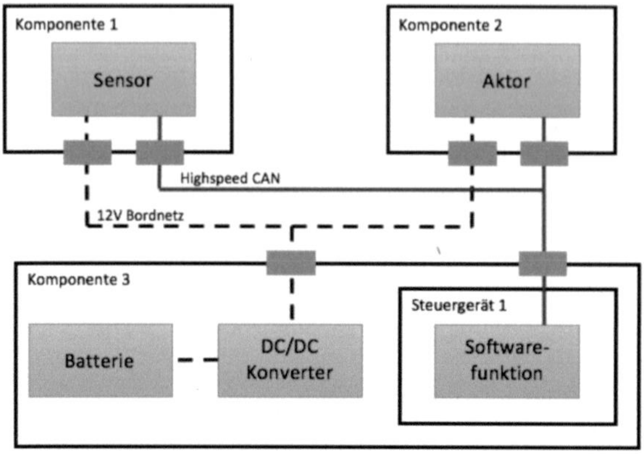

Abbildung 4: Mögliche Komponententopologie

Bei der nun vollständigen Komponententopologie wurden Komponenten und Steuergeräte mit entsprechenden Interfaces erzeugt, notwendige Infrastrukturelemente wie DC/DC Wandler eingefügt und physikalische Verbindungen zwischen den Komponenten erzeugt.

3 Ableitung der Diagnoseaspekte

Für eine diagnoseoptimierte Entwurfsstrategie in einem frühen Stadium der Entwicklung ist es notwendig, dass sich mittels aus der Architektur berechnete Systemgrößen Rückschlüsse auf die Diagnoseeigenschaften des Systems ableiten lassen. Dazu wurden die Methoden der Fehler-Möglichkeits- und Einflussanalyse (FMEA), der Diagnose-Möglichkeits-Analyse (DMA) und die Fehlerbaumanalyse (FTA) auf ihre beeinflussenden Faktoren untersucht. Ziel ist es, die Auswertung bzw. Durchführung dieser Methoden zu späteren Zeitpunkten der Entwicklung möglichst zu vereinfachen. Im Folgenden werden die oben genannten Methoden kurz näher erläutert und einige ihrer Einflussgrößen aufgezeigt.

- **FTA:** Ziel der Fehlerbaumanalyse ist es für einen definiteren Fehler alle möglichen Fehlerursachen aufzuzeigen. Dazu wird die Fehlerausprägung bzw. das Symptom als *Stamm* des Baumes und die möglichen Fehlerursachen als die *Wurzeln* des Baumes definiert. Alle möglichen Fehlerursachen werden mittels logischer und/oder Beziehung untereinander verknüpft. Dabei spielt die Anzahl der möglichen Eine Maßgebliche Rolle was die Komplexität dieser Analysemethode betrifft. Ziel der Optimierung durch den automatisierten Systementwurf ist daher eine Reduktion der möglichen Fehlerursachen.

- **FMEA**: Der Ansatz der FMEA ist, umgekehrt zur FTA, die Fehlerauswirkungen eines Fehlers zu untersuchen. Hierzu werden alle möglichen Fehlerfolgen eines Fehlers anhand verschiedenen Aspekte untersucht und bewertet. Ziel ist es, mittels einer berechneten Risikoprioritätszahl, die Notwendigkeit von Maßnahmen zur Verhinderung dieses Fehlers abzuleiten. Die Anzahl der maximal zu untersuchenden Fehler und die Auftretenswahrscheinlichkeit dieser Fehler sind dabei besonders wichtig für die Optimierung durch den Systementwurf.

- **DMA:** Nach der Durchführung einer FTA ist es die Aufgabe der Diagnose-Möglichkeits-Analyse (DMA), die ermittelten Fehlerursache ihren Fehlerauswirkungen zuzuordnen. Dabei ist das Vorgehen dem der FMEA sehr ähnlich. Ziel der DMA ist es dabei Diagnosemöglichkeiten für alle durch die FTA ermittelten Fehlerursachen zu ermitteln. Die ermittelten Diagnosemöglichkeiten werden anhand ihrer zeit- bzw. kostengerechten Anwendbarkeit bewertet. Maßgeblich für eine vereinfachte Durchführung dieser Methode sind die Anzahl der durch die FTA ermittelten Fehlerursachen und die durch die Diagnose entstehenden Kosten. Für eine Optimierung durch den automatisierten Systementwurf sollten diese Größen reduziert werden.

Nachdem diese Methoden näher untersucht wurden und Ihre Einflussgrößen ausgewertet wurden, lassen sich daraus verschiedene Systemgrößen ableiten, die in dem frühen Entwurfsstadium bereits in der Architektur vorhanden sind. Des Weiteren lassen sich anhand der Analysemethoden Beziehungen aufzeigen, welche Veränderung der Systemgrößen zu einer Verbesserung bzw. Vereinfachung der Analysemethoden führt. Im Rahmen dieser Arbeit wurden dabei die folgenden Systemgrößen für den automatisierten Systementwurf verwendet.

- **DTC:** Diagnostic Trouble Codes (DTCs) werden in den Steuergeräten von Fahrzeugen gespeichert und können für eine Diagnose ausgelesen werden. Für die eindeutige Identifikation von Fehlern bedarf es einer sehr großen, herstellerspezifischen Datenbank, in der alle möglichen Fehlercodes abgelegt sind. Nach der oben genannten FTA Analysemethode repräsentieren die DTCs die *Wurzeln,* also die Fehlfunktion eines Bauteiles. Für ein optimales Ergebnis eines automatisierten Systementwurfes sollte die Größe der Datenbank auf ein Minimum gebracht werden.

- **KTE:** die kleinsten Tauschbaren Einheiten (KTEs) einer Architektur stehen im Systementwurf für dic kleinstmögliche Einheit, die im Rahmen einer Reparatur ausgewechselt werden kann. Die optimale Anzahl der KTEs lässt sich im Gegensatz du den DTCs nicht eindeutig bestimmen. Für die reine Diagnose bedeutet eine geringe Anzahl von KTEs einen geringen Umfang an zu untersuchenden bzw. überwachenden Komponenten. Betrachtet man jedoch den aktuellen Trend der Baukastenstrategie und die damit verbundenen Entwicklungs- und Reparaturkosten werden mit einer großen Anzahl von KTEs bessere Ergebnisse erzielt.

- **ASIL:** Durch das ASIL Level der Steuergeräte wird allgemein die Sicherheit gegen Ausfälle angegeben. Für den Systementwurf spielt dies eine große Rolle, da sicherheitsrelevante Softwarefunktionen automatisch ein Steuergerät mit hohen ASIL Level erfordern. Gleichzeitig bedeutet ein hohes ASIL Level auch hohe Kosten für das betreffende Steuergerät. Somit wird durch den automatisierten Systementwurf eine optimale Aufteilung der Softwarefunktionen auf Steuergeräte verschiedener ASIL Level erreicht. So können trotz gleichbleibender Sicherheitsfaktoren die Kosten für die Steuergeräte gesenkt werden.

- **Kosten:** Zuletzt wird im Rahmen dieser Arbeit ein Zusammenhang zwischen den oben genannten, diagnoserelevanten Faktoren und die dadurch entstehenden Kosten hergestellt. Dabei wurde zwischen zwei Arten der Kosten unterschieden.

    - **Produktionskosten** Bei den Herstellkosten wird versucht ein Zusammenhang zwischen allen diagnoserelevanten Faktoren und den damit verbundenen Entwicklungs- und Herstellkosten herzustellen. So fließen für die Berechnung für die Kosten die Anzahl der Fehlercodes (erstellen der Datenbank), die Anzahl der tauschbaren Einheiten (Entwicklung der Komponenten) und die ASIL Level der Steuergeräte (Absicherungsaspekte bei sicherheitsrelevanten Funktionen) mit unterschiedlichen Wichtungen ein.

    - **Reparaturkosten** Für die Reparaturkosten wird versucht eine Verbindung zwischen Diagnoseaufwand (Fehleridentifikation) und der Anzahl der Fehlercodes herzustellen. Auch wird die Anzahl der tauschbaren Einheiten für die Ersatzteilkosten berücksichtigt.

Somit konnten anhand der Einflussfaktoren auf die gängigen Analysemethoden FMEA, DMA und FTA berechenbare Charakteristiken abgeleitet werden, die für die Bewertung einer erzeugten Architektur herangezogen werden können. In dem folgenden Abschnitt soll nun einmal der Aufbau der für den Bewertungsprozess erstellte Bewertungsmetrik genauer beschrieben werden.

Nachdem für alle Architekturen die Charakteristiken berechnet wurden (siehe Kapitel 4), wird durch die Bewertungsmetrik definiert, ob eine Verbesserung der

Systemeigenschaften im Vergleich zu einer Referenz erzeugt wurde. Dazu werden durch größer/kleiner Vergleich der Charakteristiken berechnet ob sich die aktuelle Architektur in diesem Aspekt verbessert hat. Nach der Bewertung aller Charakteristiken kann eine Gesamtheitliche Aussage über den Grad der Verbesserung getroffen werden. Für die Steuerung des automatisierten Entwurfs können für alle Charakteristiken Wichtungen definiert werden um verschiedene Priorisierungen beim Entwurf zu ermöglichen.

4 Implementierung Diagnoseaspekte in den AE

Für die Implementierung der Diagnoseaspekte in den automatisierten Entwurf soll zunächst die allgemeine Programmstruktur des Entwurfsprozesses diskutiert werden.

Darauf hin wird die genaue Implementierung der Diagnoseaspekte näher erläutert. In der ursprünglichen Version wird für den Entwurf und die Optimierung dessen ein sog. Random Walk genutzt. Dabei wird eine objektorientierte Programmierweise verwendet. Der Random Walk basiert auf dem Prinzip der Variation. Es wird zunächst eine vollständige Architektur auf Komponententopologieebene erzeugt. Diese wird in einem iterativen Prozess variiert und mit einer Referenzarchitektur verglichen. Somit nähert sich sich der Algorithmus einer optimalen Lösung an. Nähere Informationen zu dem Ablauf können in [1] nachgelesen werden. Im Rahmen dieser Arbeit wurde für eine erleichterte Implementierung der Diagnoseaspekte ein Random Search verwendet. Die allgemeine Struktur dieses Algorithmus soll nachfolgend näher erläutert werden. Es sei erwähnt, dass im Rahmen dieses Beitrags ein Methodennachweis erfolgen soll, für den ein Algorithmus geringerer Komplexität aber auch geringerer Optimierungsgüte ausreicht. Weitere Untersuchungen können sich basierend auf dem hier erfolgten Machbarkeitsnachweis auf die Implementierung hochkomplexer Algorithmen konzentrieren, welche die Optimierungsgüte zusätzlich verbessern können.

Für den Algorithmus wird, wie bereits in Kapitel 2 beschrieben, eine allgemeine Definition von Modulen und den Verbindungen zwischen den Modulen benötigt. Daraus wird anhand eines zuvor definierten Regelsatzes eine vollständige Komponententopologie erzeugt. Durch Zufallsfunktionen in dem Regelsatz können so durch mehrfache Iterationen eine Vielzahl von unterschiedlichen Architekturen erzeugt werden. Dabei wird versucht eine große Anzahl von möglichen Architekturen abzubilden, sodass jede mögliche Komponententopologie der Eingangsarchitektur abgebildet wird. Somit wurde eine Datenbank von möglichen Architekturen erzeugt, die im Nachhinein mittels Bewertungsmetrik bewertet werden können. Bei dem Bewertungsprozess werden für jede Architektur im Vergleich zu einer Referenz Punkte vergeben, die den Grad der Verbesserung oder Verschlechterung wiederspiegeln. Nach diesem Bewertungsprozess liefert der Algorithmus die optimale Architektur als Ergebnis. In Abbildung 5 wird die beschriebene Struktur gezeigt.

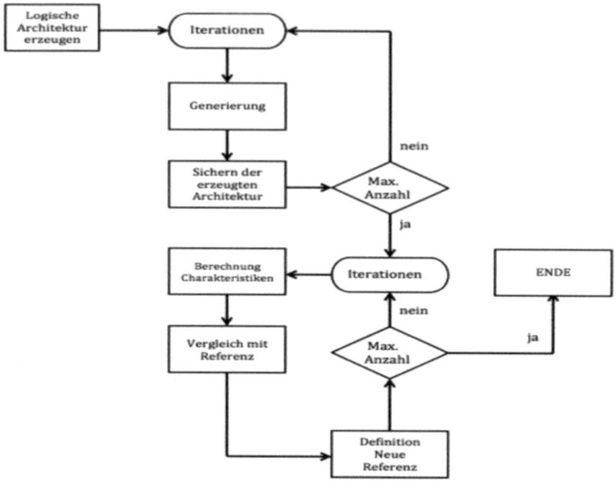

Abbildung 5: Struktur des Entwurfsprozesses

In dem folgenden Abschnitt soll die genaue Implementierung der Diagnoseaspekte in den automatisierten Entwurfsprozess beschrieben werden. Ausgangslage für diesen Teil des Algorithmus ist die zuvor erstellte Datenbank von Architekturen. In einem ersten Schritt werden die in Kapitel 3 beschriebenen Charakteristiken der Architekturen berechnet. Durch die schrittweise Auswertung der Bewertungsmetrik werden so parallel je eine Architekturdatenbank mit der Referenzarchitektur verglichen. Als Referenzarchitektur wird zu beginn eine zufällige Architektur ausgewählt, die dem Mittelwert alles Architekturen entspricht. Wurde durch den Vergleich der Architekturen eine Verbesserung erreicht, wir die verbesserte Architektur als neue Referenz definiert. Andernfalls wird sie verworfen. Nachdem alle Architekturen nach diesem Schema analysiert und verglichen wurden ergibt sich als Optimum für die gewählte Eingangsarchitektur die letzte Referenzarchitektur. Zuletzt kann das Ergebnis visualisiert werden oder die Auswertung wird anhand veränderter Wichtungen erneut durchgeführt.

5 Ergebnisbeispiel

Um die Funktionsweise und die Ergebnisse des automatisieren Systementwurfs anschaulich darzustellen, soll in diesem Kapitel ein beispielhaftes System anhand dieser Methode erstellt werden. Dabei werden nachfolgend drei Aspekte des Systementwurfes näher erläutert. Zunächst wird die Eingangsarchitektur anhand einer schematischen Darstellung des zu entwerfenden Systems abgeleitet. Anhand dieser Architektur wird im den nachfolgenden Abschnitten eine Referenz für den Vergleich der Architekturen erläutert und die letztendlich optimale Variante vorgestellt.

Für dieses Beispiel soll die Architektur eines Fensterhebemechanismus erstellt werden. In Abbildung 6 ist zunächst schematisch der Aufbau dieses Systems beschrieben.

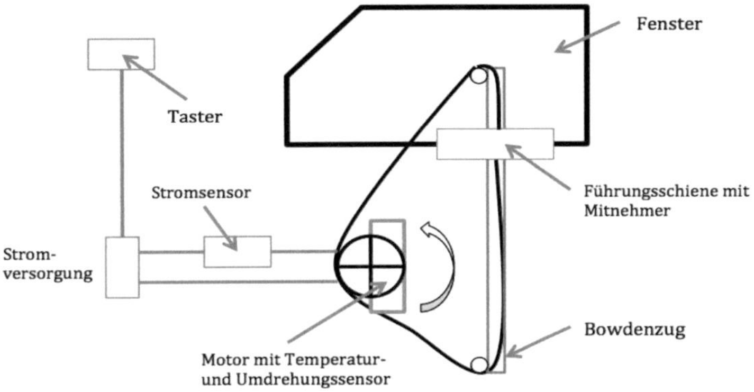

Abbildung 6: Schematische Darstellung eines Fensterhebers

Es wird für diese Arbeit das oben gezeigte, vereinfachte Modell eines Fensterhebers verwendet. Um dennoch ein Aussagekräftiges Ergebnis zu erzielen wird für die Berechnung das Modell von einem Fenster auf vier verbaute Fenster erweitert. Für die Eingangsarchitektur werden nun alle Module und ihre energetischen- und Datenverbindungen in eine Architekturstruktur überführt. In Abbildung 7 ist die Eingangsarchitektur zunächst noch für ein Fenster gezeigt.

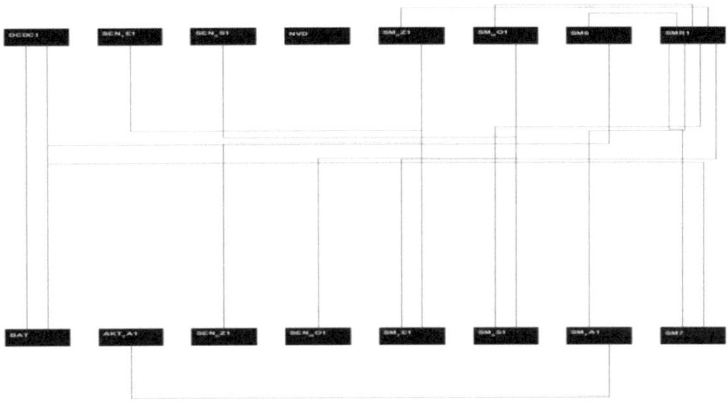

Abbildung 7: Eingangsarchitektur für einen Fensterheber

Anhand des bereits in Kapitel drei beschriebenen Algorithmus wird aus dieser Architektur nun eine vollständige Komponententopologie erzeugt. Dabei wird für dieses System eine Datenbank mit 2000 verschiedenen Architekturen erzeugt, die im Nachgang verglichen werden. Als Referenz der Bewertung wird dabei eine zufällige Architektur ausgewählt, die dem Mittelwert der erzeugten Architekturen entspricht, ausgewählt. Abbildung 8 zeigt die ausgewählte Referenz.

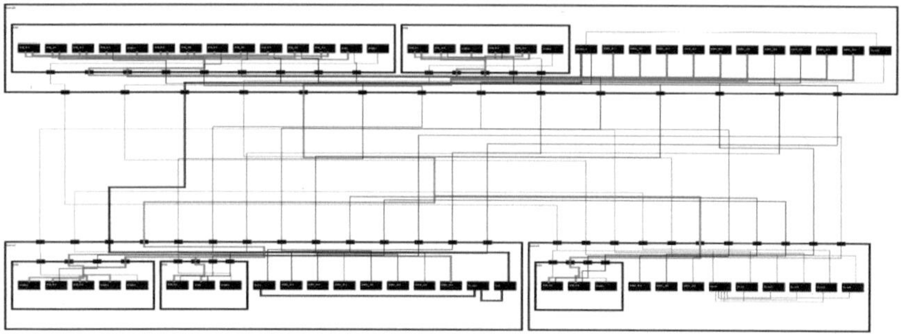

Abbildung 8: Referenzarchitektur des Fensterhebesystems

Für die Auswertung im Rahmen dieser Arbeit werden zwei Charakteristiken der Architekturen verwendet. Für die Referenz wurden so 65 DTCs und 52 Messpunkte berechnet. Dabei handelt es sich nicht um absolute Werte. Für den automatisierten Systementwurf wurde der Schwerpunkt auf die optimale Diagnosefähigkeit des Systems gelegt. Dieser Schwerpunkt kann durch die bereits beschrieben Wichtungen festgelegt werden. In der folgenden Abbildung wird nun die diagnoseoptimierte Architektur gezeigt.

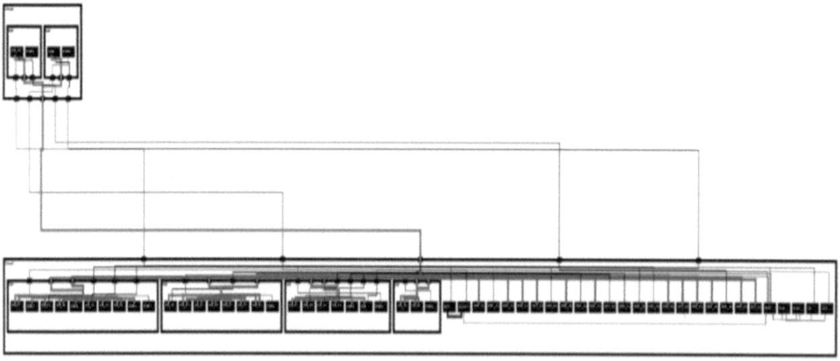

Abbildung 9: Diagnoseoptimierter Systementwurf

Bei dieser erzeugten Variante ergeben sich 35 DTCs und 24 KTEs. Durch die reduzierte Anzahl von tauschbaren Einheiten entstehen weniger zu prüfende Komponenten in dem System. Daher kann eine fehlerhafte Komponente deutlich einfacher identifiziert werden. Bei dieser Variante wurden die DTCs um 47% reduziert, wodurch deutlich geringere Datenbanken für Fehlercodes vorgesehen werden können. Es zeigt sich jedoch auch, dass dieses System für eine reale Anwendung nicht geeignet ist. In einem realen Fahrzeug müssen die Motoren und Sensoren der entsprechenden Fenster in den zugehörigen Türen verbaut werden. Daher ist es nicht möglich alle Module in zwei Komponenten unterzubringen. Für die Anwendung bei realen Fahrzeugen müssen zusätzlich Randbedingungen in den Architekturen abgebildet werden, um diese Systeme realitätsgetreu abbilden zu können. Weitere Aspekte werden in dem nachfolgenden Kapitel genauer erläutert.

6 Zusammenfassung und Bewertung

Ziel dieses Beitrags und der zugrundeliegenden Arbeiten ist es, einen Methodenbeweis für einen diagnoseoptimierten automatisierten Systementwurf zu erbringen. Dazu wurde zunächst analysiert welche Informationen zu dem Zeitpunkt der Entwicklung bereits für die Diagnose eines Systems vorhanden sind. Dabei wurden anhand von Diagnoseanalysemethoden wie FTA, FMEA und DMA Systemgrößen der zu untersuchenden Architektur abgeleitet. Anhand dieser Charakteristiken und ihrer in der Bewertungsmetrik definierten Eigenschaften konnten Architekturen bezüglich ihrer Diagnoseeigenschaften verglichen werden. Letztendlich wurde für die Durchführung ein Algorithmus nach der Random Search Methode entwickelt. Dieser erstellt in einem ersten Schritt eine Datenbank von Architekturen, die im zweiten Schritt verglichen werden. Letztendlich liefert der Algorithmus eine optimierte Komponententopologie der Eingangsarchitektur.

Im Rahmen dieser Arbeit wurde ein grundlegender Schritt für diese Methode geschaffen. Für eine vollständige Methode müssen jedoch noch einige zusätzliche Aspekte betrachtet werden. Wie bereits in Kapitel 5 beschrieben wurde, muss das Einbringen zusätzlicher Randbedingungen ermöglicht werden um reale Systeme exakt abbilden zu können. Auch müssen weitere Systemklassen mit feineren Detaillierungen für die Modellbildung erstellt werden. Des Weiteren ließe sich der Algorithmus um zusätzliche Charakteristiken aus anderen Bereichen der Fahrzeugentwicklung wie z.B. Kosten oder Sicherheit erweitern, um weitere Aspekte der Entwicklung in dem automatisierten Systementwurf zu berücksichtigen.

Literatur

[1] A. Dietermann, B.Bäker, R- Fages-Tafanelli, T-Pester: *Automated Generation of Distributed System Architectures at the Example of an Electric Power Train,* Vortrag im Rahmen der "Electric & Electronic Systems in Hybrid and Electrical Vehicles and Electrical Energy Management (EEHE 2015)", Bad Boll, 22./23. April 2015

[2] N. Jester: *Automatisierter Elektrik/Elektronik-Architektur Entwurf unter Beachtung von Diagnoseaspekten*, TU Dresden, Januar 2016

Die Autoren – the Authors

Prof. Dr.-Ing. Bernard Bäker
Lehrstuhl Fahrzeugmechatronik
Technische Universität Dresden
Institut für Automobiltechnik Dresden - IAD, Dresden

Dipl.-Ing. Andreas Unger
Lehrstuhl Fahrzeugmechatronik
Technische Universität Dresden
IAM GmbH, Dresden

Ir. Arie-Govert Aanen
Robert Bosch GmbH
Schwieberdingen

Bruno de Almeida
Robert Bosch GmbH
Schwieberdingen

Dipl.-Inform. (FH) Yaşar Ayataç
GIGATRONIK
Stuttgart

Dipl.-Ing. Thorsten Backmeister
Daimler AG
Stuttgart

Volker Blaschke
Robert Bosch GmbH
Schwieberdingen

Dipl.-Ing. Dietmar Bönninger
Zentrale Stelle nach StVG – FSD Fahrzeugsystemdaten GmbH
Dresden

Dr. Roman Cunis
ServiceXpert GmbH
Hamburg

Dipl.-Inf. Bajan Delic
Vector Informatik GmbH
Stuttgart

Ansgar Dietermann
Technische Universität Dresden
Lehrstuhl Fahrzeugmechatronik
Dresden

Dipl.-Ing. Randy Döring
TraceTronic GmbH
Dresden

Dipl.-Inf. Michael Eberspächer
Forschungsinstitut für Kraftfahrwesen und Fahrzeugmotoren (FKFS)
Stuttgart

M.Sc. Michael Gebauer
TraceTronic GmbH
Dresden

M.Sc. Ronny Giera
Semantis Information Builders GmbH
Oberursel

Dipl.-Ing. Tom Gothan
Technische Universität Dresden
Dresden

Dipl.-Ing. Bernd Gottschalk
Daimler AG
Stuttgart

Dr.-Ing. Sebastian Grasreiner
BMW AG
München

Dr.-Ing. Michael Grimm
Forschungsinstitut für Kraftfahrwesen und Fahrzeugmotoren (FKFS)
Stuttgart

Dipl.-Ing. Tim Häberlein
Technische Universität Dresden
Dresden

Dipl.-Ing. Marjan Hanc
Softing Automotive Electronics GmbH
Haar

Dr.-Ing. Oliver Hartkopp
Volkswagen AG
Wolfsburg

Niklas Jester
Technische Universität Dresden
Lehrstuhl Fahrzeugmechatronik
Dresden

Dipl.-Ing. Jens Lehmann
Zentrale Stelle nach StVG – FSD
Fahrzeugsystemdaten GmbH
Dresden

Prof. Dr. Dirk C. Mattfeld
TU Braunschweig
Braunschweig

Dipl.-Math. Matthias Mecky
Semantis Information Builders GmbH
Oberursel

Dipl.-Ing. Sven Mohnke
ServiceXpert GmbH
Hamburg

Dr.-Ing. Tobias Radke
Robert Bosch GmbH
Schwieberdingen

Prof. Dr.-Ing. Hans-Christian Reuss
Forschungsinstitut für Kraftfahrwesen und Fahrzeugmotoren (FKFS)
Stuttgart

Dipl.-Inform. Marcel Revfi
Dr. Ing. h.c. F. Porsche AG
Weissach

Felix Richter M. Sc.
Volkswagen AG
Wolfsburg

Dipl.-Ing. Marco Römer
AVL Deutschland GmbH
München

Dipl.-Ing. David Rotter
Robert Bosch AG
Wien

Dr.-Ing. Andreas Sasse
Volkswagen AG
Wolfsburg

M.Sc. Bernhard Schlegel
BMW AG
München

Dipl.-Ing. Tino Staffetius
Zentrale Stelle nach StVG – FSD
Fahrzeugsystemdaten GmbH
Dresden

Markus Steffelbauer
Softing Automotive Electronics GmbH
Haar bei München

Dipl.-Ing. Christian Stingl
Robert Bosch GmbH
Schwieberdingen

Dipl.-Ing. Peter Stoß
RA Consulting GmbH
Bruchsal

Dr.-Ing. Jörg Supke
emotive GmbH & Co. KG
Ostfildern-Stuttgart

Dr. Norbert Waleschkowski
Semantis Information Builders GmbH
Oberursel

Dipl.-Ing. Rolf Weber
Vector Informatik GmbH
Stuttgart

Dipl.-Ing. Bernd Wenzel
M&K GmbH
Chemnitz

Dipl.-Phys. Alexander Wernet
Robert Bosch GmbH
Schwieberdingen

M. Eng. Gerald Zoppelt
Dr. Ing. h.c. F. Porsche AG
Weissach